高等学校教材

无机化学实验

周　朵　王敬平　主编

化学工业出版社
·北京·

内容提要

本书是编者在总结多年教学经验的基础上，结合理科和工科学生的特点，选择并更新了相关实验内容编写而成的。全书包括七部分，共43个实验。第一部分全面、翔实地介绍了无机化学实验涉及的基础知识和基本操作内容，力争使学生通过实验训练而掌握规范、系统的基本操作，为后续的化学实验打下坚实的基础。第二至第六部分涉及的实验内容注重知识性、趣味性和实用性，同时注重培养学生独立思考和解决问题的能力，并针对实验产生的尾气和废液增加了相应的处理方法，以培养学生的环保和绿色化学理念。附录给出了常用仪器使用规则、常用物理化学常数、常见离子及化合物颜色、实验室常用试剂配制方法等，以便学生查找和使用。

本书可作为高等师范、理工科院校化学、化工专业以及相关专业的无机化学实验教材，也可供其他化学教育工作者参考。

图书在版编目（CIP）数据

无机化学实验/周朵，王敬平主编．—北京：化学工业出版社，2010.8 （2024.9重印）
高等学校教材
ISBN 978-7-122-08934-2

Ⅰ. 无…　Ⅱ. ①周…　②王…　Ⅲ. 无机化学-化学实验-高等学校-教材　Ⅳ. 061-33

中国版本图书馆CIP数据核字（2010）第121165号

责任编辑：成荣霞　　文字编辑：孙凤英
责任校对：郑　捷　　装帧设计：王晓宇

出版发行：化学工业出版社（北京市东城区青年湖南街13号　邮政编码100011）
印　　装：河北延风印务有限公司
787mm×1092mm　1/16　印张12　字数301千字　2024年9月北京第1版第17次印刷

购书咨询：010-64518888　　售后服务：010-64518899
网　　址：http://www.cip.com.cn
凡购买本书，如有缺损质量问题，本社销售中心负责调换。

定　　价：**49.00元**

前　　言

无机化学实验是化学、化工、应用化学、环境化学等多种学科学生必修的第一门基础化学实验课，它既是一门独立的课程，又与相应的理论课相互配合，集知识传授、能力培养和素质教育于一体。无机化学实验的教与学是加强大学生基础知识和基本技能的学习，是帮助大学新生转变学习方法和学习思维的学习，是强化学科理论与实践的学习，是培养学生动手能力、创新精神以及科学素养的学习；同时也是激发学生对无机化学实验学习兴趣的关键步骤。

本书是编者在多年讲授、研究无机化学实验的基础上，结合理论课所选用的《无机化学》教材以及理科和工科学生的特点，总结多年的教学经验，选择并更新了相关实验内容编写而成的。

本书分七部分，共收录了 43 个实验，选编的内容具有以下特点。

（1）涉及的基础知识和基本操作内容全面、翔实，利于学生主动灵活地在各个实验中反复训练，使学生的基本操作规范化、系统化，提高学生的实验技能。对实验仪器和设备的介绍都配有插图，并详细地介绍了使用方法和使用时注意事项，以便学生尽快掌握正确的使用方法和操作技能。

（2）在实验内容的选择上，注重实验的知识性、趣味性和实用性，使实验更加贴近生活、贴近社会，更符合大学新生的认知规律。同时也没有选择那些过时、陈旧、实验时间过长和一般实验室难以进行的实验。

（3）探索无机化学实验的绿色化。在实验设计上，尽量使用无毒或低毒试剂，试剂的浓度和用量也尽可能减少，并对实验产生的尾气和废液设计了相应的处理方法，以培养学生的环保理念。

（4）对各部分实验内容合理编排，减少不必要的重复，注重与中学教学的衔接和提高，每个实验都附有思考题，有些实验还在“附注”中增加了一些必要的知识，引导学生在课后进行思维和研究。

（5）实验内容包括基础实验、基本化学原理实验、无机化合物制备实验、元素性质实验、综合及设计实验，内容比较广泛。选取的实验内容除传统、经典实验之外，也注重反映最新的化学前沿信息，以开阔学生的视野。

本书由周朵（第五部分实验 26～29；第六部分实验 36、37）、王子梁（第一部分一至七；第六部分实验 43）、赵俊伟（第一部分八至十五；第六部分实验 42）、刘保林（第二部分；第六部分实验 41）、张武（第三部分；第七部分）、柏龚（第四部分；第六部分实验 40）、杨立荣（第五部分实验 30～35；第六部分实验 38、39）编写，最后由周朵、王敬平修改，定稿。

本书在编写过程中，参考了兄弟院校出版的实验教材和有关著作、文献，在此向有关作者深表谢意。

受编者水平和时间所限，在选材和编写中虽然尽了最大努力，但书中的错误和不当之处在所难免，敬请读者批评指正。

编者

2010 年 6 月

目　录

第一部分　化学实验基础知识和基本操作

一、实验室基本常识

化学实验室是开展实验教学的主要场所。实验中经常用到水、电、各种容易损坏的玻璃仪器和具有腐蚀性、易燃、易爆、有毒的化学药品，而且实验中经常会产生某些有毒的气体、液体和固体，都需要及时正确地处理和排弃。而化学实验教学中，学生是实验的主要完成者，教师起指导性作用。为使学生适应这种教学方式，确保实验的顺利完成和人身安全，同时保证实验设备的完好及有效地保护环境，必须制定相应的规章制度，并应严格遵守。

（一）实验室规则

（1）实验前做好预习和准备工作，认真阅读实验教材中的有关内容。明确实验目的，了解实验原理；掌握实验内容、实验步骤及操作过程中应当注意的问题；了解实验所需的药品和仪器；写出预习报告，包括实验名称、简要原理、重点操作和实验的详细步骤。

（2）实验开始前应认真听讲并记录任课教师提及的实验注意事项、操作重点及难点。

（3）不得迟到和无故缺席，有事预先向任课教师请假。因故缺席未做的实验应补做。

（4）实验过程中应保持安静，集中精力，认真操作，细心观察，如实记录实验现象和数据，不许到处走动，不准大声喧哗。当实验现象出现异常时，要认真检查原因，尽可能重做实验；若有无法解决的疑难问题时，应向指导教师请教。

（5）实验中要节约药品，按要求的量取用药品，称完后应及时盖好瓶盖，并放回原处。实验过程中产生的废纸屑和火柴等应及时倒入垃圾箱内。注意加强环境保护，规定回收的废液要倒入回收瓶中、毒性较大的废液应倒入废液缸内，以便统一处理。充分利用现有的条件和技术处理反应后的产物，严禁直接倒入水池，以防堵塞或锈蚀下水管道或污染水体。

（6）爱护公共财物，小心使用各种仪器和实验室设备，尤其是精密仪器，必须严格按照操作规程进行操作，避免粗心大意而损坏仪器。若发现仪器有故障，应停止使用，报告指导教师，及时排除故障。

（7）一人拥有一个实验柜，每人应取用自己的仪器，不得动用他人的仪器；公用仪器和试剂架上的药品在实验中应保持整洁有序，用完后立即放回原处，不得乱拿乱放；实验结束后自己的仪器和公用仪器应刷洗干净送回原处并根据仪器的特点排放整齐，自己的实验台及附近的试剂架应擦洗干净。实验过程中仪器若有损坏，应登记补领并按照规定赔偿。

（8）实验完结束后，为保持实验室的整洁和安全，值日生必须打扫公共卫生和整理实验室，并检查水、电、门、窗是否关好，教师检查合格后方可离去。

（二）实验室安全

1. 安全守则

（1）水、电使用完毕，应立刻关闭水龙头、拉掉电闸。点燃的火柴用后立即熄灭，扔到垃圾桶中。

（2）严禁用湿的手、物接触电源；禁止在实验室内饮食、吸烟、或把食具带进实验室。

(3) 加热器不能直接放在木质台面或地板上，应放在石棉板、耐火砖或水泥地板上，加热期间要有人看管。加热后的坩埚、蒸发皿等应放在石棉网或石棉板上，以免烫坏实验台的面板，引起火灾，更不能与湿的物体接触，以防炸裂。

(4) 不许随意混合各种化学药品或试剂，以免发生意外事故。实验室所有药品和试剂不准私自带出室外。

(5) 易燃、易爆物质要正确地存放和操作。CCl_4、乙醚、乙醇、丙酮、苯等一些有机溶剂十分易燃，使用时一定远离明火和热源，使用完后及时盖紧瓶塞，放在阴凉处保存；含氧气的氢气遇火易爆炸，使用时应远离明火，点燃氢气前，必须先检验纯度是否符合要求；热、浓的 $HClO_4$ 遇有机物易发生爆炸。若试样为有机物，先用浓硝酸加热，有机物被破坏后再加入 $HClO_4$；氯酸钾、硝酸钾、高锰酸钾等强氧化剂或其混合物不能研磨，否则将引起爆炸；金属钾、钠和白磷等固体等在空气中非常易燃，所以钾、钠应保存在煤油中，白磷保存在水中，使用时用镊子夹取。

(6) 在闻瓶中气体的气味时，鼻子不能直接对着瓶口去嗅放出的气体，而是面部稍微靠近容器，用手轻轻把气体搧向自己的鼻孔。对于产生有刺激性或有毒气体的实验应在通风橱内进行，如 Cl_2、Br_2、H_2S、NO 和 NO_2 等气体。

(7) 浓酸、浓碱具有强腐蚀性，切勿使其溅在眼睛、皮肤或衣服上。稀释酸、碱尤其是浓硫酸时，应将浓硫酸慢慢注入水中，同时用玻璃棒不停地搅拌，切勿将水倒入浓硫酸中。

(8) 加热试管时，试管口应朝向没有人的地方如墙壁或天花板。切勿朝向着自己或别人。

(9) 氰化物、砷化物、汞的化合物、重铬酸钾等剧毒物品使用时应特别小心，不得进入口内或接触伤口，废液也不能随便倒入下水道，应倒入废液缸或指定的容器中。做金属汞的实验时一定不要把汞洒落在桌上或地面上。一旦洒落，应立即收集，并用硫黄粉撒在上面，使金属汞转变成硫化汞，最后收集起来埋于地下，因为金属汞易挥发，人体吸入后，会逐渐积累引起慢性中毒。

2. 实验室事故的处理

(1) 创伤　伤势较轻时可涂些1%的高锰酸钾溶液或碘酒，或贴上“创可贴”。伤势较重时应立即送医院治疗。

(2) 烫伤　不要用水冲洗。若伤处皮肤未破时，可涂擦饱和苦味酸溶液或碳酸氢钠溶液，或用碳酸氢钠粉调成的糊，也可涂万花油或烫伤膏；若伤处皮肤已破，可擦1%高锰酸钾溶液。重者应立即送医院治疗。

(3) 受浓酸腐蚀致伤　先用大量水清洗，然后用饱和碳酸氢钠溶液或肥皂水或稀氨水洗，最后再用水冲洗。如果酸液不慎溅入眼内，先用实验室中安装的洗眼器冲洗，再用3%碳酸氢钠溶液冲洗，然后送医院治疗。

(4) 受浓碱腐蚀致伤　先用大量水清洗，然后用3%醋酸溶液或饱和硼酸溶液冲洗，最后用水冲洗。如果碱液不慎溅入眼中，先用实验室中安装的洗眼器冲洗，再用3%硼酸溶液冲洗，然后送医治疗。

(5) 吸入氯化氢或氯气气体　可吸入少量乙醇和乙醚的混合蒸气解毒；吸入硫化氢或一氧化碳气体而感到不适时，应到室外呼吸新鲜空气。严重者立即送医院治疗。

(6) 触电　应迅速切断电源，必要时进行人工呼吸。严重者立即送医院治疗。

(7) 起火　首先根据起火原因选用正确的灭火方法和灭火设备。一般的起火可用湿布、石棉或沙子覆盖燃烧物，即可灭火；火势较大时可使用水和泡沫灭火器灭火；电器设备引起的火灾，先切断电源后使用防火布、砂土、二氧化碳或四氯化碳灭火，而不能使用水和泡沫灭火器，以免触电；活泼金属如 Na、K、Mg 引起的火灾，不能用水、泡沫灭火器、二氧化碳灭火器灭火，只能用砂土、干粉灭火器灭火；有机溶剂着火，不能使用水、泡沫灭火器灭火，只能使用二氧化碳灭火器、专用防火布或砂土等灭火；当身上衣服着火时，不要惊慌乱跑，应赶快脱下衣服或就地卧倒翻滚。

3. 实验室废液的处理

(1) 废酸、碱液　可先过滤出其中的不溶物（不溶物可集中回收处理），滤液加入相应的碱或酸调 pH 至 7 左右后排放。

(2) 铬酸废液　可用高锰酸钾氧化法使其再生，重复使用。氧化方法：先在 110～130℃下不断搅拌，加热、浓缩，除去水分后，冷却至室温，慢慢加入高锰酸钾粉末。每 1000mL 加入 10g 左右，边加边搅拌至溶液呈深褐色或微紫色，停止加入。然后加热至有三氧化硫出现，停止加热。稍冷，通过砂芯漏斗过滤，除去沉淀；冷却后析出红色三氧化铬沉淀，再加适量硫酸使其溶解即可使用。少量的铬酸废液可加入废碱液或石灰使其生成 $Cr(OH)_3$ 沉淀，过滤，沉渣可埋于地下。为了保护环境和地下水资源，当前大多实验室都不再使用铬酸洗液。

(3) 含氰废液　由于氰化物是剧毒物质，含氰废液必须认真处理。对于少量的含氰废液可先加氢氧化钠调至 pH＞10，再加入几克高锰酸钾使 CN^- 氧化分解；大量的含氰废液可用碱性氯化法处理。先用碱将废液调至 pH＞10，再加入漂白粉，使 CN^- 氧化成氰酸盐，并进一步分解为二氧化碳和氮气，最后将溶液 pH 调到 6～8 排放。

(4) 含汞废液　应先将废液 pH 值调至 8～10，然后加入适当过量的硫化钠转化为硫化汞沉淀，并加硫酸亚铁生成硫化亚铁沉淀，将硫化汞吸附下来。静置并让沉淀物沉降后，上层清液排放。少量沉渣可埋于地下，大量沉渣可在通风橱内用焙烧法回收汞。

(5) 含其他重金属离子的废液　加碱或加硫化钠把重金属离子变为难溶性的氢氧化物或硫化物沉淀，过滤分离，清液排放，残渣集中回收处理。

(6) 无机、有机混合物　应萃取分离出有机物，采用蒸馏法回收，重复使用。无机物可参照上述方法根据具体情况处理。

总之，无论采用物理法、化学法还是微生物法，处理后的污泥最好再进行附加处理。特别是无机毒物含量较高的污泥，可先采用固化的方法使其成为稳定的固体，不再渗透和扩散，然后再进行土地填埋。这种做法是目前较常用的化学污染物的处理方法。

二、仪器的洗涤和干燥

化学实验中使用的各种仪器，必须洗涤干净，否则仪器上的杂质或者污物将会对实验的结果产生不利影响，甚至会导致实验彻底失败。每次实验结束后应及时清洗仪器，否则仪器经长期放置洗涤会更加困难。另外有些仪器洗涤干净后直接可用来做实验，但有一些实验必须使用干燥的仪器，因此对洗涤干净的仪器有时还需要进行干燥。否则由于水的存在，而影响实验结果的准确性。

（一）玻璃仪器的洗涤

实验室最常用的洗涤剂有去污粉、洗衣粉和洗液等。去污粉和洗衣粉，多用于毛刷直接刷洗的仪器，如试管、烧杯、锥形瓶和试剂瓶等一般玻璃仪器；洗液多用于不使用毛刷刷洗的仪器，如酸碱滴定管、移液管、吸量管和容量瓶等特殊形状的玻璃仪器，另外长久不用的器皿和不易刷的污垢也可用洗液洗涤，洗液洗涤仪器是利用洗液本身与污物起化学反应，而将污物除去。

通常附着在仪器上的污物，既有可溶性的物质，也有尘土及其他难溶性的物质，还可能有油污等有机物质。洗涤时应根据实验的要求、污物的性质、污染的程度和仪器的特点分别选择合适的洗涤和干燥方法。

1. 普通玻璃仪器的洗涤

普通玻璃仪器主要指烧杯、试管、锥形瓶、量筒、表面皿和试剂瓶等一般玻璃仪器。

(1) 水洗　选用大小合适的毛刷，拉动、转动毛刷洗涤仪器内、外壁（注意：洗涤试管时要防止毛刷底部的铁丝将试管捅破）。然后用自来水冲洗干净，最后用少量蒸馏水涮洗干净。

(2) 洗涤剂洗　若仪器上粘有油污或难以用水冲洗掉的灰尘，先用自来水洗，然后选用大小合适的毛刷蘸少许去污粉、洗衣粉或合成洗涤剂在仪器内外壁上刷洗，再用自来水冲洗干净，最后用蒸馏水涮洗干净。

(3) 铬酸洗液（简称洗液）洗　仪器先用水冲洗并把仪器中残留的水尽量倒净，防止把洗液稀释，然后将少量洗液倒入仪器中，慢慢转动并倾斜仪器使仪器的内壁全部被洗液润湿，重复2～3次即可。若使洗涤效果更好，可用洗液将仪器浸泡一段时间，或者用热的洗液洗。用完后的洗液倒回原瓶。洗液洗过的仪器先用自来水冲洗干净，再用蒸馏水涮洗干净。

铬酸洗液具有强酸性、强腐蚀性和强氧化性，溶液呈暗红色，对具有强还原性的有机物、油污的去污能力特别强。但是洗液易吸潮而降低去污能力，所以装洗液的瓶子用完后应及时盖好。另外，洗液经多次使用后变为绿色时（主要是 Cr^{3+}），就失去了去污能力，不能继续使用。但是不要倒掉，失效的洗液还可以重复利用。再生方法：首先将失效的洗液在110～130℃下进行浓缩，除去其中的水分，当水分除完后，让其冷却至室温，然后向浓缩液中慢慢加入 $KMnO_4$ 粉末（$10g \cdot L^{-1}$），边加边搅拌，直至溶液呈深褐色或微紫色，加热洗液至刚有 CrO_3 沉淀出现，停止加热。稍微冷却后用砂芯漏斗过漏，除去沉淀。滤液冷却后即析出红色 CrO_3 沉淀。在含有 CrO_3 沉淀的溶液中再加入适量浓 H_2SO_4 使其溶解即成洗液，可继续使用。

(4) 超声波清洗　选择合适的洗涤剂配成溶液放入清洗槽内，然后将待洗的玻璃仪器放在清洗网架内，再把清洗网架放入清洗槽中，接通超声波清洗器的电源，利用超声波产生的振动，将仪器清洗干净。最后用自来水冲洗干净，再用蒸馏水涮洗干净。

2. 度量仪器的洗涤

度量仪器主要指移液管、吸量管和容量瓶等度量溶液体积的玻璃仪器。此类仪器比较精密，洗涤程度要求较高，仪器形状又特殊，不宜用毛刷刷洗，常用洗液进行洗涤。

(1) 移液管和吸量管的洗涤　先用自来水冲洗，用洗耳球吹去管中残留的水，然后将移液管或吸量管插入铬酸洗液瓶内，用洗耳球吸取洗液，吸入约1/5容积，用右手食指按住移液管（或吸量管）上口，将移液管横置过来，左手托住下端没有洗液的地方，右手食指轻轻松开，慢慢转动移液管或吸量管，使洗液充分润洗内壁，然后倒出洗液。如果移液管太脏，可在移液管上端接一段橡胶管，再用洗耳球吸取洗液至橡胶管内，然后用自由夹夹紧橡胶管上端，让洗液在移液管内浸泡一段时间，最后松开自由夹，让洗液放回原洗液瓶中，拔掉橡皮管，最后分别用自来水和蒸馏水洗净即可。

(2) 容量瓶的洗涤　先用自来水冲洗，再加入适量洗液，盖上瓶塞，转动容量瓶，使洗液充分润洗内壁，如果容量瓶太脏，可加洗液于容量瓶中浸泡一段时间，然后将洗液倒回原瓶。最后依次用自来水和蒸馏水洗净即可。

3. 特殊污垢的去除

(1) 二氧化锰可用少量草酸加水并加几滴浓硫酸处理。

(2) 黏附在器壁上的硫黄用石灰水煮沸即可洗去。

(3) 沾附在器壁上的煤焦油用浓碱浸泡一段时间后即可洗去。

(4) 沾附在器壁上的铜或银用硝酸处理。难溶的银盐可用硫代硫酸钠溶液洗涤。

(5) 沾附在器壁上的铁锈用盐酸或稀硝酸浸泡后，再用水洗。

(6) 研钵内的污迹可加入少量饱和食盐水研磨，倒出食盐水后，再用水洗。

(7) 蒸发皿和坩埚上的污迹可用浓硝酸或王水洗涤。

玻璃仪器是否洗涤干净的判断标准是玻璃仪器壁上不挂水珠，而是一层均匀的水膜。否则，说明仪器没有洗涤干净，仍需继续洗涤。一般而言，无机化学实验对仪器干净程度要求不十分高，仪器只要求洗刷干净，不一定严格要求玻璃仪器的壁上不挂水珠，而在定性、定量分析实验中，杂质会影响实验的准确性，则对仪器干净的程度要求较高。凡是已洗净的仪器，决不能用布或纸擦拭，否则，布或纸的纤维会留在器壁上。

(二) 玻璃仪器的干燥

1. 晾干

对于实验时不急用的仪器，将仪器洗净后倒置在适当的装置上，通过空气对流自然干燥。

2. 烤干

实验室常用于烤干的设备有酒精灯、电炉等。试管在烤干时应使试管口略向下倾斜，以免水珠倒流而使试管破裂（图Ⅰ-2-1）。锥形瓶、烧杯烤前应先擦去仪器外壁的水珠，然后放于石棉网上用小火烤干。但是，对于移液管、吸量管、容量瓶等量器不能用加热的方法干燥。否则，会影响这些仪器的精密度。

3. 烘干

对于实验时急需用的玻璃仪器，可放烘箱内烘干，烘箱带有自动控温装置，可根据需要选用不同的温度。烘箱温度最高可达 220℃，一般控制在 105～110℃，烘 1h 左右。烘干方法是：先将仪器洗净后尽量沥干多余的水，然后口朝上平放于烘箱内，带塞的瓶子应打开瓶塞。关住烘箱的门，调节控温旋钮使温度控制在 105～110℃。仪器烘干后切断烘箱电源，等降至室温后再取出仪器（图Ⅰ-2-2）。如果仪器热时需要取出，应注意用干布垫住手，以防止烫伤。此法只适用于一般的玻璃仪器。

4. 吹干

急于使用的仪器和一些不适用于烘箱烘干的仪器可选用吹干的办法，包括电吹风吹干和气流干燥器吹干。电吹风吹干时（图Ⅰ-2-3），为了加快吹干的速度，可先用少量乙醚或乙

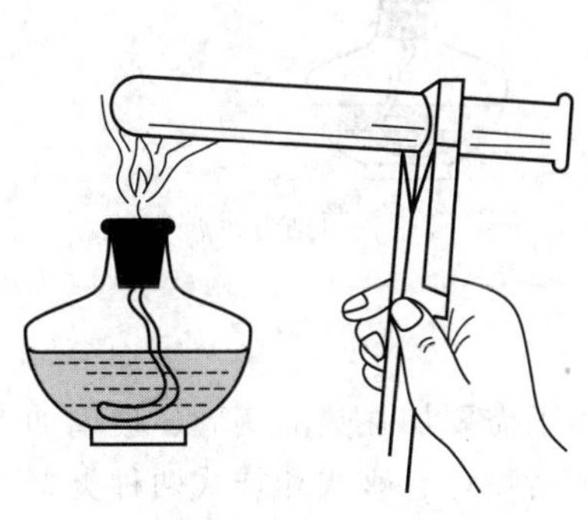

图Ⅰ-2-1 烤干

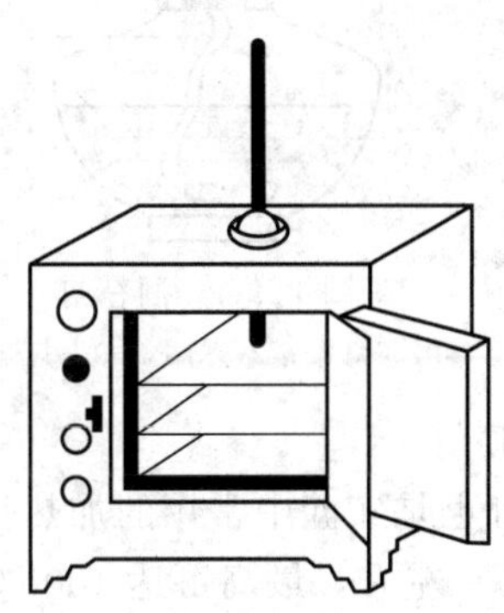

图Ⅰ-2-2 电热恒温干燥箱

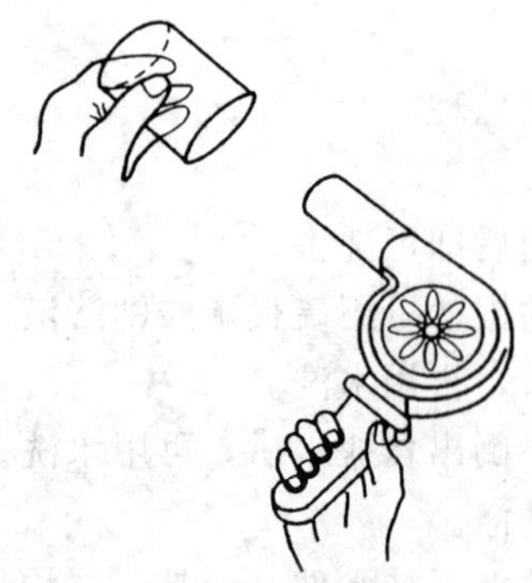

图Ⅰ-2-3　电吹风吹干

图Ⅰ-2-4　气流干燥器吹干

醇等有机溶剂倒入玻璃仪器内润洗一遍，先用冷风吹 2min 使大部分溶剂挥发后再用热风吹干，若玻璃仪器内不加有机溶剂润洗，须直接用热风吹干；用气流干燥器吹干时，将玻璃仪器倒置于带孔的金属杆上用热风吹干（图Ⅰ-2-4）。

三、加热方法

实验中常使用的加热方法有三种：酒精灯加热、电炉和电热恒温水浴锅加热。根据加热方式可分为直接加热和间接加热，下面对它们的加热原理、使用方法及加热方式分别介绍如下。

（一）加热设备

1. 酒精灯

酒精灯（图Ⅰ-3-1）是实验室常用的加热仪器，通常是玻璃制品，由灯帽、灯芯和灯壶三部分组成，其灯焰温度通常可达 300～500℃，焰心最低，内焰较高，外焰最高。酒精灯一般用于加热温度不太高的实验，加热时须用酒精灯的外焰加热（图Ⅰ-3-2）。为了避免发生意外事故，注意：点燃时，必须用火柴点燃，不准用点燃的酒精灯直接点火；添加酒精时，须将火焰熄灭，且加入的酒精量最多不超过酒精灯容量的三分之二；熄灭酒精灯时，应用灯帽将其盖灭，严禁用嘴吹灭。长期未用的酒精灯重新使用时，需要先打开灯帽，将灯芯上下提几次，并用洗耳球吹去灯内聚集的酒精蒸气，灯芯用剪刀剪平，然后再点燃。

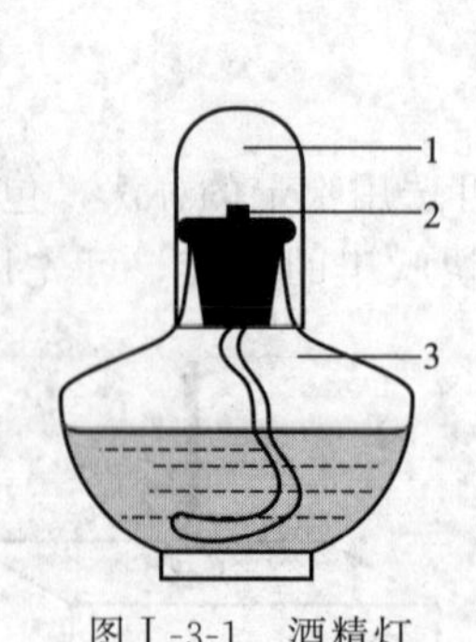

图Ⅰ-3-1　酒精灯

1—灯帽；2—灯芯；3—灯壶

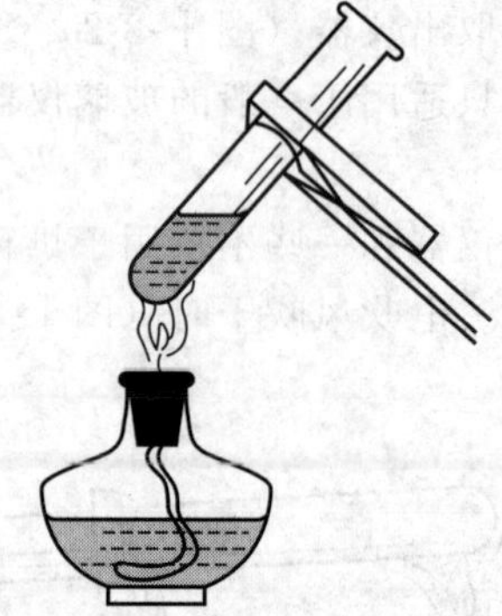

图Ⅰ-3-2　酒精灯外焰加热

2. 酒精喷灯

酒精喷灯也是实验中常用的加热仪器，主要用于需要加强热的实验、玻璃加工等。其火焰温度在 800℃左右，最高可达 1000℃。常用的酒精喷灯有座式和挂式两种类型，一般由铜质或其他金属制成。座式喷灯的酒精贮存在灯座贮罐内，挂式喷灯的酒精贮存于悬挂在高处的贮存罐内。下面介绍座式酒精喷灯的构造及使用方法。

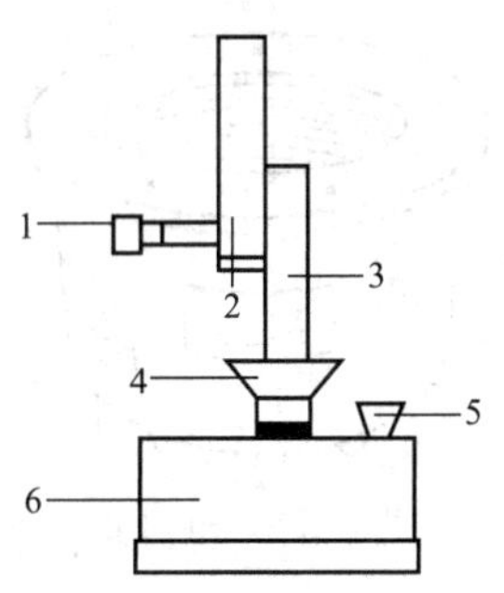

图Ⅰ-3-3　座式酒精喷灯
1—空气调节器；2—喷火孔；3—灯管；4—引火碗；5—油孔；6—酒精贮罐

座式酒精喷灯由油孔、酒精贮罐、引火碗、灯管、喷火孔和空气调节器构成（图Ⅰ-3-3）。使用前，先拧开添加酒精的油孔盖，通过漏斗把酒精倒入酒精贮罐内，酒精的量不能超过贮罐容积的2/3，随即将盖拧紧，避免漏气。然后将灯身慢慢倾斜70°，使灯管内的灯芯湿润，以免灯芯烧焦。检查酒精蒸气的喷口是否堵塞，如发现堵塞，可以用钢针把喷口通透。先向引火碗内注入2/3容量的酒精，用火柴将酒精点燃，对灯管加热，同时要转动空气调节器把入气孔调到最小。待碗中酒精将近燃完时，逆时针旋转开启灯管上的喷火孔开关。来自贮罐的酒精在灯管内受热并气化，从喷孔喷出时，引火碗内燃烧的火焰便可把喷出的酒精蒸气点燃（若不能点燃，可用火柴点燃），就可以产生高温火焰。通过调节空气调节器可以控制火焰的温度，调节器上升，进入的空气多，酒精燃烧充分，火焰集中，则温度高。反之，温度就低。但是调节器不可以调节过高，否则进入的空气量太大，容易将火焰冲灭。用完后，用石棉网盖住管口熄灭喷灯火焰，同时用湿抹布盖在灯座上，使它降温。

注意：喷灯工作时，灯座下不能有任何热源，周围环境温度一般应在35℃以下，周围不能有任何易燃物；在打开开关、点燃管口气体前必须充分加热灯管，否则酒精不能完全气化，就会有液态酒精从管口喷出，可能形成“火雨”（尤其是挂式喷灯），甚至引起火灾；当罐内酒精还剩有大约20mL时，应停止使用，若继续使用，需要把喷灯熄灭后重新添加酒精，不能在喷灯燃着时向贮罐内加注酒精，以免引燃罐内的酒精蒸气；使用喷灯时如发现罐底凸起，要立即停止使用，检查喷口有无堵塞、酒精有无溢出等，待查明原因并排除故障后再使用；每次连续使用的时间不宜过长，并且喷灯使用一段时间后，应清洗酒精贮罐，更换灯芯。

3. 电炉

电炉（图Ⅰ-3-4）是一种通过电阻丝将电能转化为热能的装置，加热温度可通过调节电阻控制。电炉加热的速度很快，温度也很高，不易控制。使用电炉加热时，容器和电炉之间通常要垫上石棉网，以使受热均匀。为了防止发生意外事故，做实验时一定要集中精力，时刻注意控制反应温度。

4. 电热恒温水浴锅

电热恒温水浴锅（图Ⅰ-3-5）有两孔、四孔、六孔、多孔等不同规格，电热恒温水浴锅为水槽式，其构造分内外两层。内层用铝板或不锈钢板制成，外层用薄钢板制成。槽底安装有铜管，内装电炉丝用瓷接线柱连通双股导线至控制器，控制器表面有电源开关、温度调节器和指示灯，水浴锅左下侧有放水口。电热恒温水浴锅适用于受热温度不高的蒸发或恒温加

图Ⅰ-3-4　电炉

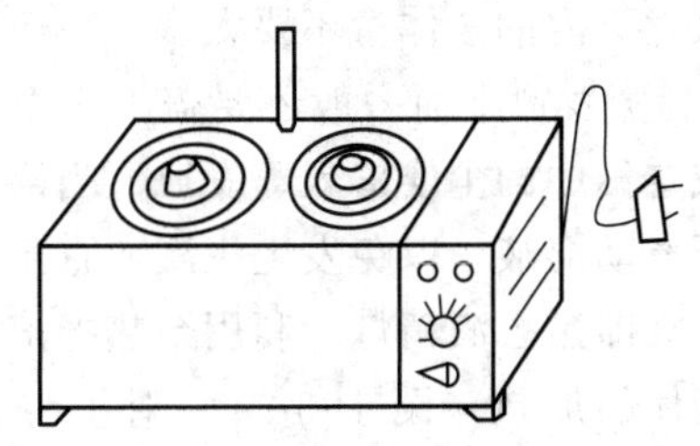
图Ⅰ-3-5　两孔电热恒温水浴锅

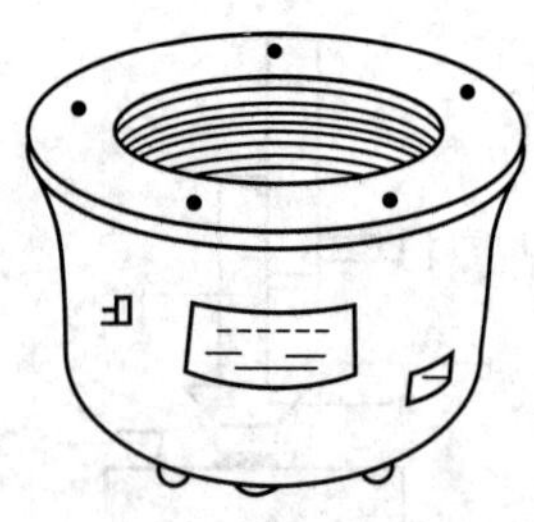
图Ⅰ-3-6 电热套

热的实验，加热温度可从室温直到100℃，电源电压为220V。使用时，水位不要溢出水浴锅；但也不能低于电热管，否则会烧坏电热管。电热恒温水浴锅加热的速度较慢，但是受热均匀恒定。

5. 电热套

电热套是由玻璃纤维包裹着电热丝织成的碗状半圆形的加热装置（图Ⅰ-3-6），且具有控温装置。因玻璃纤维包裹着电热丝，它不是明火加热，故可以加热或蒸馏易燃的有机物，也可以加热沸点较高的化合物，使用方便且适用范围较广。

6. 其他加热设备

其他的加热设备还有马弗炉（图Ⅰ-3-7）或管式炉（图Ⅰ-3-8）等，具体加热原理和使用方法可参考说明书，它们均可以加热到1000℃左右，且可以接控温装置，自动地控制加热的温度。

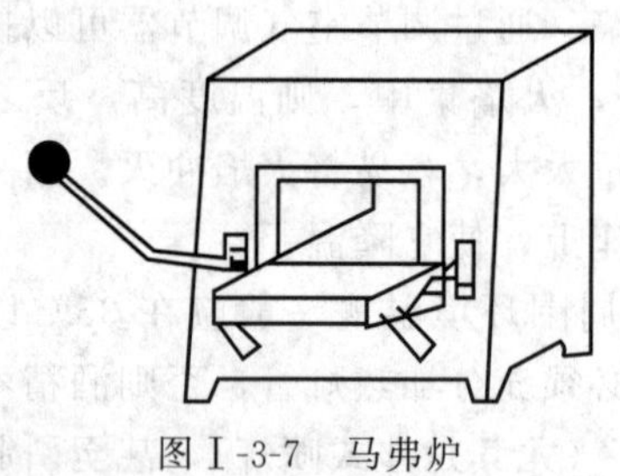
图Ⅰ-3-7 马弗炉

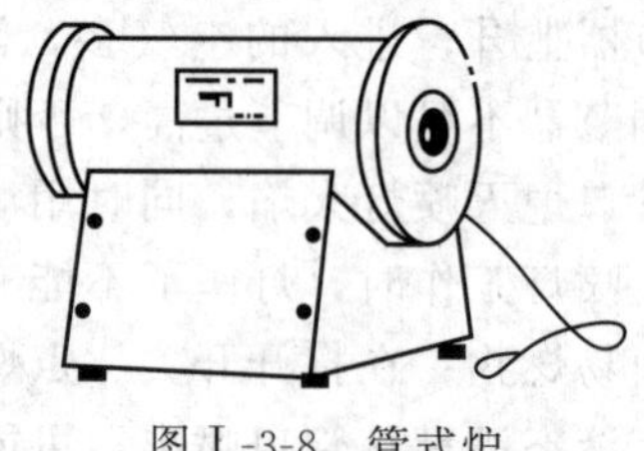
图Ⅰ-3-8 管式炉

（二）加热方式

1. 直接加热

将被加热物直接放在热源上进行加热，如用酒精灯加热试管、蒸发皿，电炉加热烧杯等。

（1）液体的加热　主要用于较高温度下不发生分解且不易燃的溶液或纯液体。对于少量的液体可以装在试管里直接加热，加热时应注意试管中所盛液体量不要太大，一般不超过试管高度的1/3；不准用手捏住试管加热，须用试管夹夹住试管的中上部加热（图Ⅰ-3-2）；加热时试管口应向上稍倾斜，且朝向没人的地方，如墙壁或天花板，不准朝向别人或自己，以免溶液沸腾时发生事故。开始先加热液体的中上部，慢慢向下移动试管，加热下部，然后来回移动试管使液体各部分受热均匀，防止试管内液体局部受热暴沸而迸溅。

对于大量的液体，需要放在烧杯或锥形瓶等容器中，先将器皿的外壁擦干，然后垫上石棉网，用酒精灯或电炉等直接加热即可。加热时先使底部受热均匀，防止加热的容器破裂。溶液沸腾后应把酒精灯或电炉火焰调小，防止飞溅（可以结合玻璃棒搅拌）。有时溶液需要加热浓缩，可将溶液放入蒸发皿内，下面垫上泥三角，用酒精灯直接加热，加热时应注意蒸发皿内的液体量不要太多，一般不超过蒸发皿容积的2/3；蒸发皿上面一般还要盖上一个表面皿，防止液体溅出或空气中的尘埃落入蒸发皿。当溶液蒸发至较少时，应不断搅动溶液，以免发生飞溅，直至有大量固体物质出现时应立即撤去酒精灯，利用余热把溶液蒸干。

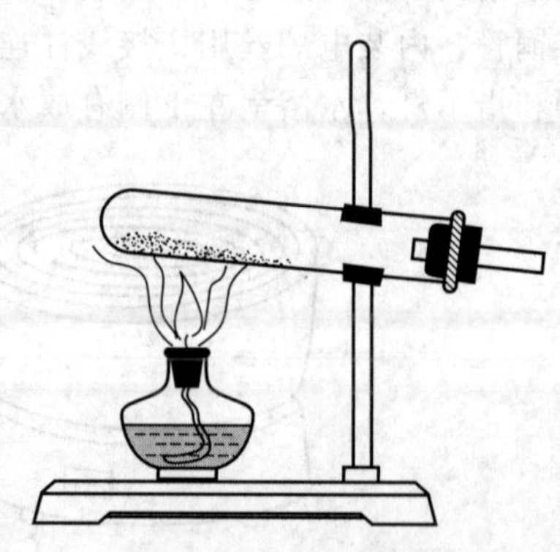
图Ⅰ-3-9 少量固体加热

（2）固体的加热（图Ⅰ-3-9）　对于少量的固体，可用试管加热，加入固体的量不要超过试管容积的1/3。块状或粒状固体先用研钵研细，小心地将固体顺着试管壁滑下或用纸槽将固体平铺于试管底部。用试管夹住试管的中上部加热或把试管固定在铁架台上，试管口略向下倾斜，防止凝结在试管口的水珠倒流而使试管破裂。先来回加热试管使之受热均匀，然后集中加热试管底部。

对于大量的固体，可用蒸发皿加热。加入固体的量不要超过蒸发皿容积的 2/3。固体颗粒加热前先用研钵研细，充分搅拌使固体受热均匀，然后集中加热。

(3) 固体的灼烧　需要在高温下加热固体时，可以把固体放在坩埚中灼烧。根据物质性质的不同可选用不同的坩埚，如铁坩埚、瓷坩埚、镍坩埚或铂坩埚等。将坩埚放在泥三角上，用酒精灯外焰加热。加热前先用小火使坩埚受热均匀，然后用大火集中加热。灼烧完毕后，先撤去酒精灯，再用干净的坩埚钳夹取坩埚，坩埚钳使用前先在火焰上预热。热的坩埚取下后应放在石棉网上，防止烫坏实验台台面。坩埚钳应平放在石棉网上或桌面上，尖端向上，以保证坩埚钳尖端洁净。

一般固体的灼烧常使用马弗炉或管式炉，它们均可以加热到 1000℃左右，且可以接控温装置，更好地控制加热的温度。

2. 间接加热

先将某些介质加热，介质再将热量传递给被加热物。这种方法又称为热浴。根据选用的介质不同，分为水浴、沙浴和油浴等。热浴的优点是升温缓慢稳定、受热均匀。

(1) 水浴　水浴是选用水作为加热介质的一种热浴。水浴加热常在电热恒温水浴锅或普通水浴锅中进行。使用水浴锅（图Ⅰ-3-10）加热时，可根据被加热容器的大小选用合适的圆环，即增大容器的受热面积而又防止器皿掉进水浴锅中。利用热水或产生的蒸汽加热容器。加热过程中注意及时补充水浴锅中的水，防止烧干。

(2) 油浴　油浴是选用油作为加热介质的一种热浴（加热方式与水浴加热一样）。

油浴加热的温度比水浴更高。所用油的种类不同，油浴的最高温度也不一样。石蜡可加热至 200℃，温度再高也不发生分解，但是容易燃烧；甘油可加热至 140～150℃，温度再高会发生分解；植物油能加热到 220℃，常加入 1%的对苯二酚等抗氧化剂，增长使用寿命；硅油加热到 250℃时仍然稳定，只是成本高，温度过高时也会发生分解，达到闪点可能燃烧，使用时一定要小心。由于油在高温下易燃，所以使用油浴时要十分谨慎，密切注意温度，随时调整火焰。一旦发现严重冒烟时，要立即停止加热。目前油浴加热已经由传统的用酒精灯或电炉加热改为自动控温装置加热，安全系数大大提高，而且操作变得更加简单。

(3) 沙浴　沙浴是选用沙子作为加热介质的一种热浴。先在铁盘中放入均匀的细沙，再将加热器皿的下半部分埋入细沙中用电炉加热（图Ⅰ-3-11）。沙浴升温过程比较缓慢，停

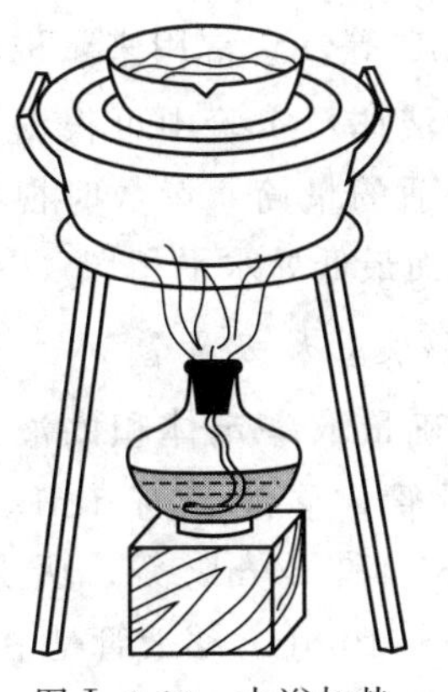

图Ⅰ-3-10　水浴加热

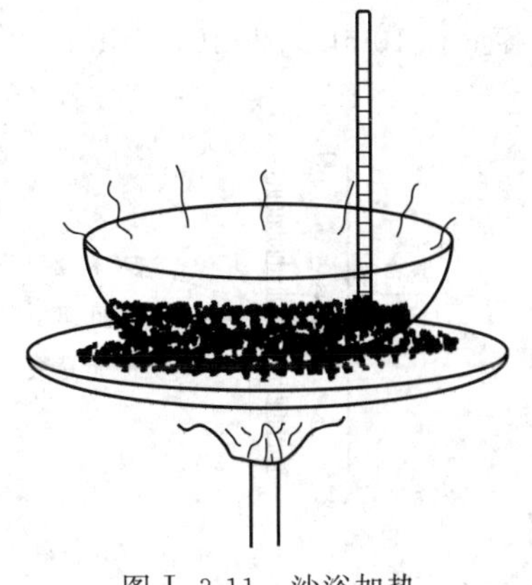

图Ⅰ-3-11　沙浴加热

止加热后，散热也比较慢，因此温度不易控制。为了控制温度，细沙中通常插入一支温度计，温度水银球要与被加热器皿的底部处于同一高度，但是注意温度计的水银球千万不要接触铁盘，否则温度超过温度计的量程，温度计会发生破裂。使用沙浴时，沙浴盘下面的桌面上要垫石棉板，以防过热的容器烤焦桌面。

（三）冷却

实验中有些过程、反应、分离或结晶等要求在较低的温度下进行，通常根据不同的要求采取不同的冷却方法，常见的冷却方法如下。

1. 自然冷却

将加过热的物质直接放在空气中放凉。这种方法冷却速率慢，需要的时间较长。

2. 自来水冲洗冷却

为了加快冷却速度，有些实验加热后，可直接打开水龙头，然后将容器倾斜直接用自来水冲洗容器外表面进行冷却，为了使冷却效果更好，冲洗的同时要不断地摇动容器。

3. 冰水冷却

若某些过程、反应、分离或结晶需在较低的温度下进行（0℃左右），可直接将反应容器放在冰水混合物中冷却。

4. 制冷剂冷却

若某些过程、反应、分离或结晶需在更低的温度下进行（低于 0℃），可用制冷剂冷却。制冷剂主要是冰盐或水盐的混合物，冰盐的比例及盐的种类决定制冷温度的高低（见表Ⅰ-3-1）。

表Ⅰ-3-1 一些常见的制冷剂和制冷的温度

制冷剂	制冷温度 T/K	制冷剂	制冷温度 T/K
30 份 NH_4Cl＋100 份水	270	100 份 NH_4NO_3＋100 份水	261
4 份 $CaCl_2 \cdot 6H_2O$＋100 份碎冰	264	100 份 NH_4NO_3＋100 份 $NaNO_3$＋冰水	238
125 份 $CaCl_2 \cdot 6H_2O$＋100 份碎冰	233	干冰＋乙醇	201
150 份 $CaCl_2 \cdot 6H_2O$＋100 份碎冰	224	干冰＋乙醚	196
29g NH_4Cl＋18g KNO_3＋冰水	263	干冰＋丙酮	195

四、液体体积的度量仪器及使用

根据移取一定体积溶液的准确度，溶液体积的度量仪器可分为粗量仪器和精密仪器，粗量仪器如量筒、烧杯等，精密仪器如移液管、吸量管和容量瓶等，现就它们的规格和使用方法介绍如下。

（一）量筒

量筒容量有 10mL、25mL、50mL、100mL 和 250mL 等，它常用来量取对体积精度要求不太高的液体。实验中可根据所取液体的体积来选用合适的量筒，读数时视线应与仪器内液体的弯月面最低处水平相切（图Ⅰ-4-1）。

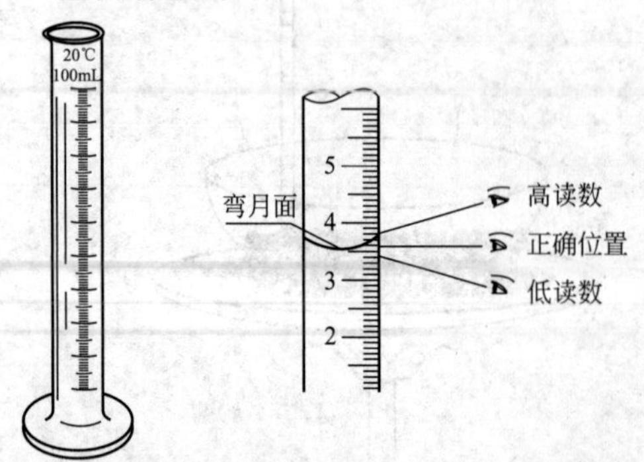

图Ⅰ-4-1 量筒及读数方法

（二）移液管和吸量管

要求精确量取一定体积的液体时，可用移液管或吸量管，移液管有 1mL、2mL、5mL、10mL、25mL 和 50mL 等；吸量管有 1mL、2mL、5mL 和 10mL。移液管是中上部有一“鼓肚”的玻璃管，管的上部有一个标明总体积的

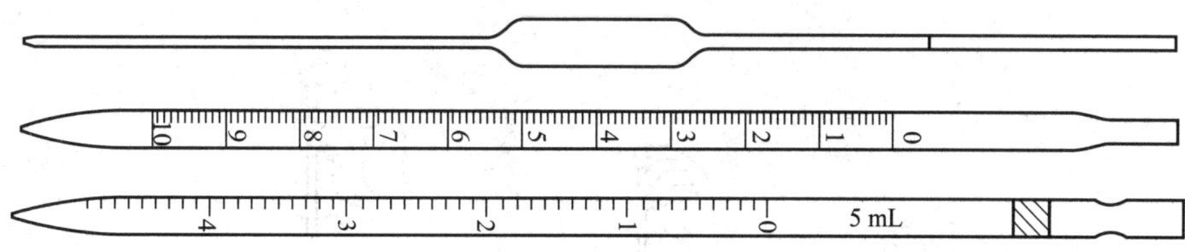

图Ⅰ-4-2　移液管和吸量管

刻度线，量取的液体体积与管上所标注的体积相同。吸量管管上带有分刻度，可以用来量取不同体积的液体（图Ⅰ-4-2）。

移液管和吸量管的使用方法如下。

1. 洗涤

移液管、吸量管和容量瓶是特殊的度量仪器，不易于毛刷刷洗，使用前先用少量洗液洗涤干净，然后用自来水冲净，使整个内壁和外壁不挂水珠。最后用蒸馏水润洗三次。移取溶液前必须用少量待取液润洗三次。方法是：为避免溶液被稀释或玷污，可将少量待取液倒入小烧杯中，然后吸入少量（3～5mL）溶液至移液管中，慢慢放平移液管并旋转，使液体慢慢流遍移液管内壁。再将移液管竖直，将管中液体放出到另外一个小烧杯中，然后再将该液体沿移液管的外壁下部冲洗、弃去，反复操作三次即可。注意最后一次操作后要用吸水纸将移液管尖端内外的液体吸去。

2. 吸取

用右手大拇指和中指捏住移液管标线以上的部位，将移液管垂直插入液面下 1～2cm，不要插入太深，否则外壁会沾有太多液体，但也不要插入太浅，否则液面下降时会吸空。左手拿住洗耳球，先把球内空气挤压出去，再将洗耳球的尖嘴插入移液管的上口后慢慢松开左手手指，液体就被吸入管内，随着液面的下降，须将移液管逐渐下移。当移液管中的液面升至刻度线以上时，迅速移去洗耳球，立即用右手食指按住管口，将移液管从溶液中取出，并使移液管的下端靠在器壁上，稍微放松食指，用拇指和中指轻轻转动移液管，让液面缓慢下降至溶液的弯月面与刻度线相切时，立刻用食指按紧管口使溶液不再流出，然后从容器中取出移液管，进行转移操作。

3. 转移

将移液管竖直向下其尖嘴紧靠接收器内壁，让接收容器倾斜（图Ⅰ-4-3）。松开食指，让溶液慢慢顺管壁流下，待溶液留尽后再将移液管的尖嘴在内壁上划几下，让溶液完全流出，取出移液管。最后尖嘴内余下的少量溶液，是否吹入接收器中，必须看移液管上是否标注“吹”字，若有“吹”字，一定要将尖嘴内余下的少量溶液吹入接收容器中；否则，不必吹入接收器中，因为标定移液管体积时，已经忽略了尖嘴内余下的少量溶液的体积。

（三）容量瓶

容量瓶是用于配制准确浓度溶液的容器。细颈平底，配有磨口玻璃塞，瓶颈上刻有标线，容量瓶的下部标注有使用的温度和容积。

1. 检漏

在容量瓶内加适量自来水，塞紧瓶塞，右手食指按住瓶塞，其余手指拿住瓶颈标线以上部分，左手指尖托住瓶底边缘，将瓶倒置一会儿，观察是否漏水；如不漏水，再将瓶直立，瓶盖转动 180°后再次检漏，两次均不漏水才能使用（图Ⅰ-4-4）。容量瓶的塞子是配套使用的，为避免塞子打破或遗失，应用橡皮筋把塞子系在瓶颈上。

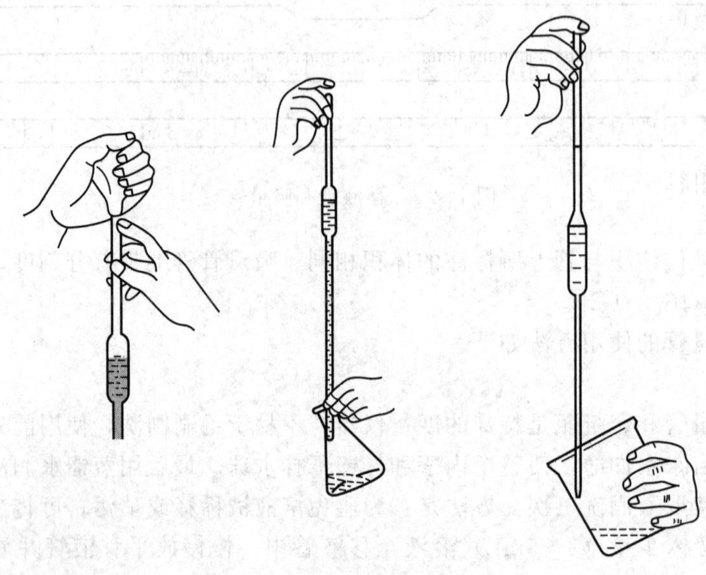

图Ⅰ-4-3　吸取溶液和转移溶液

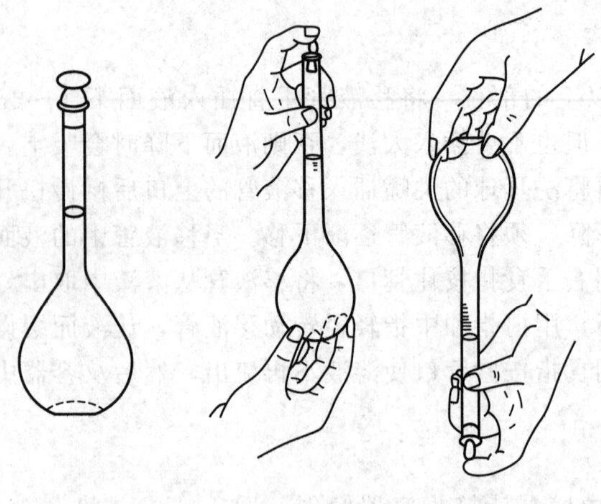

图Ⅰ-4-4　容量瓶的检漏

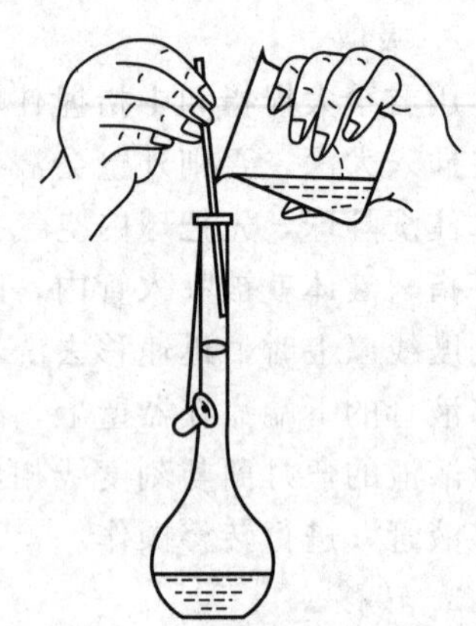

图Ⅰ-4-5　转移溶液

2. 洗涤

容量瓶的洗涤方法与移液管相似。使用前用少量洗液润洗后，依次用自来水冲洗三次、蒸馏水润洗三次即可。但是容量瓶使用前不准用待转移的溶液润洗，否则造成实际浓度偏高。

3. 配制溶液

用容量瓶配制溶液时：①若是固体物质，准确称量后先在烧杯内将其搅拌溶解，再将溶液转移到容量瓶中，转移溶液时应用玻璃棒引流（图Ⅰ-4-5）。烧杯用少量蒸馏水冲洗 3 次以上，每次冲洗用蒸馏水的量尽可能少，洗涤液也转移到容量瓶中以确保溶质全部转移，然后慢慢向容量瓶中加入蒸馏水，加至容量瓶 3/4 左右容积时，将容量瓶拿起，沿水平方向摇动几周，使溶液初步混匀，再加入蒸馏水，当液面距离标线大约 1cm 时，待黏附在瓶颈上的水完全流下后，用长滴管滴加蒸馏水，使水的弯月面与标线相切，盖好瓶塞，将容量瓶倒置摇动几次，使溶液混合均匀即可。②若是用已知准确浓度的浓溶液稀释成准确浓度的稀溶液，可用移液管吸取一定体积的浓溶液于容量瓶中，然后按上述操作方法操作加水稀释至刻度线，摇匀即可。

容量瓶不宜长期存放溶液，如果溶液需长时间使用或配好的溶液需保存时，应转移到清洁、干燥的磨口试剂瓶中；如果固体物质需要加热溶解的，溶液必须冷却后才能转入容量瓶内；如果长期不用容量瓶，瓶口处应洗净、擦干，并垫上小纸片将瓶口与塞子隔开以免长期不使用而粘在一起。

（四）滴定管

滴定管是用来进行滴定的仪器，用于测量在滴定中所用标准溶液的体积。滴定管是一种细长、内径均匀且具有精确刻度的玻璃管，管的下端有玻璃尖嘴，中间通过玻璃旋塞或乳胶管（配以玻璃珠）连接，以控制滴定速度。常用规格有 1mL、2mL、5mL、10mL、25mL、50mL 和 100mL 等。

滴定管可分为两种：一种是酸式滴定管，另一种是碱式滴定管（图Ⅰ-4-6）。酸式滴定管的下端有玻璃活塞，可装入酸性、中性或氧化性滴定液（如 HCl、$AgNO_3$、$KMnO_4$、$K_2Cr_2O_7$ 溶液等），不能装入碱式滴定液，因为碱性滴定液可使活塞与活塞套黏合，难于转动。碱式滴定管用来盛放碱性或非氧化性溶液（如 $NaOH$、$Na_2S_2O_3$ 溶液等），它的下端连接一橡皮管，内放有玻璃珠以控制溶液流出，橡皮管下端再接有一尖嘴玻璃管。这种滴定管不能装入酸或氧化性等腐蚀橡皮的溶液（如高锰酸钾、碘和硝酸银等溶液）。

1. 洗涤

使用滴定管前，向滴定管中倒入适量的洗涤液，两手平端滴定管不停转动，使管内壁完全被浸湿，直立，将洗涤液从管尖放出。用洗涤液洗过的滴定管先用自来水充分洗净后，再用适量蒸馏水荡洗三次。管内壁如不挂水珠，则可使用。

若有污垢，用自来水或者洗涤液洗不干净，可装入约 10mL 洗液（碱式滴定管应除去乳胶管，用橡胶乳头将滴定管下口堵住；零刻度线以上部位也可用毛刷蘸洗涤剂刷洗），双手平托滴定管的两端，不断转动滴定管，使洗液润洗滴定管内壁，操作时管口对准洗液瓶口，以防洗液外流。如果滴定管太脏，可将洗液装满整根滴定管浸泡一段时间。洗完后，将洗液

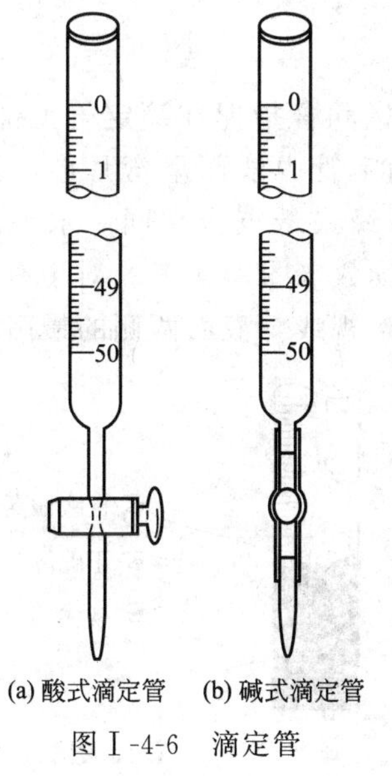

(a) 酸式滴定管 (b) 碱式滴定管

图Ⅰ-4-6 滴定管

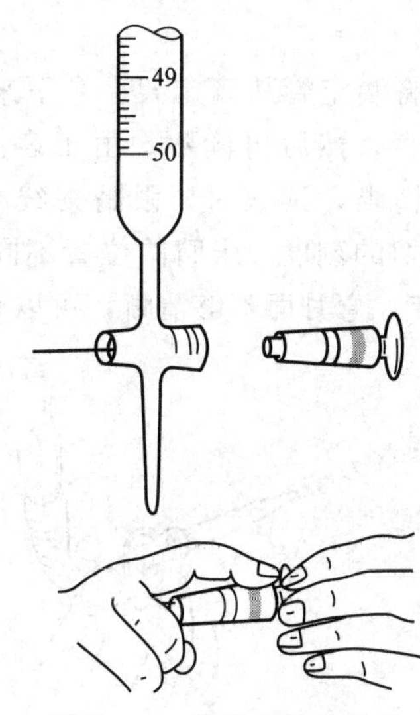

图Ⅰ-4-7 滴定管旋塞涂油

分别由两端放出。最后用自来水、蒸馏水洗净。洗净后的滴定管内壁应被水均匀湿润而不挂水珠。

2. 检查

酸式滴定管使用前应检查活塞转动是否灵活，然后检查是否漏水。试漏的方法是先将活塞关闭，在滴定管内装满水，放置2min，观察管口及活塞两端是否有水渗出。然后将活塞转动180°，再放置2min，看是否有水渗出，若无渗水现象，活塞转动也灵活，即可使用。否则应将活塞取出，用滤纸擦干活塞及活塞套，在活塞粗端和活塞套细端分别涂上一薄层凡士林，亦可在玻璃活塞孔的两端涂上一薄层凡士林（图Ⅰ-4-7）。小心不要涂在孔边以防堵塞孔眼，然后将活塞放入活塞套内，沿一个方向旋转，直至透明没有纹路为止。最后应在活塞末端的沟槽上套一橡皮套以防使用时将活塞顶出。若活塞孔或玻璃尖嘴被凡士林堵塞时，可将滴定管充满水后，将活塞打开，用洗耳球在滴定管上部挤压、鼓气，可将凡士林排出。若此法还不能将凡士林排出，可用热的洗衣粉水浸泡，可将凡士林除去。

碱式滴定管在使用前，应检查橡皮管是否老化、变质，检查玻璃珠和橡皮管大小是否合适，玻璃珠太大，不易操作，太小，会漏水。若不合要求，及时更换玻璃珠或橡皮管。

3. 溶液装入

在装入标准溶液前，应用该标准溶液润洗滴定管三次，避免装入后的标准溶液被稀释。操作时两手平端滴定管，慢慢转动，使标准溶液流遍全管，然后使溶液从滴定管下端放出，以除去管内残留水分。润洗后，装入标准溶液至滴定管的零刻度线以上，不得借用任何别的器皿，应直接倒入，以免标准溶液浓度改变或造成污染。

装入标准溶液后，检查滴定管尖嘴内有无气泡，否则在滴定过程中，气泡逸出，影响溶液体积的准确测量。对于碱式滴定管，可将橡皮管向上弯曲（图Ⅰ-4-8），并在稍高于玻璃珠处，左手拇指和食指捏住玻璃珠部位，捏挤橡胶管，使溶液从管口喷出，即可排除气泡。对于酸式滴定管，右手拿滴定管上部无刻度处，使滴定管倾斜30°，左手迅速打开活塞，使溶液冲出管口，反复数次，即可排除酸式滴定管出口处的气泡。若按此法仍有气泡，可在出口尖嘴处接一根约10cm的橡胶管，打开活塞，使橡胶管内充满溶液，这时迅速捏紧橡胶管的下端，挤压橡胶管的中上部，将气泡从滴定管中挤出。排除气泡后，调节液面到“0.00”mL刻度，或在“0.00”刻度以下处，并记下初读数。

4. 读数

读数时将滴定管从滴定架上拿下来，用右手大拇指和食指捏住滴定管上部无刻度处，使滴定管垂直，然后再读数。由于表面张力作用，滴定管内液面呈弯月形，无色溶液的弯月面比较清晰，读数时，眼睛视线与溶液弯月面下缘最低点应在同一水平面上，读出与弯月面相切的刻度，眼睛的位置不同会得出不同的读数（图Ⅰ-4-9）。对于有色溶液，如$KMnO_4$溶液，弯月面不够清晰，可以观察液面的上缘，视线与液面两侧的最高点相切，读

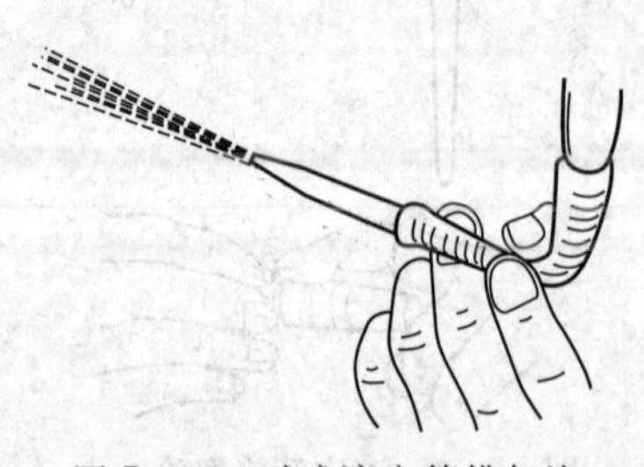

图Ⅰ-4-8 碱式滴定管排气泡

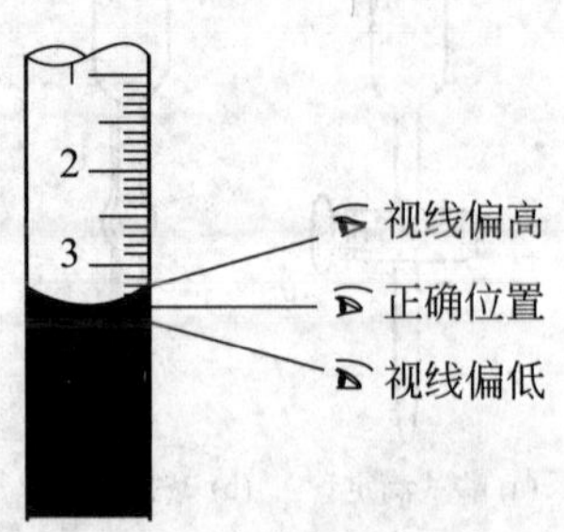

图Ⅰ-4-9 读数视线位置

出刻度（图Ⅰ-4-10）。为了使读数准确，应遵守以下原则。

（1）在装满或放出溶液后，必须静置1～2min，使附在内壁上的溶液流下来以后才能读数。如果放出液体较慢（如接近计量点时），也可静置0.5～1min即可读数。

（2）每次滴定前将液面调节在“0.00mL”刻度或稍下的位置，由于滴定管的刻度或管壁厚度可能不绝对均匀，所以在同一实验中，溶液的体积应控制在滴定管刻度的相同部位，这样由于刻度不准引起的误差可以抵消。

（3）读数时，必须读至小数点后第二位，即要求估计到0.01mL。滴定管上相邻两个刻度之间为0.1mL，当液面在相邻刻度中间即为0.05mL；若液面在此刻度间的1/3或2/3处，即为0.03mL或0.07mL；当液面在此刻度间的1/5时，即为0.02mL或0.08mL。

（4）为了使读数清晰，可在滴定管后边衬一张“读数卡”（即一张半边黑半边白的小纸片）。读数时，将读数卡放在滴定管背面，使黑色部分在弯月面下约0.1mL处，此时即可看到弯月面的反射层全部成为黑色，读取此黑色弯月面下缘的最低点。

（5）若滴定管内装的是有色溶液，则须读取两侧最高点，可以用白色卡片作为背景衬托读数。

5. 滴定操作

滴定操作可在锥形瓶或烧杯内进行。在锥形瓶中进行滴定时，使瓶底离滴定台高约2～3cm，滴定管下端伸入瓶口内约1cm。左手握住滴定管，边滴加溶液，边用右手摇动锥形瓶。

使用酸式滴定管滴定时左手控制活塞，大拇指在前，食指和中指在后，手指略微弯曲，轻轻向内扣住活塞（图Ⅰ-4-11），注意手心不要顶住活塞，以免将活塞顶出，造成漏液。右手持锥形瓶颈部，使瓶底离滴定台高2～3cm，滴定管下端伸入瓶口约1cm，左手操作滴定管，右手用腕力摇动锥形瓶，边滴边摇（图Ⅰ-4-11），使瓶内溶液混合均匀，反应进行完全。刚开始滴定时，滴定液滴出速度可稍快，呈“见滴成线”，但不能使滴出液呈线状，这时速度约为10mL·min^{-1}，即每秒3～4滴左右。当液滴落下处有斑点出现时，滴定速度应十分缓慢，临近终点时，应一滴或半滴地加入，滴一滴，摇几下，并用洗瓶吹入少量蒸馏水洗锥形瓶内壁，使溅起附着在锥形瓶内壁的溶液洗下以使反应完全，然后再加半滴，直至终点为止。半滴的滴法是将滴定管活塞稍稍转动，使有半滴溶液悬于滴定管口，将锥形瓶内壁与管口接触，使溶液靠入滴定瓶中并用蒸馏水冲下。

使用碱式滴定管时，左手拇指在前，食指在后，握住橡皮管中的玻璃珠所在部位稍上

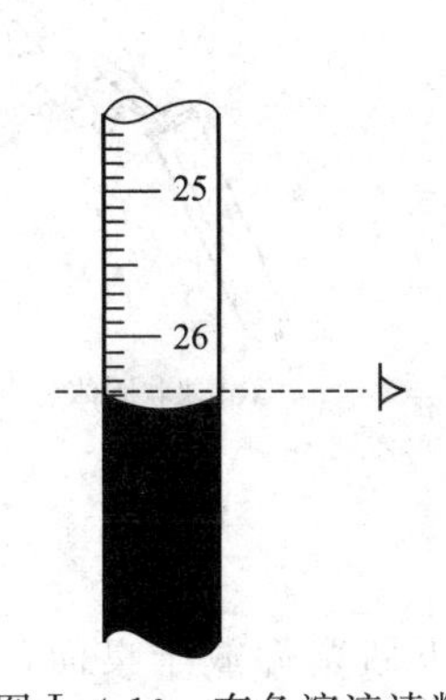

图Ⅰ-4-10　有色溶液读数

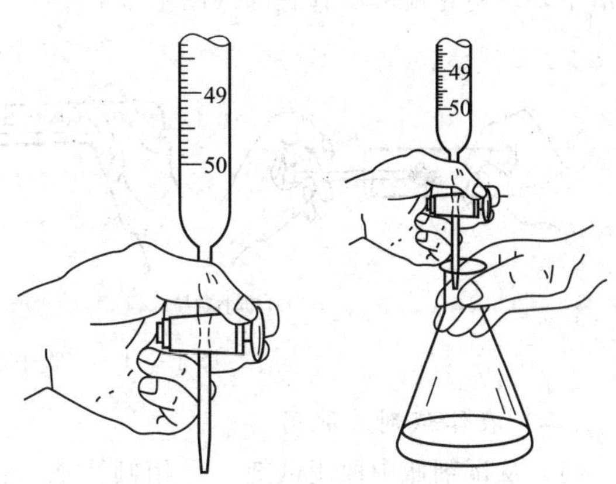

图Ⅰ-4-11　酸式滴定管的操作

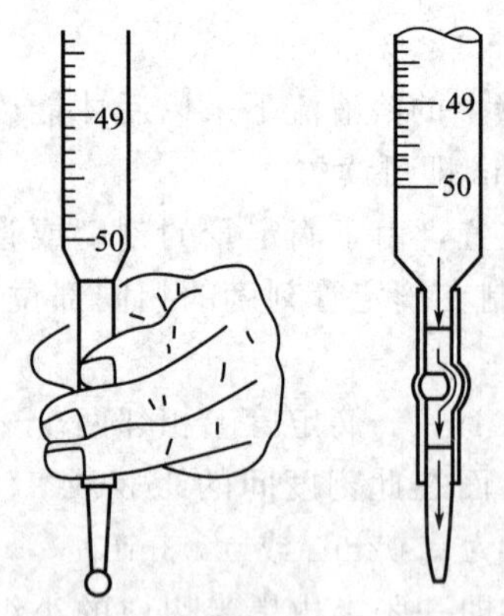

图Ⅰ-4-12 碱式滴定管的操作

处，向外侧捏挤橡皮管，使橡皮管和玻璃珠间形成一条缝隙（图Ⅰ-4-12），溶液即可流出。但注意不能捏挤玻璃珠下方的橡皮管，否则会造成空气进入形成气泡。碱式滴定管在进行半滴操作时，应先松开拇指和食指，将悬挂的半滴溶液沾在锥形瓶内壁上，再放开无名指和小指，这样可避免出口管尖出现气泡。

滴入半滴溶液，也可采用倾斜锥瓶的方法，将附在壁上的溶液涮至瓶中，可避免吹洗次数太多，造成被滴物过度稀释。

6. 排液、洗涤

滴定完毕后，将滴定管中的液体排空，洗净滴定管。若滴定管长期不用，应在酸式滴定管的活塞磨口处垫上小纸片，碱式滴定管可将橡胶管取下。

7. 注意事项

（1）最好每次滴定都从 0.00mL 开始或接近 0 的任一刻度开始，可以减少滴定误差。

（2）滴定时，左手不能离开旋塞，而任溶液自流。

（3）摇瓶时，应微动腕关节，使溶液向同一方向旋转（左、右旋转均可），不能前后振动，以免造成溶液溅出。摇瓶时，一定要使溶液旋转出现有一旋涡，因此，要求有一定速度，不要摇得太慢，影响化学反应的进行。

（4）滴定要观察滴落点周围颜色的变化。不要去看滴定管上的刻度变化，而不顾滴定反应的进行。

五、化学试剂的取用

（一）固体试剂的取用

取用固体试剂可用洁净、干燥的药勺，使用时药勺最好专勺专用，否则必须洗净并擦干后才可以取另一种药品。根据取用试剂的量选用不同大小的药勺。一般固体试剂可以放在干燥的纸片上称量；易潮解或具有腐蚀性的固体应放在烧杯、称量瓶或表面皿内称量，而不能放在纸片上称量。固体颗粒较大时，可先用洁净干燥的研钵研碎后再称量。多取的药品不能倒回原瓶，应放在指定的容器中供他人使用。有毒的药品应在教师指导下取用。向试管中加入固体颗粒较细时，可用药勺或干净的长纸槽伸进试管约三分之二处，慢慢将试管直立，再将药勺或纸槽抽出即可。当加入的固体块较大时，可将试管稍倾斜，让块状固体沿试管壁慢慢滑下，以防止砸破试管底部（图Ⅰ-5-1）。

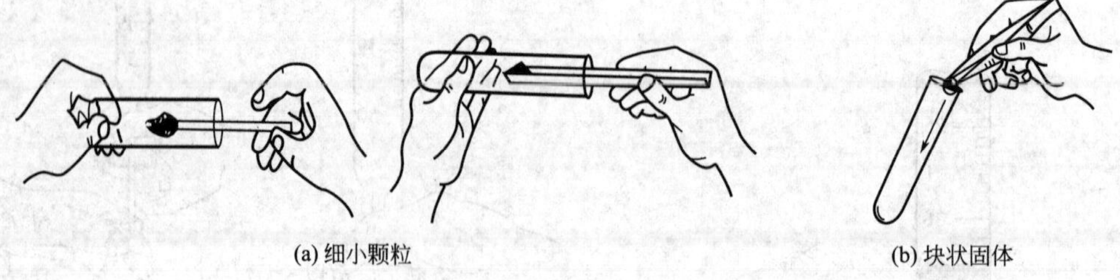

图Ⅰ-5-1 试管中加入固体的方式

（二）液体试剂的取用

（1）从试剂瓶中取用试剂　可用倾注法（图Ⅰ-5-2）。取下瓶塞仰放于桌面，左手拿住烧杯、试管或量筒等接收容器，右手握住试剂瓶，试剂瓶标签一面应朝向手心，渐渐倾斜瓶子，让液体试剂慢慢流出直至倒出所需的量，倒完试剂后应将试剂瓶边缘在接收容器的壁上靠一下，再竖起试剂瓶，盖上盖子放回原处。将液体从试剂瓶中倒入烧杯时，也可用玻璃棒引流。用右手握试剂瓶（试剂瓶标签一面应朝向手心），左手拿住玻璃棒，使玻璃棒的下端斜靠烧杯内壁，将试剂瓶瓶口靠在玻璃棒上，让液体沿着玻璃棒慢慢流下（图Ⅰ-5-3）。

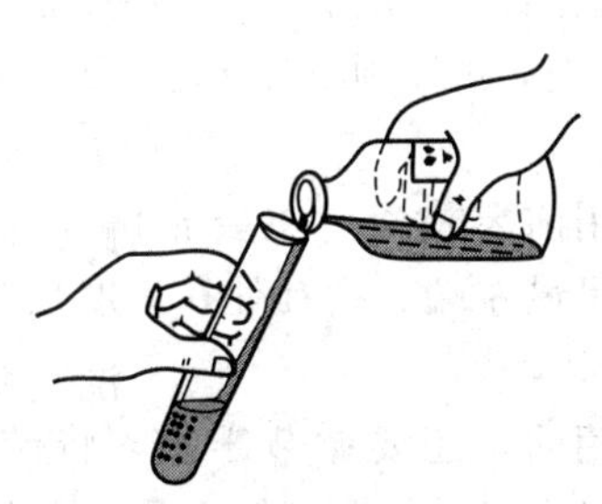

图Ⅰ-5-2　向试管中倒试剂

图Ⅰ-5-3　向烧杯中倒试剂

（2）从滴瓶中取用液体试剂　使用时，将滴管从滴瓶中轻轻提起，让管口离开液面，先用手指挤捏滴管上的橡胶乳头赶出其中的空气，然后再伸入滴瓶中，松开手指，橡胶乳头就会弹起，液体试剂被吸入。向试管中滴加试剂时，滴管必须垂直放于试管口的上方，然后挤捏橡胶乳头，让试剂滴入试管内（图Ⅰ-5-4）。注意滴管不能插入试管内、更不能接触试管内壁，防止滴管下端接触试管壁上的其他试剂而污染试剂瓶中的试剂。每个滴瓶上的滴管都是专用的，不能用它取其他试剂瓶中的试剂。用完后，放回原试剂瓶。若滴瓶因长期不用，滴管和试剂瓶口粘连在一起，滴管不能提起。这时可以将瓶口在实验台上轻轻磕几下，就可以提起滴管；或者在瓶口上滴两滴蒸馏水，让其湿润后再轻轻晃动几下也可以提起滴管。

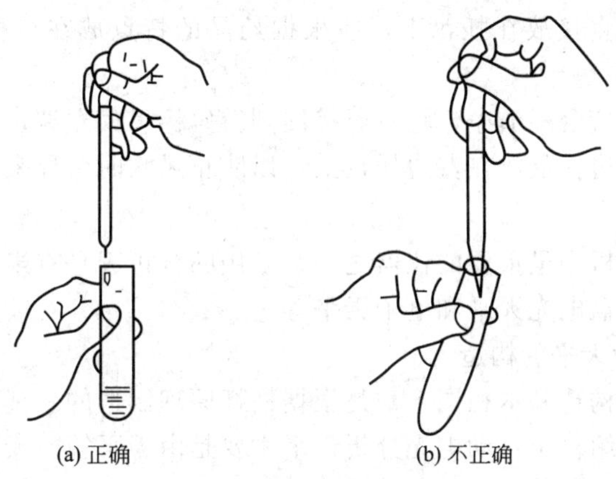

(a) 正确　　(b) 不正确

图Ⅰ-5-4　向试管中滴加液体

（3）定量取用液体试剂时，根据需要的准确度和量的大小选用量筒、移液管或吸量管。

六、天平和称量

天平是化学实验中经常用到的称量仪器。常用天平的种类很多，如台秤（又叫托盘天平）、电光天平和电子天平等，但天平的设计原理都是相同的，即根据杠杆原理设计而制成的。实验时根据称量的精度要求不同，可选用不同类型的天平。

（一）台秤（托盘天平）

台秤常用于粗略的称量，精确度不高，能称准至0.1g，最大载荷为500g的台秤能称准至0.5g。一般用于对精度要求不太高的称量或分析天平精确称量前的粗称。

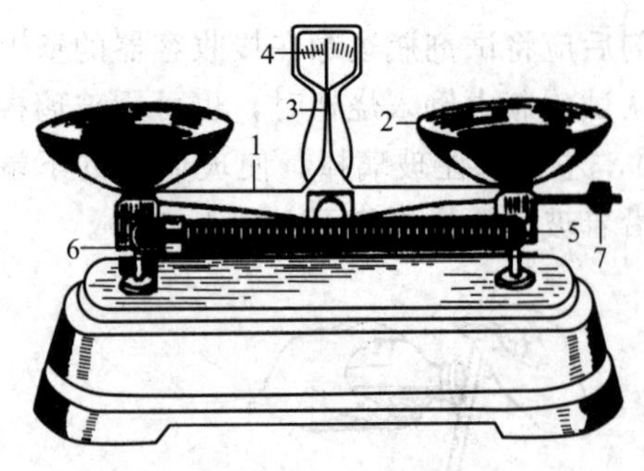

图Ⅰ-6-1 台秤
1—横梁；2—托盘；3—指针；4—刻度盘；5—游码标尺；6—游码；7—平衡调节螺丝

1. 台秤的构造

主要包括横梁、托盘、指针、刻度盘、游码标尺、游码、平衡调节螺丝、台秤底座（图Ⅰ-6-1）。台秤的横梁与台秤底座相连，横梁左右两侧等距离有两个托盘。横梁的中部与指针和刻度盘相对，根据指针在刻度盘的左右摆动的情况，可以判断台秤是否处于平衡状态。

2. 检查

台秤使用前要检查，主要指两托盘要干净、游码在游码标尺最左端、指针处在刻度盘中间等。

3. 调零

台秤使用前，还要调节零点。将游码拨到游码标尺最左端，观察台秤的指针是否停在刻度盘的中间位置。如果指针不是停在刻度盘的中间位置或指针在刻度盘的中间左右摆动不相等，需要调节台秤托盘下面的平衡调节螺丝，使指针指向刻度盘的中间位置即台秤的零点。

4. 称量

称量时，被称量物放于左盘，砝码放于右盘（砝码要用镊子夹取）。添加砝码时候应从大到小，10g 或 5g 以下的质量，可移动游码；当游码移到某一位置时，台秤的指针停在刻度盘中间的位置即平衡状态，此时指针所停的位置称为停点。零点与停点相符时（零点与停点之间允许偏差 1 小格以内），被称量物的质量＝砝码质量＋游码质量。

5. 注意事项

（1）热的物品不能直接称量，必须冷却至室温后再称量。

（2）化学药品不能直接放在托盘上，应根据药品的特点放在烧杯中、表面皿上或称量纸上。

（3）称量完毕，保持台秤洁净，将游码拨回到游码标尺最左端，砝码放回盒内。长时间不用的台秤，还应将右边托盘放在左边托盘上，以防止风吹时台秤来回摆动。

（二）分析天平

分析天平是定量分析中最重要的仪器之一。常用的分析天平有半自动电光分析天平、全自动电光分析天平、单盘电光天平和电子天平等。

1. 半自动电光分析天平的构造

各类电光分析天平构造基本相同，都是根据杠杆原理制造的。现以半自动电光分析天平为例，对其构造进行介绍。半自动电光分析天平主要是由天平箱、天平横梁、天平柱、光学读数系统、砝码和机械加码装置等六大部分组成（图Ⅰ-6-2）。

（1）天平梁　天平梁一般由铝铜合金制成。横梁上镶嵌着三个三棱形的玛瑙刀，中间的一个是支点刀，其刀口向下，放在一个玛瑙平板的刀承上。另外两个是承重刀，分别等距离地安装在支点刀两侧，刀口向上，用来悬挂秤盘。刀刃越锐利，天平的精确度相对越高，因此使用时应特别注意要保护刀口。天平梁的左右两端装两个平衡螺丝，左右调节它，可以粗调天平的零点。梁的正中间装有一支垂直的金属指针，它的下端与一个透明的小标尺（微分刻度标尺）相连，天平启动后，通过光学系统，将标尺放大后投影在投影屏上。

（2）悬挂系统　悬挂系统由吊耳、空气阻尼器和秤盘等组成。左右两个吊耳上嵌有玛瑙平板，分别悬挂在两个承重刀上，使吊钩、秤盘及阻尼器内筒能自由摆动。空气阻尼器由两个特制的铝合金圆筒组成，内筒的直径略小于外筒，外筒固定在立柱上，内筒挂在吊耳上，

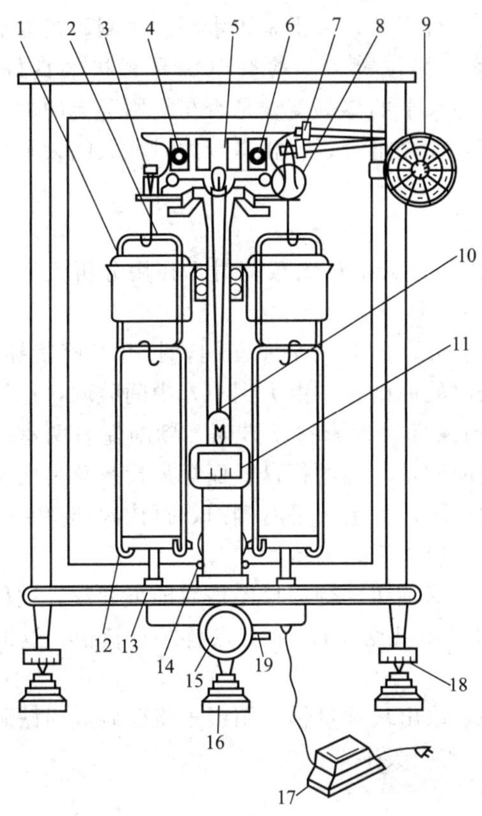

图Ⅰ-6-2　半自动电光分析天平

1—空气阻尼器；2—挂钩；3—吊耳；4—左平衡螺丝；5—天平梁；6—右平衡螺丝；7—圈码钩；8—圈码；9—指数盘；10—指针；11—投影屏；12—秤盘；13—盘托；14—光源；15—升降旋钮；16—垫脚；17—变压器；18—螺旋脚；19—调零拨杆

两筒之间有均匀的间隙，没有摩擦，天平开启后，内筒能随着天平梁的摆动而自由上下移动，因筒内空气阻力而使天平横梁较快地停摆达到平衡。左右两个秤盘分别用来放被称物和砝码。吊耳、空气阻尼器和秤盘上一般都刻有“1”、“2”标记，安装时一定要左右配套。

（3）天平柱　天平柱是用金属制作的空心圆柱，处于天平正中，安装在天平底板上。天平柱的上方装有一个玛瑙平板，与天平梁的支点刀口接触。在天平柱的后上方装有一个气泡水平仪，通过调节天平箱底的螺丝，可使气泡处于水平仪的正中央，让天平处于水平状态。天平柱上装有托叶，当天平处于关机状态时，托叶将天平梁托起，使刀口与刀承脱离。柱的中部装有空气阻尼器的外筒。

（4）光学系统　天平的光学读数系统由光源、聚光镜、透镜、反射镜和投影屏组成。天平指针下方装有微分刻度标尺，通过光学系统放大后反射在投影屏上。从投影屏上可以看到标尺的投影，左负右正，中间为零。屏中央有一条垂直刻度线，读数时，将升降旋钮轻轻地旋转到底，待投影屏上标尺停止移动，与投影屏上刻度线重合处即为应读的数据。天平箱下金属调零拨杆可使投影屏在小范围内左右移动，用于细调天平零点。

（5）天平升降旋钮　升降旋钮位于天平底板正中，与托梁架、盘托和光源相连。当顺时针旋转升降旋钮开启天平时，托梁架即将下降，天平横梁上的三个刀口与相应的玛瑙平板接触，吊钩和秤盘自由摆动，同时接通了电源，屏幕上显出了标尺的投影。逆时针旋转升降旋钮关闭天平时，天平梁、吊钩和秤盘被托起，天平横梁上的三个刀口与相应的玛瑙平板分开，不能自由摆动，切断电源，屏幕黑暗。

（6）天平箱　天平箱的左、右、前方各有一侧门，左右两个侧门是称量时加减砝码、取放药品用的，前门是安装、修理和清洁时用的，平时不要打开。天平底座下面装有三个脚，脚下均有脚垫。前面两只脚带有旋钮，可使底板升降，用于调节天平的水平位置。

（7）砝码和机械加码　每台分析天平都附有一盒配套的砝码。砝码的质量分别为1g，2g，2g，5g，10g，20g，20g，50g，100g共9个砝码。标值相同的砝码，其实际质量可能会有微小的差异，所以通常会刻有单点“.”或单星“*”、双点“..”或双星“**”等标志，以示区别。砝码盒内还有一把镊子，用于夹取砝码。转动指数盘可使天平右盘上加上10～990mg的圈码。指数盘上刻有圈码质量值，外圈共计100～900mg，内圈共计10～90mg。

2. 半自动电光分析天平的使用方法

（1）称量前的检查

①拿下防尘罩，叠好后放在天平箱上方。②检查秤盘是否干净，是否空载。若秤盘上有

杂物，可用天平箱内的小刷子扫干净。③检查天平是否正常，天平是否水平。④圈码指数盘是否在“000”位，圈码有无脱位，吊耳有无脱落、移位等。⑤检查电源是否接触良好。⑥零点检查：开启天平，待天平达到平衡后，检查标尺上的零刻度线是否与投影屏上的刻线相重合。若不重合但相差较小时，可拨动调零拨杆，使之重合；若相差较大时，关闭天平后调节平衡螺丝，使之重合。

（2）称量

① 粗称　为了加快称量速度或怀疑被称物可能超过天平最大载荷时，在用分析天平称量以前，可先用托盘天平或电子台秤粗称。

② 精确称量　将被称物放于分析天平左盘的中央，关上天平左侧门，打开升降旋钮，通过加减砝码和圈码，直至达到称量平衡。加减砝码的原则是“由大到小，中间截取，逐级试重”。试重时应半开天平，通过观察指针偏移方向或标尺投影移动方向，判断左右两盘的轻重和所加砝码是否合适及如何调整。指针总是偏向质量较轻的秤盘，而标尺投影总是向质量重的秤盘方向移动。称量时，应先确定克以上的砝码，关上天平右侧门，再依次调整百毫克组和十毫克组圈码。确定十毫克组圈码后，完全开启天平，准备读数。

（3）读数　砝码和圈码确定后，完全打开天平升降旋钮，待标尺停稳后即可读数。被称物的质量等于砝码、圈码和标尺读数三者总量之和（均以克计）。平衡点有时是负值，这时应从砝码和圈码的质量之和中减去标线指示的读数。

（4）复原　称量数据记录完毕，随即关闭天平，取出被称量物，用镊子将砝码放回砝码盒内，圈码指数盘退回到“000”位，关闭两侧门，盖上天平罩。

（5）使用天平的注意事项

① 打开、关闭天平升降旋钮，放置、取出被称量物，打开、关闭天平侧门以及加、减砝码时，动作都要轻。

② 调节零点和读取称量读数时，要留意天平侧门是否已关住；称量的读数要记录在实验记录本上。调节零点和读数后，应随手关好天平。加、减砝码必须用镊子夹取，严禁用手直接接触，以免玷污。加、减砝码，放、取称量物必须在天平处于关闭状态下进行。称量时应使用指定的天平及与该天平所配套的砝码。

③ 被称量物体的温度必须与天平箱内温度一致。对于热的或冷的物体应预先放在干燥器内，待其温度同天平室温度一致后再称量。天平箱内应放置变色硅胶作干燥剂，以保证天平箱内干燥，并注意及时更换。

④ 试剂和试样不得直接放在托盘上，必须放在干净的容器中。吸潮性样品、易挥发和具有腐蚀性的样品称量时，要放在称量瓶或其他密闭的容器中，以免腐蚀和损坏天平。

⑤ 注意保持天平、天平台、天平室的安全、整洁和干燥。

⑥ 天平用完后，应及时将天平复原，切断天平的电源，罩好天平罩，在天平使用登记本上登记，最后请教师检查并签字。

（三）电子天平

电子天平是新一代的天平，称量速度快，操作简便，全程不需砝码，将物体放在秤盘上，很短时间内即可达到平衡，直接显示出物体的质量。电子天平具有自动校正、自动去皮以及质量电信号输出功能，有的电子天平还可与计算机、打印机、记录仪等联用，进一步扩展了其功能，如统计称量的最大值、最小值、平均值及标准偏差等。此外，电子天平使用寿命长、性能稳定、操作简便和灵敏度高，但电子天平一般比机械天平价格昂贵。

电子天平种类很多，但使用方法都基本相同，具体操作可参看各仪器的使用说明书。下面以上海精密科学仪器有限公司生产的 FA2104SN 型电子天平为例（图Ⅰ-6-3），介绍电子天平的操作使用方法。

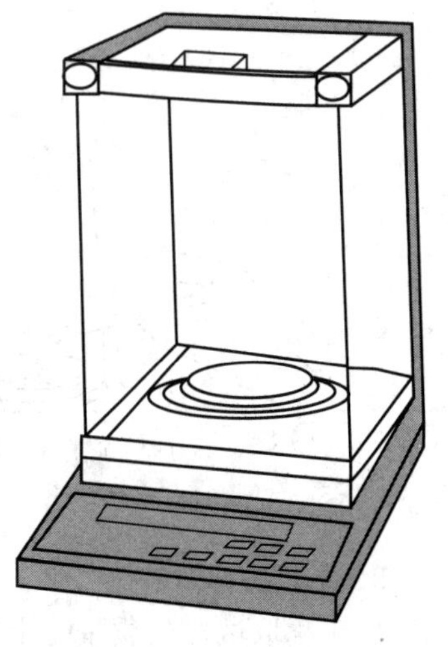

图Ⅰ-6-3　电子天平

1. 水平调节

在使用前观察水平仪，如水泡偏移，需调节水平调节脚，使水泡位于水平仪中心。

2. 开机

(1) 预热　选择合适电源电压，天平接通电源，开始通电工作（显示器未工作），通常需要预热后，方可开启显示器进行操作使用。

(2) 开启显示器　只要轻按 ON 键，显示器全亮，约 2s 后，显示天平的型号，然后是称量模式 0.0000g。读数时应关上天平门。

(3) 校准　新天平安装后第一次使用前，或因存放时间较长、位置移动、环境变化或为获得精确测量，一般都应进行校准操作。

校准天平的准备：取下秤盘上所有被称物，轻按“去皮”键天平清零。

校准时轻轻按一下“校准”键，接着显示出现闪烁码“CAL-200g”，此时放上 200g 标准砝码，显示闪烁码“CAL-200g”停止闪烁，经数秒钟后，显示出现“200.0000g”，拿出标准砝码，显示出现“0.0000g”，若显示不为零，则再清零（按“去皮”键），重复以上校准操作（为了得到准确的校准结果，最好反复校准两次）。

3. 称量

(1) 称量　按“去皮”键，显示为零后，放被称物于秤盘上，待天平稳定，即天平显示器左边的“0”标志熄灭后，该显示值即为被称物体的质量值。

(2) 去皮称量　置容器于秤盘上，天平显示容器质量，按“去皮”键，显示零，即去皮重。再置被称物于容器中，待显示器左下角“0”熄灭，这时显示的是称量物的净重。

(3) 称量结束后，若较长时间不再使用天平，应关闭显示器，切断电源，拔掉电源线。若较短时间内还需使用天平，一般不用关闭显示器，可省去预热时间。实验全部结束后，关闭显示器，切断电源。

（四）称量方法

常用的称量方法有直接称量法、固定质量称量法和差减法称量法。

1. 直接称量法

此法适用于在空气中稳定、不吸潮、无腐蚀性的试样或称量某些器皿的质量等。称量方法是将被称物放在左边秤盘的中央，直接称量它的质量。

2. 固定质量称量法

此法又称增量法，此法适用于在空气中稳定、不易吸潮、在空气中能稳定存在的粉末状或小颗粒，如称量某一固定质量的试剂（如基准物质）或试样。称量方法是取一个洁净、干燥的接收器皿。先称量器皿的质量，将它与固定试样的质量相加得总质量后，先固定好砝码和圈码，然后向接收器皿中慢慢添加样品，直至微分标尺上的读数与要求的总质量相等。注意：若不慎加入样品超过了指定质量，应先关闭升降旋钮，然后用药勺取出多余试剂，重复上述操作，直至试剂质量符合指定要求为止（图Ⅰ-6-4）。

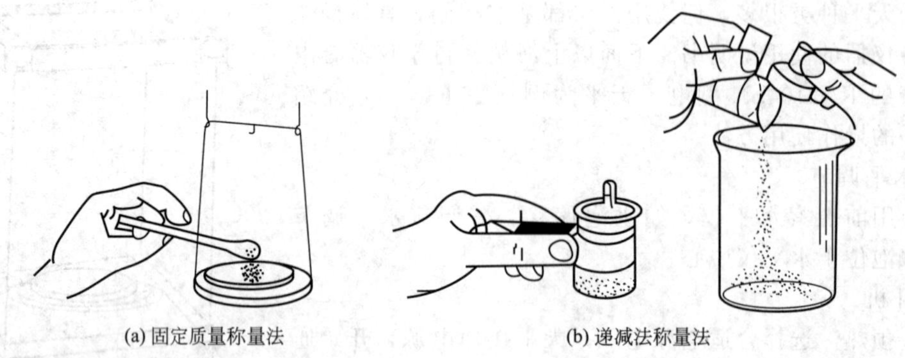

(a) 固定质量称量法 (b) 递减法称量法

图Ⅰ-6-4 称量方法

3. 差减法称量法

由于称取试样的质量是由两次称量之差求得，故称差减法。它又称减量法，此法用于称量一定质量范围的样品或试剂，且样品在称量过程中易吸水、易氧化或易与 CO_2 等反应。称量方法如下。

(1) 从干燥器中用纸片夹住洁净、干燥的称量瓶后取出，加入一定量的样品（量要大于待称量)，盖上瓶盖，放在分析天平的左盘上，称出称量瓶加试样后的准确质量，记为 m_1。

(2) 取出该称量瓶，移至接收容器如小烧杯的上方，另一只手垫着一纸片捏住称量瓶盖，逐渐倾斜瓶身，轻轻用瓶盖敲击瓶口的上部，使样品慢慢落入在烧杯内（图Ⅰ-6-4)。当倾出的样品接近所需的量时，慢慢竖起称量瓶，并用称量瓶盖轻轻敲击瓶口的上部，使瓶口黏附的样品落回称量瓶内或落入烧杯内，盖好瓶盖，再将称量瓶放回分析天平，准确称其质量，记为 m_2，两次质量之差 m_1-m_2 即为倒出样品的质量。如果倒出的量小于要求的质量，则重复上述操作过程，直至倒出的样品质量（即质量 m_1 与最后一次的质量之差）等于所需的质量。

七、气体的发生、净化、干燥与收集

（一）气体的发生

实验室制备气体时，根据反应物的状态及反应条件和生成气体的特点，选择不同的反应装置进行制备。实验室中常使用启普发生器、烧瓶-恒压漏斗或硬质玻璃试管制备气体。

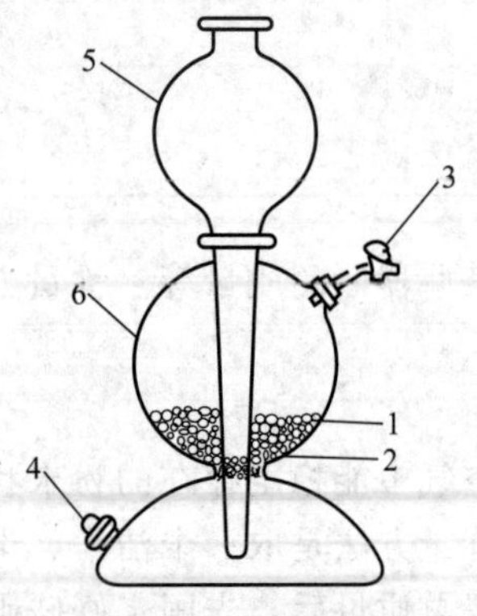

图Ⅰ-7-1 启普发生器

1—固体药品；2—玻璃棉或橡胶垫；3—导气管；4—废液出口；5—球形漏斗；6—葫芦状容器

1. 启普发生器

启普发生器由一个葫芦状玻璃容器和球形漏斗组成（图Ⅰ-7-1)，主要用于块状或大颗粒的固体与液体试剂的反应，不需要加热的条件下来制备气体，像 CO_2、H_2S 及 H_2 等。固体原料如碳酸钙、硫化铁及锌粒等。葫芦状玻璃容器中上部有一个气体出口，通过橡胶塞与导气管相连；葫芦状玻璃容器下部还有一个出口，用于倒出反应后的废酸液，反应时选用大小合适的橡胶塞或玻璃塞塞紧。使用前，先在球形漏斗和葫芦状玻璃容器接触的部位涂上均匀的一层凡士林，然后插入葫芦状容器中，再转动几下球形漏斗使二者接触紧密，以免反应时漏气。发生器球底部与球形漏斗间隙处放些玻璃棉或套上橡皮圈，防止固体掉入下半球内。固体从导气管口加入，装入量不超球形体积的 1/3，然后将适量的酸从球形漏斗加入。再连接好带有导气管的橡胶塞及气体出口。

使用启普发生器时，只要打开气体出口的塞子旋钮，由于压力差酸液会从漏斗中慢慢下降由底部经过狭缝进入中间球体内与固体试剂反应产生气体。当停止使用时，只要关闭活塞，由于继续产生的气体使中间球体内压力增大，酸液又被压回下半球内和上端的球形漏斗中，酸液与固体脱离，反应停止。再次使用时，只需打开塞子旋钮即可。气流产生的速度可以通过调节气体出口的塞子旋钮控制。

当发生器中的酸液变得太稀或者固体即将反应完时，应及时更换酸液或补充固体。更换酸液时，关闭气体出口活塞旋钮，拔掉葫芦状玻璃容器下部出口的塞子，将废酸液排出；更换或补充固体时，关闭气体出口活塞旋钮，由于继续产生的气体使中间球体内压力增大，酸液又被压回下半球内和上端的球形漏斗中，酸液与固体脱离时，用橡胶塞塞紧球形漏斗的上口，然后拔掉气体出口的塞子。将原来的固体残渣倒出，更换或添加新的固体。

2. 硬质玻璃试管

当用固体反应在加热的条件下制备气体时，如 NH_3 和 O_2 等，可用硬质玻璃试管制备（如图Ⅰ-7-2）。在洁净干燥的大试管中装入固体试剂（若刚洗过的，必须先将大试管烘干、冷却后再装入固体试剂），然后用铁夹将大试管固定在铁架台上。酒精灯加热时试管口一定要稍向下倾斜，以免在管口处冷凝的水滴倒流使试管炸裂。试管口塞紧带导气管的橡胶塞，先用小火将试管底部周围均匀预热一下，再将酒精灯固定在试管底部用外焰加热来制备气体。

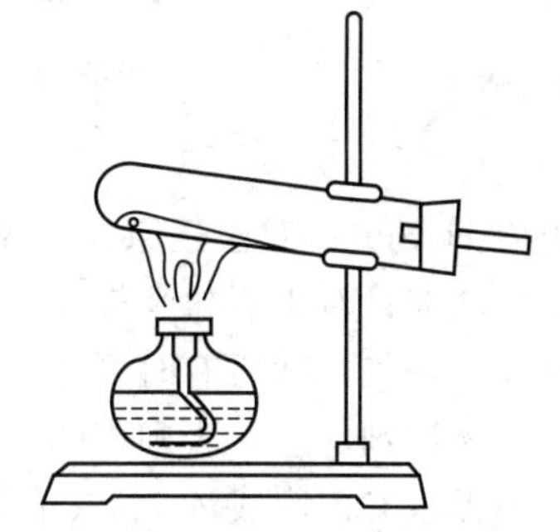

图Ⅰ-7-2　硬质玻璃试管制备气体装置

3. 烧瓶-恒压滴液漏斗

固体和液体反应，且反应需要加热制备气体时，例如 SO_2、HCl、Cl_2 等，可用烧瓶-恒压滴液漏斗简易气体发生器（图Ⅰ-7-3）制备。该装置由圆底烧瓶和恒压滴液漏斗组成。将圆底烧瓶和滴液漏斗上方用导管相连，使两处压力一样，反应过程中酸液就会连续地滴加到烧瓶中。烧瓶中加入适量固体后，用铁夹将烧瓶固定在铁架台适当的位置（高度由酒精灯或磁力搅拌器等热源决定），漏斗里倒入适量的酸，最后按图Ⅰ-7-3 连接好。打开滴液漏斗的旋塞，让酸液慢慢滴加到固体上产生气体。反应过程中，若气体产生比较缓慢，可稍微加热。若加热一段时间后反应又变得较慢甚至不反应时，说明需要更换酸液或固体试剂。

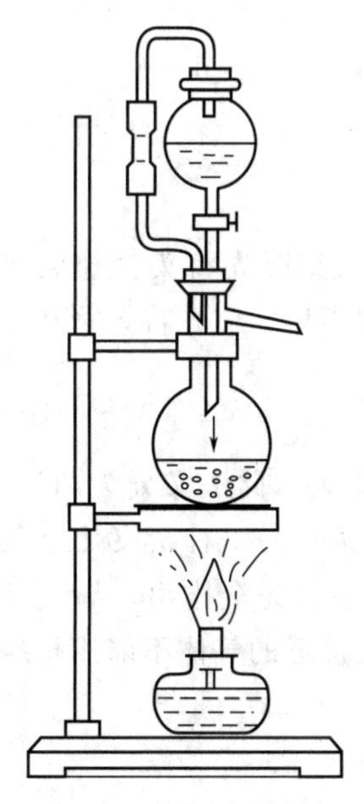

图Ⅰ-7-3　烧瓶-恒压滴液漏斗制备气体装置

（二）气体的净化与干燥

实验室中制备的气体通常含有水汽、酸雾和其他气体等杂质，如果要得到纯净、干燥的气体，则必须对产生的气体净化。总的原则是先除去气体杂质和酸雾，最后将气体中的水汽除去，即对气体进行干燥。除去气体杂质和酸雾时，通常让气体通过装有某些溶液的洗气瓶或固体试剂的反应容器（图Ⅰ-7-4），通过吸收、吸附等化学、物理过程将它们除去。洗气瓶除去气体杂质是利用化学反应原理，根据杂质的具体性质，选用合适的化学试剂。对于酸性气体，选择碱性溶液除去，如 CO_2 气体可用 $Ca(OH)_2$ 溶液，即澄清的石灰水溶液；对于碱性气体，选择酸性溶液除去，NH_3 气体可

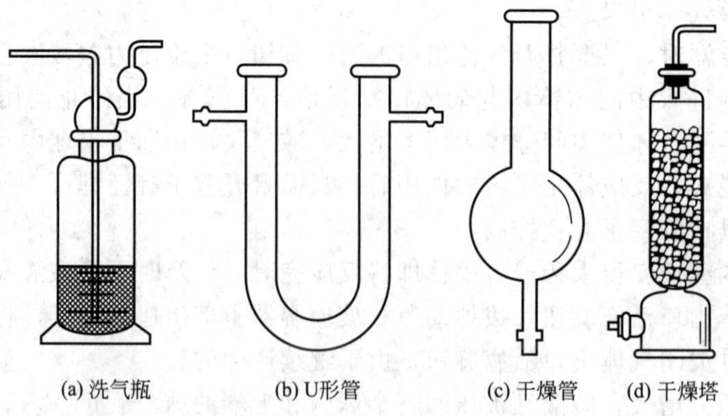

图Ⅰ-7-4 气体的洗涤与干燥装置

用稀 H_2SO_4；对于还原性气体杂质，选择氧化性试剂除去，如 SO_2 或 H_2S 气体杂质，可用铬酸洗液；对于氧化性气体杂质，选择还原性试剂除去，如 O_2 气体杂质可通过炽热的 Cu 粉。一种气体杂质有时可用多种方法除去，但是注意除杂时，要收集的气体一定不能与选择的液体试剂反应，否则影响制取气体的量。气体杂质被除去后，还需除去气体中的水汽，可选择无水 $CaCl_2$ 或浓 H_2SO_4 作为干燥剂。

（三）气体的收集

根据气体在水中溶解的情况，一般采用排水集气法和排空气集气法（图Ⅰ-7-5）收集气体。

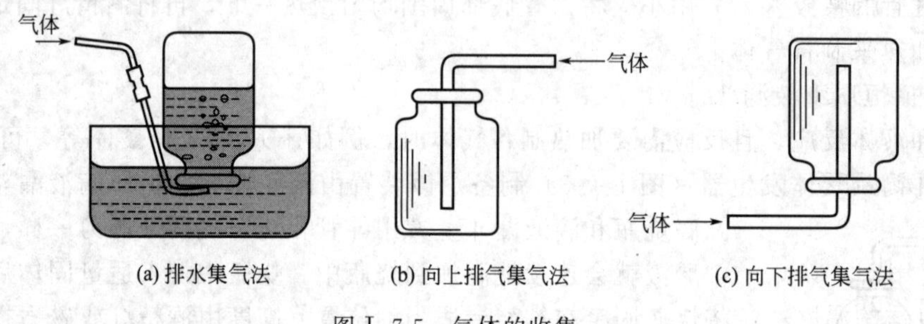

图Ⅰ-7-5 气体的收集

1. 排水集气法

像 H_2、O_2 等在水中溶解度很小的气体可用排水集气法收集。收集时先将集气瓶装满水，再将导气管插入集气瓶中。如果是加热的制备反应，当气体收集满后，应先将导管从水中移出，再停止加热以免水被倒吸。

2. 排空气集气法

对于易溶于水的气体应用排气集气法收集而不能用排水集气法收集。此法又分为两种，一种是密度比空气小的气体，如 NH_3 和 H_2 等，用向下排空气法收集；另一种密度比空气大的气体 SO_2、CO_2 等，用向上排空气法收集。为了使集气瓶内的空气完全排出，导气管应插入到集气瓶的底部。注意在空气中易氧化的气体或者密度与空气接近的气体不能用排空气集气法收集。

八、溶解、蒸发、结晶、固液分离与液液分离

在无机化学性质实验和制备实验过程中，经常用到溶解（熔融）、蒸发（浓缩）、结晶（重结晶）、固液分离和液液分离等基本操作。下面分别加以介绍。

（一）溶解与熔融

将固体物质转化为液体，通常采用溶解与熔融两种方法。

1. 溶解

溶解就是把固体物质溶于水、酸、碱等溶剂中制成溶液。溶解固体时，根据固体物质本身的性质和实际需要选取合适的溶剂，通常要考虑到温度对物质溶解度的影响。一般情况下，加热可加速固体物质的溶解过程，采取直接加热还是间接加热取决于物质的热稳定性。搅拌也可加速固体溶解过程，用搅拌棒搅拌时，应手持搅拌棒并转动手腕使搅拌棒在溶液中均匀地转圈儿，不要用力过猛，不要使搅拌棒碰到器壁上，以免损坏容器。如果固体颗粒太大不易溶解，应预先在洁净干燥的研钵中将固体研细，研钵中盛放固体的量不要超过其容积的 1/3。

2. 熔融

熔融是将固体物质与某种固体熔剂混合，在高温下加热，使固体物质转化为可溶于水和酸等的化合物。酸熔法是用酸性熔剂分解碱性物质；碱熔法是用碱性熔剂分解酸性物质。熔融一般在高温下进行，根据熔剂的性质和温度选择合适的坩埚（如铁坩埚、镍坩埚、铂金坩埚等），将固体物质与熔剂在坩埚中混匀后，送入高温炉中灼烧熔融，冷却后用水或酸浸取溶解。

（二）蒸发与浓缩

当溶液很稀时，为了使溶质能从溶液中析出晶体或增大其浓度，需对溶液进行蒸发浓缩。在无机制备和提纯实验中，蒸发浓缩一般在水浴中进行。如果物质的热稳定性较好，可先在石棉网上用煤气灯、电炉或酒精灯直接加热蒸发，蒸发时应用小火，以防溶液暴沸溅出，然后再放在水浴中加热蒸发。蒸发通常在蒸发皿中进行，因为其表面积较大，有利于加速蒸发。注意蒸发皿中所盛放的液体体积不应超过其容积的 2/3，以防液体溅出。随着水分的蒸发，溶液逐渐被浓缩，浓缩的程度取决于溶质溶解度的大小及对晶粒大小的要求。若物质的溶解度随温度变化较小，应加热到溶液表面出现晶膜时停止加热。若物质的溶解度较小或高温时溶解度虽大但室温时溶解度较小，降温后溶液析出晶体，不必蒸至液面出现晶膜就可以冷却。另外，有机溶剂的蒸发应在通风橱中进行并回收溶剂，视溶剂的沸点和易燃性，注意选用合适的温度。常用的是水浴加热，切不可用煤气灯或酒精灯直接加热有机溶剂。

（三）结晶与重结晶

结晶就是晶体从溶液中析出的过程，它是提纯固态物质的重要方法之一。晶体从溶液中析出要求溶质的浓度达到过饱和。使溶质的浓度达到过饱和常用的有两种方法，一是蒸发法，通过蒸发浓缩或气化，减少一部分溶剂使溶液达到过饱和而析出结晶，此法主要用于溶解度随温度改变而变化不大的物质（如氯化钠）。二是冷却法，通过降低温度使溶液冷却达到过饱和而析出晶体。此法主要用于溶解度随温度下降而明显减小的物质（如硝酸钾）。有时需将两种方法结合使用。

晶体颗粒的大小与溶质的溶解度、溶液浓度、冷却速度等因素有关。如果溶质的溶解度小，或溶液的浓度高，或溶剂的蒸发速度快，或溶液冷却快，析出的晶粒就细小，反之，就可得到较大的晶体颗粒。从纯度来看，缓慢生长的大晶体纯度较低，而快速生成的细小晶体，纯度较高。因为大晶体颗粒易包裹母液或杂质，因而影响纯度；但晶体太小且大小不均匀时，易形成糊状物，夹带母液较多，不易洗净，也影响纯度。因此晶体颗粒要求大小适中且均匀，才有利于得到纯度较高的晶体。实际操作中，常根据需要，控制适宜的结晶条件，以得到大小合适的晶体颗粒。当溶液发生过饱和现象时，可以振荡容器、用玻璃棒搅动或轻轻地摩擦器壁，或投入几粒晶种，来促使晶体析出。

重结晶是不纯物质通过重新结晶而获得纯化的过程，它也是提纯固态物质的重要方法之一，适用于溶解度随温度有显著变化的化合物的提纯。如果第一次结晶所得物质的纯度不符合要求时，可进行重结晶。其方法是在加热的情况下将需要被纯化的物质溶于尽可能少的水中，形成饱和溶液，并趁热过滤，除去不溶性杂质，然后使滤液冷却，被纯化物质结晶析出，而杂质则留在母液中，过滤便得到较纯净的物质。若一次重结晶还达不到要求，需经过几次重结晶才能完成。

（四）固液分离

在无机化学性质和制备实验的过程中，沉淀和溶液分离的方法主要有以下三种。

1. 倾析法

倾析法是常用的分离方法之一。当沉淀的结晶颗粒较大或密度较大，静置后容易沉降到容器的底部时，可用倾析法将沉淀与溶液快速分离。用倾析法分离沉淀时，先将溶液静置，使沉淀沉降［图Ⅰ-8-1(a)］。待沉淀完全沉降后，将沉淀上面的清液小心地用玻璃棒引流倾出，具体操作如图［Ⅰ-8-1(b)］。将沉淀上部的清液通过玻璃棒的引流倾入另一容器，从而使沉淀和溶液分离。若需洗涤沉淀时，只要向盛有沉淀的容器内加入少量的洗涤液（如蒸馏水），将沉淀和洗涤液充分搅拌沉降，再用倾析法弃去洗涤液。如此重复操作三遍以上，即可洗净沉淀。采用这种方法的优点是沉淀与洗涤液能充分混合，杂质容易洗净，沉淀留在烧杯里。倾出上层清液，速度较快。

(a) 静置沉降

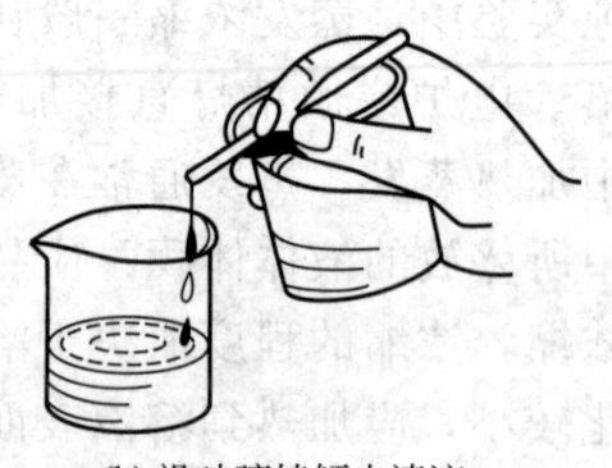

(b) 沿玻璃棒倾出清液

图Ⅰ-8-1　倾析法分离沉淀

2. 过滤法

过滤是最常用的分离方法之一。当沉淀和溶液的混合物通过过滤器时，沉淀留在过滤器上，溶液则通过过滤器进入接收容器中，所得的溶液称为滤液，而留在过滤器上的沉淀称为滤饼。溶液的黏度、温度，过滤时的压力，过滤器孔隙的大小和沉淀物的状态，都会影响过滤速度。通常热溶液的黏度较小，过滤速度较快；冷溶液的黏度较大，过滤速度较慢。减压过滤比常压过滤快。过滤器的孔隙大小有不同的规格，应根据沉淀颗粒的大小和状态选择使用。孔隙太大的过滤器会透过沉淀，达不到过滤的目的；孔隙太小的过滤器易被沉淀堵塞，使过滤难于进行。沉淀若呈现胶状，必须加热破坏，否则沉淀会透过滤纸。总之，要根据多种因素来选用不同的过滤方法，常用过滤方法有常压过滤、减压过滤和热过滤等。

（1）常压过滤

① 用滤纸过滤

a. 滤纸的规格与选择　滤纸有定性滤纸和定量滤纸两种，根据实际需要选择使用。在分析化学的质量分析实验中，需将滤纸连同沉淀一起灼烧后称重时，就采用定量滤纸。在无机定性实验中常用定性滤纸。滤纸按孔隙大小分为“快速”、“中速”和“慢速”三种；按直径大小分为 5cm、7cm、9cm、11cm 等几种。根据沉淀颗粒的大小和状态选择滤纸的类型，

$BaSO_4$ 为细晶型沉淀，选用“慢速”滤纸；NH_4MgPO_4 为粗晶型沉淀，选用“中速”滤纸；$Fe_2O_3 \cdot nH_2O$ 为胶状沉淀，选用“快速”滤纸。一般要求沉淀的总体积不得超过滤纸锥体高度的 1/3。滤纸的大小还应与漏斗的大小相应，一般滤纸上沿应低于漏斗上沿 0.5～1cm。

b. 漏斗的规格与选择　普通漏斗大多数是玻璃制的，但也有搪瓷、塑料和铜质的。分长颈和短颈两种，长颈漏斗颈长约 15～20cm，颈的直径一般为 3～5mm，颈口处磨成 45°，漏斗锥体角度应为 60°，如图Ⅰ-8-2 所示。在热过滤时，需用短颈漏斗；在重量分析时，需用长颈漏斗。普通漏斗的规格按漏斗半径划分，常用的有 30mm、40mm、60mm、100mm、120mm 等几种。使用时应依据溶液体积来选择适当半径的漏斗。

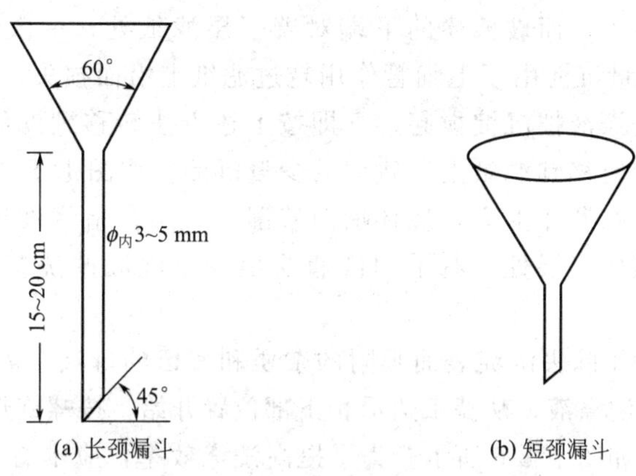

(a) 长颈漏斗　(b) 短颈漏斗

图Ⅰ-8-2　漏斗

c. 滤纸的折叠与安装　折叠滤纸前应先把手洗净擦干，以免弄脏滤纸。滤纸一般按四折法折叠，如图Ⅰ-8-3 所示。如果漏斗锥体角度为 60°，则滤纸折成锥体的角度应稍大于 60°，以致能使其与漏斗锥体较好密合。折叠滤纸的具体方法是先将滤纸整齐地对折，然后再对折，为保证滤纸与漏斗密合，第二次对折时不要折死，先把锥体打开，放入洁净干燥的漏斗中，如果上边缘不十分密合，可以稍微改变滤纸的折叠角度，直至滤纸与漏斗密合为止，此时把第二次的折边折死。为了使滤纸三层的那边能紧贴漏斗内壁，常把三层厚的外层滤纸折角处撕下一小块，撕下的滤纸角应保存在洁净干燥的表面皿上，以备擦拭烧杯或漏斗中残留的沉淀用。把滤纸放入漏斗后（滤纸上沿应低于漏斗上沿 0.5～1cm），用手指按住滤纸三层厚的一边，用洗瓶加少量水润湿滤纸，轻压滤纸，赶走气泡，使其紧贴在漏斗内壁上。加水至漏斗边缘，这时漏斗颈内应全部充满水，形成水柱。由于液柱的重力可起抽滤作用，从而加快过滤速度。若不能形成完整的水柱，可一边用手指堵住漏斗下口，一边稍掀起

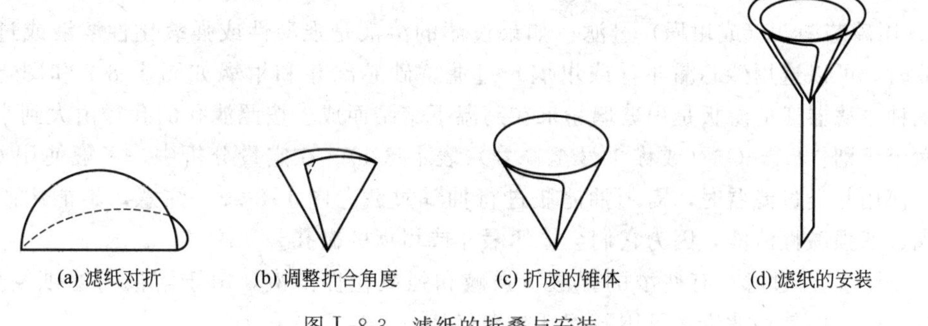
(a) 滤纸对折　(b) 调整折合角度　(c) 折成的锥体　(d) 滤纸的安装

图Ⅰ-8-3　滤纸的折叠与安装

三层那一边的滤纸，用洗瓶向滤纸和漏斗之间加水，使漏斗颈和锥体的大部分被水充满，然后一边轻轻按下掀起的滤纸，一边慢慢松开堵住下口的手指，此时应形成水柱。若此时还不能形成水柱，可能是漏斗的形状不规范或者漏斗颈洗得不干净。将准备好的漏斗放在漏斗架上，漏斗下面放一承接滤液的洁净烧杯，其容积应为滤液总量的 5～10 倍，并斜盖以表面皿。漏斗颈口长的一边紧贴烧杯内壁，使滤液沿烧杯壁流下。漏斗放置位置的高低，以漏斗颈下口不接触滤液为宜。

d. 过滤和转移　过滤前，先将装好滤纸的漏斗安放在漏斗架上，把体积大于全部溶液体积 5～10 倍的洁净烧杯放在漏斗下面，并使漏斗颈末端与烧杯内壁接触。过滤操作多采用倾析法，如图Ⅰ-8-4 所示。待烧杯中的沉淀静置沉降后，溶液和沉淀从烧杯尖口处沿玻璃棒缓慢流入漏斗中，而玻璃棒的下端对着三层滤纸处，一次倾入的溶液最多只充满滤纸的 2/3，以防少量沉淀由于毛细管作用越过滤纸上沿而损失。为了把沉淀完全转移到滤纸上，先用少量洗涤液把沉淀搅起，立即按上述方法转移到滤纸上，如此重复几次，一般可将绝大部分沉淀转移到滤纸上。残留的少量沉淀，按图Ⅰ-8-5 所示方法全部转移干净：左手持烧杯倾斜着在漏斗上方，烧杯嘴向着漏斗。用食指将玻璃棒横架在烧杯口上，玻璃棒的下端向着滤纸的三层处，右手用洗瓶吹出少量洗液冲洗烧杯内壁，沉淀连同溶液沿玻璃棒流入漏斗中。

e. 沉淀的洗涤　为了除去沉淀表面吸附的杂质和残留的母液，需对在滤纸上的沉淀进行洗涤。用洗瓶吹出的洗涤液，从滤纸边沿稍下部位置开始，按螺旋形向下移动，将沉淀集中到滤纸锥体的下部，如图Ⅰ-8-6 所示。为了提高洗涤效率，应本着“少量多次”的原则，即每次使用少量的洗涤液，多洗几次。洗涤时切勿将洗涤液直接冲在沉淀上，这样容易造成沉淀溅失。

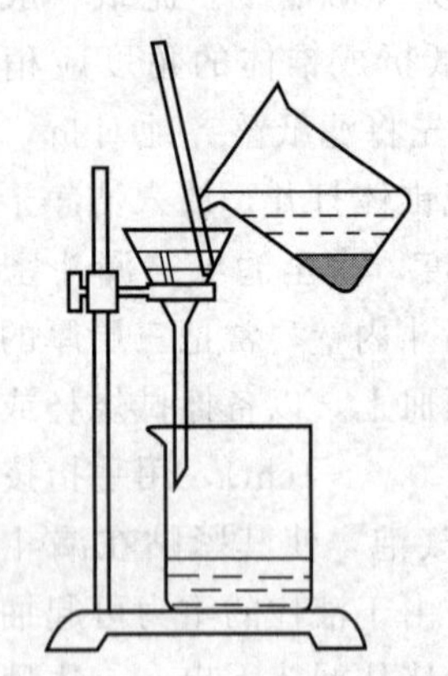

图Ⅰ-8-4　过滤装置与操作

图Ⅰ-8-5　吹洗沉淀的方法

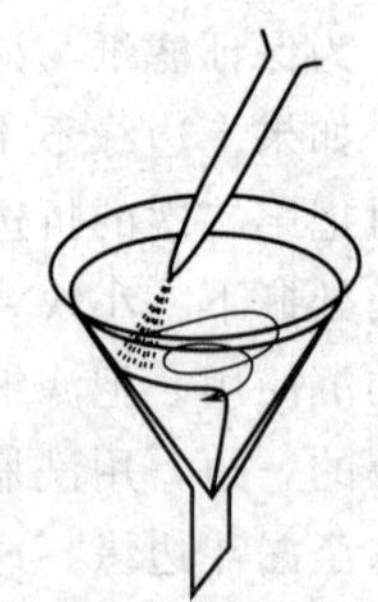

图Ⅰ-8-6　沉淀的洗涤

② 用砂芯漏斗（或坩埚）过滤　如果过滤的溶液是强酸性或强氧化性溶液或过滤烘干的沉淀时，可以选用砂芯漏斗（或坩埚）过滤。砂芯漏斗和坩埚如图Ⅰ-8-7 和图Ⅰ-8-8 所示。此种过滤器皿的滤板是用玻璃粉末在高温下熔结而成。按照滤孔的孔径由大到小的顺序分为六个级别：G1～G6（或称 1 号至 6 号)(表Ⅰ-8-1)。在定量分析中，一般使用 G3～G5 规格。使用此类过滤器时，需用抽滤瓶进行抽气过滤（图Ⅰ-8-9)。注意，不能用砂芯漏斗和坩埚过滤强碱性溶液，因为它们会损坏漏斗或坩埚的微孔。

③ 用纤维棉过滤　有些浓的强酸、强碱和强氧化性溶液，由于溶液与滤纸发生反应，因此过滤时不能使用滤纸，可用石棉纤维来代替。

图Ⅰ-8-7　砂芯漏斗

图Ⅰ-8-8　砂芯坩埚

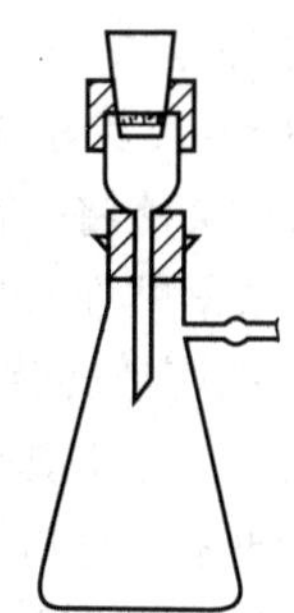

图Ⅰ-8-9　砂芯漏斗（或坩埚）抽滤装置

表Ⅰ-8-1　砂芯漏斗（或坩埚）的规格和用途

砂芯漏斗(坩埚)滤孔编号	滤孔的平均大小/μm	用　　途
G1	80～120	过滤粗颗粒沉淀
G2	40～80	过滤较粗颗粒沉淀
G3	15～40	过滤一般晶型沉淀及滤除杂质
G4	5～15	过滤细颗粒沉淀
G5	2～5	过滤极细颗粒沉淀
G6	<2	滤除细菌

（2）减压过滤

① 减压过滤装置　减压过滤也称吸滤或抽滤，减压可以加快过滤速度，并使沉淀抽吸得比较干燥。此法不适用于过滤胶状沉淀和颗粒太小的沉淀。目前，最常用的减压过滤装置是循环水真空泵抽滤装置，其装置如图Ⅰ-8-10和图Ⅰ-8-11，主要由循环水真空泵、安全瓶、布氏漏斗和抽滤瓶等四部分组成。循环水真空泵以循环水为工作流体，利用流体射流技术产生负压。需要过滤时，只需将该仪器接通电源，在仪器的抽气头处会产生很强的吸力，用橡皮管将抽气头和过滤单元相连，使抽滤瓶内的压力减小，在布氏漏斗内的液面与抽滤瓶之间造成一个压力差，提高过滤速度。在循环水真空泵的橡皮管和抽滤瓶之间通常要安装一个安全瓶，以防止因关闭水泵后引起倒吸现象，将滤液污染。因此，在停止过滤时，应先从抽滤瓶上拔掉橡皮管，然后才关闭水泵，来防止倒吸现象的发生。注意：布氏漏斗通过橡皮塞与抽滤瓶相连，布氏漏斗的下端斜口应正对抽滤瓶支管口，橡皮塞与瓶口需密合不漏气。

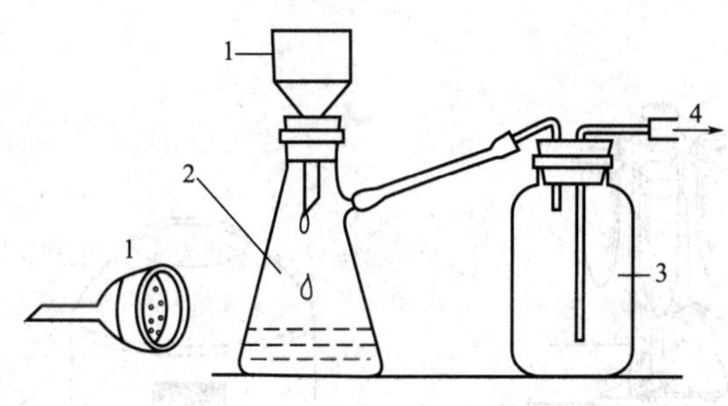

图Ⅰ-8-10　减压过滤的装置

1—布氏漏斗；2—抽滤瓶；3—安全瓶；4—接真空泵

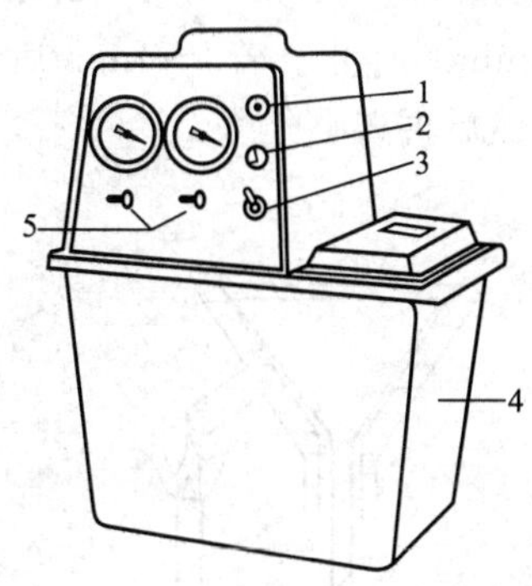

图Ⅰ-8-11　循环水真空泵

1—电源指示灯；2—保险丝；3—电源开关；4—水箱；5—抽气头

② 减压过滤操作

a. 按图Ⅰ-8-10 安装好减压过滤装置，将合适的滤纸放入布氏漏斗（注意：滤纸大小应略小于漏斗的内径又能将全部小孔盖住为宜）。用蒸馏水湿润滤纸，打开循环水真空泵电源开关，抽气使滤纸紧贴在布氏漏斗瓷板上。

b. 用倾析法把溶液转移到布氏漏斗中（注意：溶液不要超过漏斗容量的 2/3），待溶液滤下后，转移沉淀，并将其平铺在漏斗中，继续抽滤，至沉淀比较干燥为止。抽滤瓶中滤液高度不得超过抽滤瓶支管口。

c. 当过滤完毕时，应先拔掉抽滤瓶上的橡皮管，再关闭循环水真空泵电源开关，以防止由于抽滤瓶内压力低于外界压力而出现倒吸现象。用玻璃棒轻轻掀起滤纸边缘，取出滤纸和沉淀。滤液由抽滤瓶上口倾出。

d. 洗涤沉淀时，应暂停抽滤，加入洗涤剂使其与沉淀充分接触后，再打开水泵将沉淀抽干。如沉淀需洗涤多次，则重复以上操作，直到达到要求为止。

（3）热过滤　如果溶液中的溶质在温度降低时容易结晶析出时，为避免溶质在过滤时沉淀在滤纸上，这时可用热滤漏斗进行过滤。过滤时把玻璃漏斗放在铜质的热滤漏斗内（图Ⅰ-8-12）。热滤漏斗内装有热水（注意：水不要太满，以免加热至沸腾后溢出），并用酒精灯加热热滤漏斗，以维持溶液温度。也可以先把玻璃漏斗在水浴上用蒸汽预热后再使用。热过滤选用的玻璃漏斗颈越短越好，以免溶液在漏斗颈内停留时间过长，因降温析出晶体而堵塞漏斗。

3. 离心分离法

当被分离的沉淀量很少时，若采用一般的方法过滤，沉淀会黏附在滤纸上，难以取下，这时可以用离心分离法。离心机分为手摇离心机（图Ⅰ-8-13）和电动离心机（图Ⅰ-8-14），目前实验室最常用的是电动离心机。电动离心机使用时应注意以下三点。（1）盛有沉淀与溶液混合物的离心试管放入离心机的塑料套管中，位置要对称，质量要平衡，否则易损坏离心机。如果只有一支离心试管中的沉淀需要在离心机上进行分离，则在其相对位置上的空套管内放一同样大小的离心试管，内装与混合物等体积的水，以保持转动平衡。（2）打开离心机旋钮，逐渐旋转变速器，使离心机达到需要的转速，数分钟后关闭变速器，使离心机自然停下。在任何情况下，启动离心机都不能速度太快，也不能用外力强制停止，否则会使离心机损坏，而且易发生危险。（3）离心时间和转速由沉淀的性质来决定。对于结晶型的密集沉淀，转速为 $1000\mathrm{r\cdot min^{-1}}$，1～2min 后停止。对于无定形的疏松沉淀，转速为 $2000\mathrm{r\cdot min^{-1}}$，3～4min 后停止。若3～4min 后还不能使其分离，可利用加入电解质或加热方法促使沉淀沉降，然后再离心分离。

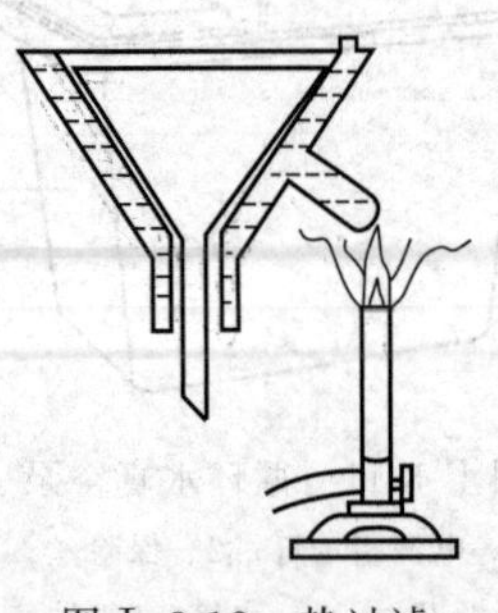

图Ⅰ-8-12　热过滤

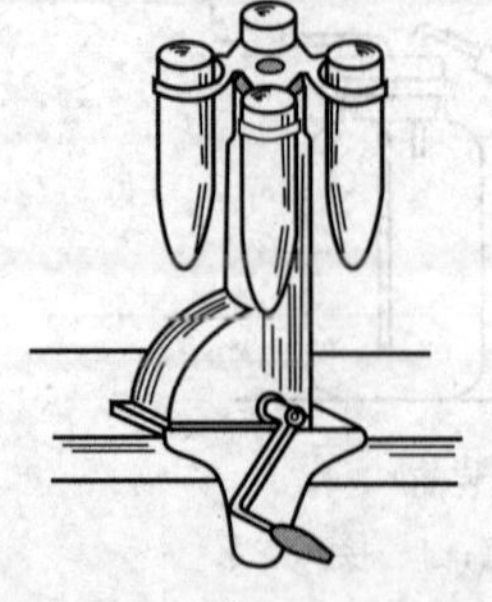

图Ⅰ-8-13　手摇离心机

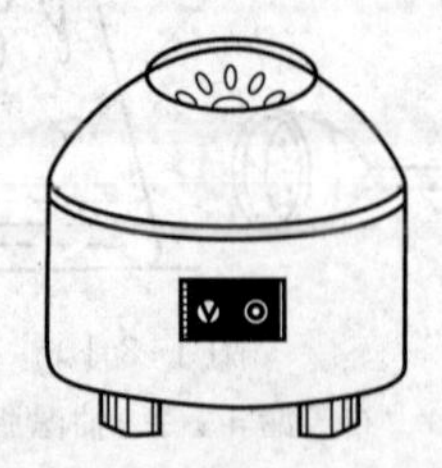

图Ⅰ-8-14　电动离心机

由于离心作用，离心后的沉淀紧密聚集于离心试管的尖端，上方的溶液通常是澄清的，可用滴管小心地吸出上层的清液（图Ⅰ-8-15）。如果沉淀需要洗涤，可以加入少量洗涤液，用玻璃棒充分搅动，再进行离心分离，如此重复操作两三遍即可。

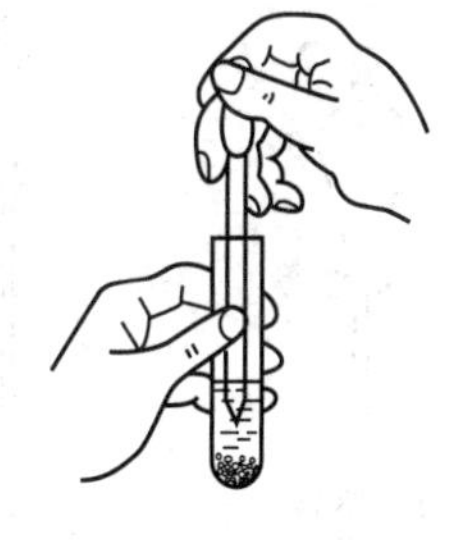

图Ⅰ-8-15　上层清液的吸出

（五）液液分离

在无机化学性质和制备实验的过程中，溶液和溶液分离的方法主要有以下两种。

1. 萃取法

与重结晶一样，萃取也是无机化学实验中常用的一种分离技术。萃取的目的是从混合物中分离出一种或几种组分。无机盐常常易溶于水，是亲水性的。如果要将金属离子由水相转移到有机相，必须将其由亲水性的转化为疏水性的。常用疏水性基团取代水合金属离子中的水分子，并中和金属离子的电荷，使金属离子从水相转移到有机相中，这个过程称为萃取过程（或相转移过程）。

（1）萃取原理　萃取所依据的原理是物质（溶质）在两个互不相溶的液相之间的平衡分配。按 Nernst 定律有如下关系：

$$K=\frac{C_A}{C_B}$$

式中，C_A 和 C_B 分别为物质（溶质）在互不相溶的 A 相和 B 相中的平衡浓度；K 是分配系数或分配比，当温度一定时，K 是一常数。

假如两相是完全互不相溶的（这种情况极少），那么在实际应用上，分配系数 K 的近似值可按物质在两相中的溶解度求得。

$$K=\frac{C_A}{C_B}=\frac{m_A}{m_B}$$

式中，m_A 和 m_B 分别为物质在 A 相和 B 相中的溶解度。

物质被萃取的程度及影响因素可用下式表示：

$$m_n=m_0\left(\frac{KV}{KV+V_B}\right)^n$$

式中，V 是原溶液的体积，mL；m_0 是原物质的质量，g；m_n 是萃取 n 次后原物质的剩余质量，g；V_B 是萃取溶剂的体积，mL；K 是分配系数。

由上式可以看出：

① 所用的萃取溶剂量愈多，剩余在被萃取液中的被萃取物质的量（m_n）愈少；

② 用同样的萃取溶剂总量，萃取的次数（n）愈多，则萃取得愈干净。

因此，在萃取或洗涤过程中，为了更有效地利用萃取剂或洗涤剂，总是尽可能采取少量多次的方法进行萃取或洗涤。

萃取剂一般应满足以下条件：①对被萃取物质的溶解度大；②在被萃取溶液中的溶解度小，可分为两层，便于与被萃取液分离，例如，乙醇就不宜用作水溶液的萃取剂，因为乙醇溶于水而不分层；③萃取剂与被萃取物质不发生化学变化，或发生化学变化后很容易再生成原来的物质，例如，用碱溶液萃取酸性物质，生成的盐溶于碱液中，酸化后被萃取的酸便可分离出来。

（2）萃取方法与操作　分液漏斗萃取法是实验室中应用最广泛、操作最简单的液体萃取方法。分液漏斗萃取主要应用于三个方面：①分离两种不相混溶的液体；②从溶液中提取某

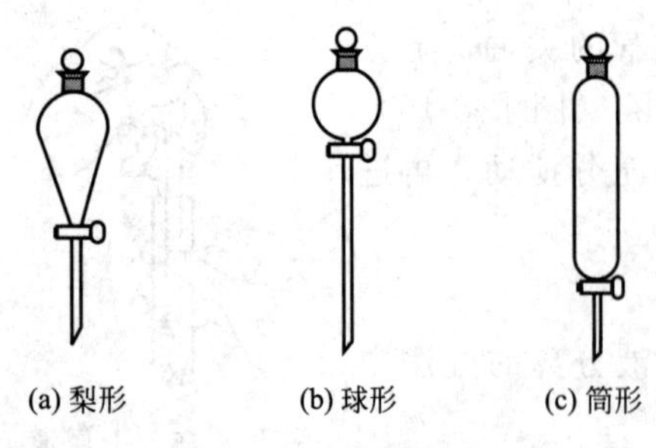

图Ⅰ-8-16 分液漏斗

些成分；③洗涤以除去液体中的杂质。常见的分液漏斗如图Ⅰ-8-16所示，其中最常用的分液漏斗为梨形分液漏斗。

分液漏斗萃取法的操作如下。

① 使用分液漏斗之前，先检查上端的玻璃塞和下端的旋塞与分液漏斗是否密封完好，其方法为，从上端装入少量水，盖上上端的玻璃塞（注意：玻璃塞上的侧槽必须与漏斗上端颈部上的小孔对准），检查旋塞芯处是否漏水。把玻璃塞上的侧槽与漏斗上端颈部上的小孔错开，将漏斗倒转过来，打开旋塞，检查玻璃塞是否漏水。若玻璃塞和旋塞与分液漏斗密合完好且不漏水，方可使用。否则，更换分液漏斗。

② 将旋塞芯从旋塞中拔出，在旋塞芯上薄薄地涂上一层凡士林，再将旋塞芯塞进旋塞内，旋转几圈使凡士林均匀分布后，将活塞关闭好。然后用橡皮筋将旋塞芯与漏斗固定在一起，防止在操作过程中松动或脱落。另外，用橡皮筋将上端玻璃塞与漏斗也连在一起，防止在操作过程中脱落。

③ 将分液漏斗如图Ⅰ-8-17安装，在分液漏斗中加入被萃取液和萃取剂后，塞好玻璃塞（注意：玻璃塞上的侧槽必须与漏斗上端颈部上的小孔错开）。

④ 将分液漏斗从漏斗架上取下，按图Ⅰ-8-18的操作姿势：常用左手食指末节顶住上端玻璃塞，再用大拇指和中指夹住分液漏斗的上端颈部，右手的食指和中指蜷握在旋塞柄上，食指和拇指要握住旋塞柄，并能将其自由地旋转。将分液漏斗由外向里或者由里向外旋转振荡3～5次，使两种不相溶的液体充分混合。然后慢慢旋开旋塞，放出分液漏斗内可能产生的气体（注意：此时分液漏斗长颈导管口不要对着自己或别人），待压力减小后，关闭活塞。重复振荡和放气几次后，将分液漏斗按图Ⅰ-8-17所示放置，静置分层。

⑤ 待两相液体分成两层后，先打开上面的玻璃塞或转动玻璃塞使其上的侧槽与漏斗上端颈部上的小孔对准，再开启活塞，放出下层液体。当下层液体快要放完时，要旋转活塞，控制流出液体速度。一旦下层液体放完，要迅速关闭活塞。如果萃取一次不能满足分离要求，可重复上述操作，进行多次萃取，但一般不超过5次，将每次放出的下层液体归并到一个容器中。

⑥ 上述操作完成后，取下分液漏斗，打开玻璃塞，将上层液体经漏斗上口倒出。如果分液漏斗与氢氧化钠或碳酸氢钠等碱性溶液接触后，必须用水冲洗干净，并将玻璃塞和旋塞用纸条包裹后再塞入漏斗中，否则会使玻璃塞与漏斗黏结而不能使用。

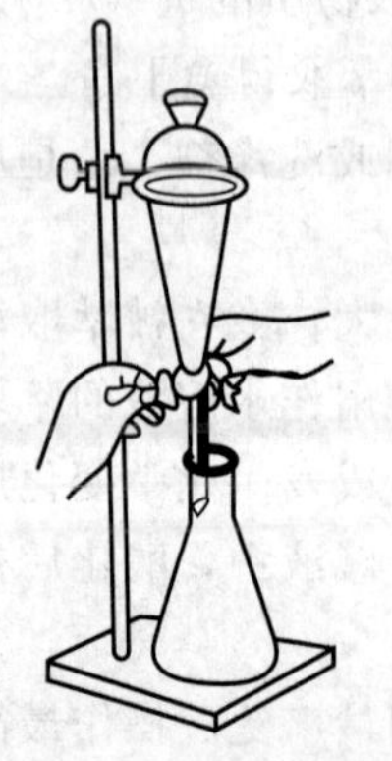
图Ⅰ-8-17 分液漏斗的萃取装置

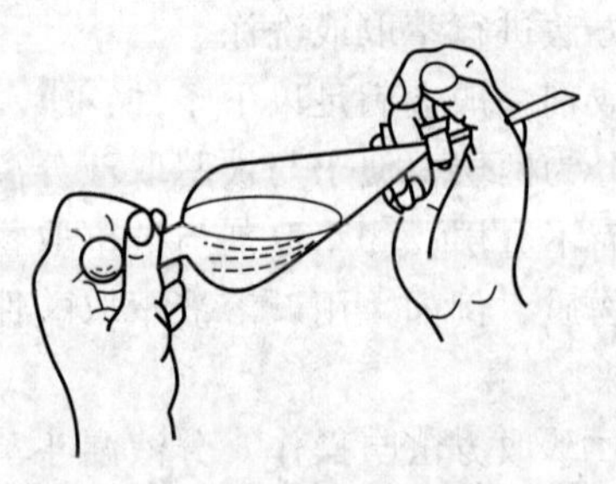
图Ⅰ-8-18 振荡萃取时操作手势

2. 蒸馏法

蒸馏法也是分离和提纯液态物质的一种常用的重要方法。蒸馏常分为常压蒸馏和减压蒸馏。这里主要讲述常压蒸馏。

(1) 蒸馏的原理 当液态物质受热时，由于分子运动使其从液体表面逃逸出来，形成蒸气压，随着温度升高，蒸气压增大，待蒸气压与大气压或给定压力相等时，液体就会沸腾，大量的气泡就会从液体中逸出，这时的温度称为该液体的沸点。每种纯液体物质在一定压力下一般均有固定的沸点。利用蒸馏可将沸点相差较大（至少 30℃）的液态混合物分开。蒸馏是将液体物质加热到沸腾，使液体变成蒸气，再将蒸气冷凝为液体的过程。如蒸馏沸点差别较大的液体时，沸点较低的先蒸出，沸点较高的后蒸出，不挥发的留在蒸馏器内，从而可达到分离和提纯的目的。

(2) 蒸馏装置组成 蒸馏装置由圆底烧瓶、蒸馏头、温度计套管、温度计、冷凝管、接引管、接收器组成。常见的蒸馏装置如图Ⅰ-8-19 所示。

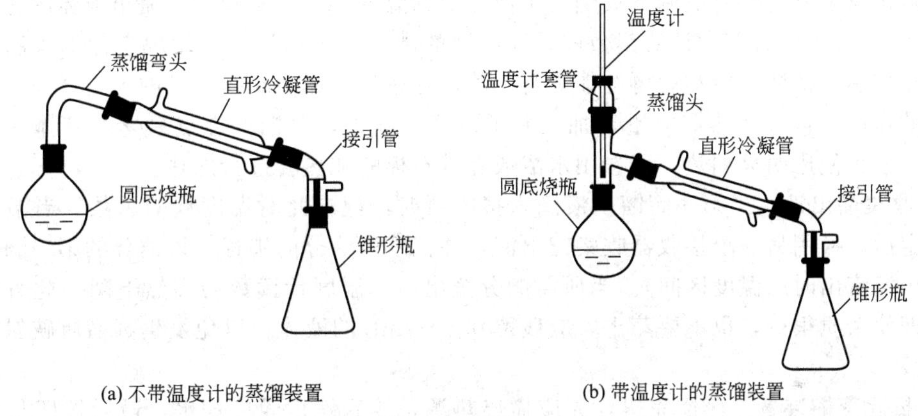

图Ⅰ-8-19 常见的蒸馏装置

① 蒸馏瓶 这是蒸馏装置中液体气化的主要部位。蒸馏瓶的选用与被蒸液体量的多少有关，通常要求被蒸液体的体积位于蒸馏瓶容积 1/3～2/3 之间。

② 温度计 温度计的选用与被蒸馏液体的沸点高低有关。选用温度计时，温度计的量程应高于被蒸馏液体沸点。

③ 冷凝管 这是蒸馏装置中将馏出蒸气冷却成液体的主要部位。常用的冷凝管可分为水冷凝管和空气冷凝管两类。当被蒸馏液体的沸点低于 130℃时，选用水冷凝管。当被蒸馏液体的沸点高于 130℃时，选用空气冷凝管。无机化学实验中，水冷凝管最为常用。

④ 接引管及接收器 接引管也称为尾接管，是将冷凝液导入接收瓶中的仪器。接收器是收集冷凝液的主要部位，应与外界大气相通。实验室中最常用的接收器是锥形瓶。

(3) 蒸馏装置的安装与操作 仪器安装顺序应遵循从下到上、从左到右的原则。仪器的拆卸与其安装顺序相反。

① 蒸馏装置的安装 把热源（酒精灯或加热套等）放在升降台上，调节到合适的高度。调节铁架台上持夹的位置，将蒸馏烧瓶固定到合适的位置（注意：夹持烧瓶的单爪夹应夹在烧瓶支管以上的瓶颈处且不宜夹得太紧）。安装好蒸馏头，将配有合适温度计的温度计套管安装在蒸馏头上，调节温度计的位置，使温度计的水银球恰好位于蒸馏头的支管口处。用另一个带有双爪夹的铁架台固定冷凝管的位置，使冷凝管的中心轴线与蒸馏头支管中心轴线尽可能在同一直线上。松开双爪夹，挪动冷凝管，使其与蒸馏头支管连接好，然后重新旋紧双

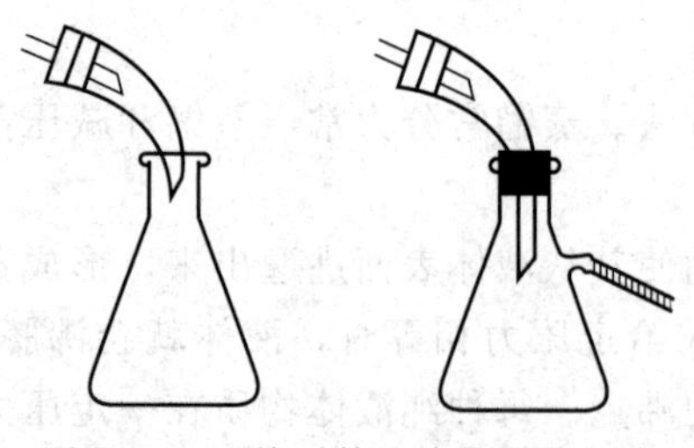
图Ⅰ-8-20 接引管和接收器的安放

爪夹。接着把接引管（尾接管）与冷凝管相连（注意：为了防止接引管脱落，常用橡皮筋把接引管与冷凝管相连固定）。最后在接引管下口安放好接收器，如图Ⅰ-8-20（注意：接引管下口应伸进接收器中，不应高悬在接收器上方）。

② 待蒸馏液的加入 用长颈漏斗或玻璃棒将待蒸馏的液体慢慢地倒入蒸馏瓶中（注意：不要使液体从支管口流出），然后加入几粒沸石（注意：沸石的作用是防止液体暴沸），装上配有温度计的温度计套管。再认真检查一遍装置的气密性，确认完好后方能加热。

③ 通冷凝水和加热 打开冷凝水（注意：在使用冷凝管时，应将靠下端的连接口当作进水口，靠上端的连接口当作出水口），缓缓通入冷水。开始加热时，加热速度可稍快些，当接近沸腾时，可放慢加热速度。当液体平稳沸腾时，蒸气到达温度计的水银球部位，使温度计读数迅速上升，此时应调节火焰大小或热源的温度，使冷凝管末端流出液体的速度约为每秒钟 1～2 滴。此时温度计的读数就是馏出液的沸点。若加热后才发现忘记加入沸石，应立刻停止加热，待液体冷却后再补加沸石。若加热过程突然中断，加进的沸石会失去防止液体暴沸的作用，再次加热前应重新加入新的沸石。此外，蒸馏低沸点易燃的液体（如乙醚等）时，禁止使用明火加热，可选用水浴或者带石棉的加热套进行加热。

④ 收集馏出液 当第一滴馏出液滴入接收器时，记录此时温度计的示数。当温度计的示数稳定后，换用另一个接收器收集馏出液，并记下该馏分的沸程（该馏分的第一滴和最后一滴馏出液流出时的温度区间）。当所需馏分蒸出后，温度计读数会突然下降，此时应停止蒸馏。即使杂质很少，也不要蒸干，应残留 0.5～1mL 的液体，以免发生蒸馏瓶破裂或其他意外事故。

⑤ 拆除蒸馏装置 蒸馏完毕，先应撤出热源，然后停止通冷却水，最后按照与其安装顺序相反的原则拆除蒸馏装置。

九、试纸的使用

在化学实验和工业生产中，常常需要用某种试纸来定性检验溶液或气体的酸碱性或某种物质是否存在，其操作方法非常简单和方便。在使用试纸时，要注意节约，把试纸剪成小条放在密闭的瓶中，随用随取，取用后，应立即盖好瓶盖，以免试纸受到空气中某些气体的污染而变质。无论哪种试纸，都不要直接用手拿用，以免手上不慎带有的化学品污染试纸。用后的试纸要放在废液缸，不要丢在水槽内，以免堵塞下水管道。试纸的种类较多，无机化学实验中常用的有：石蕊试纸、酚酞试纸、pH 试纸、碘化钾-淀粉试纸和醋酸铅试纸等。

（一）石蕊试纸

石蕊试纸用以检验溶液或气体的酸碱性。常用石蕊试纸有红色和蓝色两种。红色石蕊试纸主要用于检验碱性溶液或气体（遇碱时变蓝色），而蓝色石蕊试纸主要用于检验酸性溶液或气体（遇酸时变红色）。

（1）制备方法 将市售的石蕊用热的酒精处理，以除去夹杂的红色素。倾去浸液，一份残渣与六份水浸煮并不断摇荡，滤去不溶物。将滤液分成两份，一份加稀磷酸或硫酸至变红，另一份加稀氢氧化钠至变蓝，然后将滤纸分别浸入这两种溶液中，取出后在避光且没有酸碱蒸气的地方晾干，剪成纸条即可。

（2）使用方法 用镊子取一小块试纸放在干燥清洁的点滴板或表面皿上，用蘸有待测液体的玻璃棒轻触试纸的中部，观察湿润试纸颜色的变化。注意：切勿直接将试纸泡在待测溶液中。如果检验的是气体，则先将试纸用去离子水润湿，再用镊子夹持横放在试管口上方，观察试纸颜色的变化。

（二）酚酞试纸

酚酞试纸用以检验溶液或气体的碱性。常用酚酞试纸为白色。酚酞试纸遇碱性溶液或碱性气体（如氨气）变红，常用于检验 pH＞8.3 的稀碱溶液或氨气等。

(1) 制备方法　将 1g 酚酞溶于 100mL 95％的酒精后，边振荡边加入 100mL 蒸馏水制成溶液，将滤纸浸入其中，浸透后在洁净、干燥的空气中晾干。

(2) 使用方法　与石蕊试纸使用方法基本相同。

（三）pH 试纸

用来检验溶液的 pH 值。pH 试纸分为广泛 pH 试纸和精密 pH 试纸。广泛 pH 试纸的变色范围为 1～14，用来粗略测量溶液的 pH 值。精密 pH 试纸在溶液 pH 变化较小时就有颜色变化，因而可较精确地测量溶液的 pH 值。根据其颜色变化范围可分为多种，如变色范围为 pH2.7～4.7、2.8～5.4、5.4～7.0、6.9～8.4、8.2～10.0、9.5～12.0 等。可先用广泛 pH 试纸粗略测量溶液的酸碱性，再选用相应的精密 pH 试纸来确定溶液的 pH 值。若需精确地测量溶液的 pH 值，可选用 pH 计来测量。

(1) 制备方法　广泛 pH 试纸是将滤纸浸泡于通用指示剂溶液中，然后取出，晾干，剪成小纸条即可。通用指示剂是几种酸碱指示剂的混合溶液，它在不同 pH 值的溶液中可显示不同的颜色。通用酸碱指示剂有多种配方，如通用酸碱指示剂 B 的配方为：1g 酚酞、0.2g 甲基红、0.3g 甲基黄、0.4g 溴百里酚蓝，溶于 500mL 无水乙醇中，滴加少量 NaOH 溶液调至黄色。这种指示剂在不同 pH 溶液中的颜色如表Ⅰ-9-1。

表Ⅰ-9-1　通用酸碱指示剂 B 不同 pH 溶液中的颜色

pH	2	4	6	8	10
颜色	红	橙	黄	绿	蓝

(2) 使用方法　与石蕊试纸使用方法基本相同，不同之处在于 pH 试纸变色后要与标准比色卡进行对比，得出 pH 值。

（四）碘化钾-淀粉试纸

用于定性检验氧化性气体（如 Cl_2，Br_2 等）。试纸在碘化钾-淀粉溶液中浸泡过，使用时，用蒸馏水将其湿润，氧化性气体溶于试纸上的水后，将 I^- 氧化成单质 I_2，其原理是：

$$2I^- + Cl_2 \longrightarrow I_2 + 2Cl^-$$

$$2I^- + Br_2 \longrightarrow I_2 + 2Br^-$$

I_2 立即与试纸上的淀粉作用，使试纸变为蓝紫色。如果气体氧化性很强，且浓度较大，还可进一步将 I_2 氧化成无色的 IO_3^-，使蓝紫色褪去：

$$I_2 + 5Cl_2 + 6H_2O \longrightarrow 2HIO_3 + 10HCl$$

(1) 制备方法　将 3g 淀粉与 25mL 水搅匀，倾入 225mL 沸水中，加 1g KI 和 1g $Na_2CO_3 \cdot 10H_2O$，用水稀释至 500mL，将滤纸浸入，取出晾干，裁成纸条即可。

(2) 使用方法　如果被检验的氧化性物质是气体时，先用蒸馏水将试纸润湿，把湿润的试纸粘在玻璃棒的一端，然后用此玻璃棒将试纸放在试管口，若有氧化性气体（Cl_2，Br_2）放出，试纸会逐渐变为蓝紫色。有时逸出的气体较少，可将试纸伸进试管，但要注意，勿使试纸接触溶液。如果被检验的氧化性物质是液体时，用镊子取一小块试纸放在干燥清洁的点滴板或表面皿上，用蘸有少量待测液的玻璃棒轻触试纸的中部，观察被润湿试纸是否会变为蓝紫色。

（五）醋酸铅试纸

用于定性检验反应中是否有 H_2S 气体产生，进而推断溶液中是否有 S^{2-} 存在。若溶液中 S^{2-} 的浓度太小，用此试纸就不易检出。试纸在醋酸铅溶液中浸泡过，使用时，用蒸馏水将其湿润，待测溶液酸化后放出的 H_2S 气体与试纸上的醋酸铅反应，生成黑色的 PbS 沉淀，使试纸呈黑褐色并有金属光泽。其原理是：

$$Pb(CH_3COO)_2 + H_2S \longrightarrow PbS\downarrow + 2CH_3COOH$$

(1) 制备方法　将滤纸浸入 3% $Pb(CH_3COO)_2$ 溶液中，取出后在无 H_2S 气体的地方晾干，裁剪成条即可。

(2) 使用方法　待测溶液酸化后，把湿润的醋酸铅试纸粘在玻璃棒的一端，然后用此玻璃棒将试纸放在试管口，如有 H_2S 气体逸出，遇到试纸后，与试纸上的醋酸铅反应，生成黑色 PbS 沉淀，使试纸呈黑褐色并有金属光泽（有时颜色较浅，但一定有金属光泽）。若逸出的气体较少，可将试纸伸进试管，但勿使试纸接触溶液。

十、其他仪器的使用

（一）温度计的使用

1. 温度计的结构及原理

实验室中常用的是水银温度计。水银温度计的测温物质是水银，装在一根下端带有玻璃球的均匀毛细管中，上端抽成真空或充入某种气体。温度的变化表现为水银体积的变化，毛细管中的水银柱将会随之上升或下降。由于玻璃随温度变化的膨胀系数很小，且毛细管又是均匀的，因此水银的体积变化可用其长度变化来表示，进而从毛细管上的刻度直接读出温度。水银温度计的优点是水银容易制纯，热导率大，比热容小，膨胀系数比较均匀，不易附着在玻璃管上，不透明，便于读数等。水银温度计适用的范围从－35℃到 360℃（水银的熔点是－38.7℃，沸点 356.7℃）。当水银里加入 8.5%的铊（Tl）时，可测到－60℃。常用水银温度计的量程范围 0～100℃，0～250℃，0～360℃等。一般温度计可精确到 1℃，精密温度计可精确到 0.1℃。

2. 使用温度计的注意事项

(1) 使用温度计时，首先要看清它的量程（测量范围），要选择适当的温度计测量被测物体的温度。

(2) 测量溶液的温度时，一般把温度计悬挂起来，并使水银球处于溶液中一定的位置，与被测溶液充分接触，且水银球不能接触到盛装溶液的器壁或底部。

(3) 读数时，温度计不要离开被测物体，且视线应与温度计内水银的液面位于同一水平面上。

(4) 防止骤热骤冷，以免引起温度计水银球的炸裂。如刚测量过高温物质的温度计不能立即用冷水冲洗。

(5) 不可将温度计作搅拌棒使用，以免水银球碰破。

(6) 如果温度计要穿过塞孔时，塞孔大小要合适，以免脱落或折断，其操作方法与玻璃棒或玻璃管穿塞的方法一样。

(7) 如果不慎将水银温度计打碎，内部水银洒落，要立即用硫黄粉洒在液体汞流过的地方，使其通过化学作用生成硫化汞。由于硫化汞不挥发，就不会被吸入人体而影响身体健康。因水银有毒，必须严格按照汞的操作规程进行彻底清理。

(8) 水银温度计很容易损坏，使用时要轻拿轻放，且使用后要及时清洗、擦干并放回原处。

(9) 如果测量高温物体，可使用热电偶或高温计。

(10) 水银温度计常常发生水银柱断裂的情况，消除方法有两种。

① 冷修法　将温度计的测温包插入干冰和酒精混合液中（温度不得超过－38℃）进行冷缩，使毛细管中的水银全部收缩到测温包中为止。

② 热修法　将温度计缓慢插入温度略高于测量上限的恒温槽中，使水银断裂部分与整个水银柱连接起来，再缓慢取出温度计，在空气中逐渐冷至室温。

(二) 气压计的使用

1. 气压计的结构及原理

气压计是实验室里用来测量某温度时大气压力的仪器。实验室最常用的是福廷（Fortin）式水银气压计，是基于托里拆利原理而设计而成，其外部构造如图Ⅰ-10-1所示。气压计要垂直地挂在实验室中阴凉、干燥、通风、防震和无热辐射的固定位置上，并用重锤校正其垂直高度。移动位置时，要注意始终保持上端高于下端的倾斜方向，不能平放，更不能倒置，以免水银溢出。

水银气压计是以水银柱的高度来表示大气压强大小的。气压计上部外层为一黄铜管，管顶端为一圆环，管上部有一长方形的孔，用来观察水银柱高度。黄铜管内装一根一端封闭的长度为90cm、内径为6mm的玻璃管，管内装有水银，开口的一端插入到水银槽中，在玻璃管内部，顶部水银面以上是真空，见图Ⅰ-10-2所示。在黄铜管上装有如下配件。

(1) 刻度标尺（刻在长方形孔的一边），是气压计读数的整数部分。

(2) 游尺（装在长方形孔中），旋转游尺调节旋钮，可使游标上下移动，用以读出气压计读数的小数点后最后读数。

(3) 附属温度计（装在铜管中部，且固定在黄铜管与玻璃管之间），用来测定玻璃管内

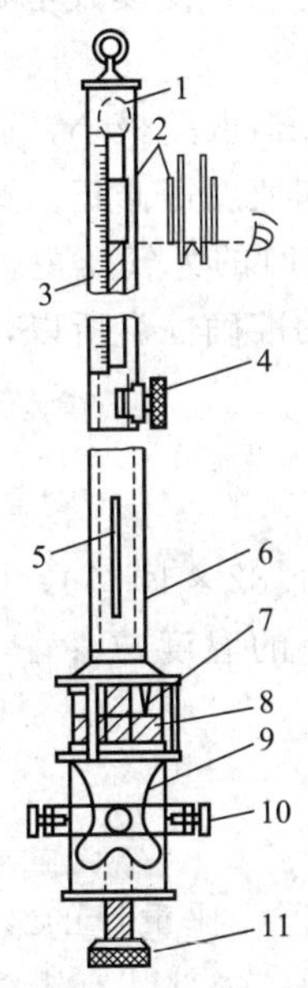

图Ⅰ-10-1　福廷式水银气压计的构造图

1—封闭玻璃管；2—游尺；3—刻度标尺；4—游尺调节旋钮；5—附属温度计；6—黄铜管；7—零点象牙针；8—汞槽；9—羚羊皮囊；10—固定旋钮；11—调节旋钮

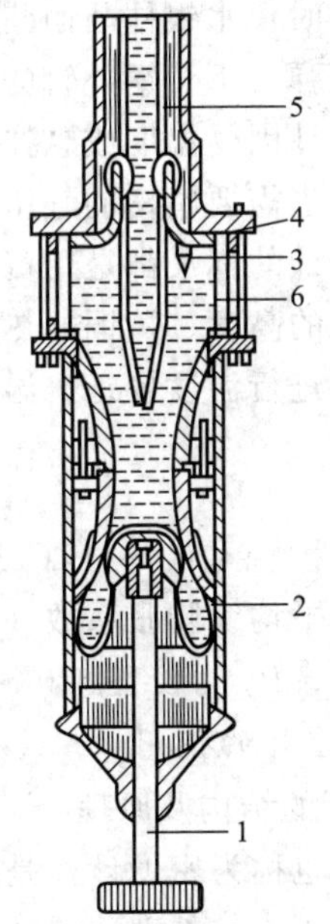

图Ⅰ-10-2　气压计下端放大图

1—调节旋钮；2—羚羊皮囊；3—零点象牙针；4—木套管；5—玻璃管；6—玻璃筒

水银柱和外管的温度，以便对气压计的值进行温度校正。气压计下部的详细结构如图Ⅰ-10-2所示，外层是由一黄铜管和一短节玻璃筒构成，内装水银槽，槽的上部由棕榈木的套管固定在槽盖上。在木套管与玻璃管连接处用羚羊皮紧紧包住，空气可以从皮孔出入但水银不会溢出。水银槽底部为一羚羊皮囊，其下端由可调节旋钮支托，通过旋动气压计铜管底端的调节旋钮，就能调节槽内水银面的高低。在水银槽上部装有一倒置的象牙针，针尖是刻度标尺的零点。读数时，必须先使槽中水银面正好与针尖相接触。

2. 气压计的使用方法

(1) 垂直调节。气压计必须垂直放置，如果垂直方向偏差1°，当压力为101.325kPa时，则大气压的测量偏差约为15Pa。若不垂直，拧松气压计底部圆环上的三个螺旋，令气压计垂直悬挂，再旋紧这三个螺旋，使其固定即可。

(2) 调节水银槽中的水银面高度。慢慢旋转调节旋钮，升高汞槽内的水银面，直到槽内的水银面恰好与象牙针尖相接触为止。

(3) 调节游尺。慢慢转动游尺调节钮，使游尺下沿稍高于水银柱顶端的位置，然后慢慢下移游尺，直到游尺的下沿与水银柱凸面顶端恰好相切，这时观察者的眼睛和游尺前后的两个下沿应在同一水平面上。

(4) 读取汞柱高度。以mmHg作刻度单位的大气压计为例：读整数部分时，先看游尺的零线在刻度标尺的位置，如果恰好与刻度标尺上某一刻度相吻合，则刻度数即为气压计读数。如果游尺零线在标尺两刻度之间，如在759mmHg与760mmHg之间，那么气压计读数的整数部分即为759mmHg，再由游尺上的刻度确定其小数部分。读小数部分时，在游尺与标尺的刻度中，找出游尺上某一刻度恰与标尺上某一刻度相吻合时的游尺读数即为759mmHg的小数部分。如图Ⅰ-10-3所示，其读数为759.4mmHg。

(5) 读数后转动气压计底部的调节旋钮，使水银面下降到与象牙针完全脱离。注意：在旋转调节旋钮时，水银柱凸面凸出较多，下降时凸面凸出少些。为使读数正确，在旋转调节旋钮时，要轻弹一下黄铜外管的上部，使水银面凸出正常。

(6) 气压计因受温度或悬挂地区等影响，有一定的误差，但误差极小，通常情况下不需要进行校正；当需要精密的气压数值时，则需要温度、重力加速度等修正。这里仅介绍温度的修正。气压计的标尺都是用黄铜制作的，其刻度值表示0℃时的大气压力。随着温度的不同，管内汞柱的高度、黄铜的热胀冷缩都会影响大气压测量的准确性。所以，室温下读得的数值，还需要进行温度校正。温度校正可用下式进行计算：

$$P_0=\frac{1+\beta t}{1+\alpha t}P_t$$

式中，α为水银在0～35℃之间的平均体膨胀系数（$\alpha=1.82\times10^{-4}$）；β为黄铜在0～35℃范围内的平均线膨胀系数（$\beta=1.82\times10^{-5}$）；t为气压计的温度，℃；P_t为温度t时气压计上的读数；P_0为校正到0℃时的大气压。

(三) 比重计的使用

1. 比重计的结构及原理

比重计，也称为密度计，是用来测定溶液相对密度的仪器。比重计的结构如图Ⅰ-10-4所示，它是一支中空的玻璃浮柱，上部有标线，下部为一重锤，内部装有铅粒。它根据阿基米德原理工作。比重计放入待测液体中，因其下端较重，故能自行保持垂直。比重计本身质量与液体浮力平衡，即密度计总质量等于它排开液体的质量。因比重计的质量为定值，所以待测液体的密度越大，比重计浸入液体中的体积就越小。因此按照比重计浮在液体中的位置

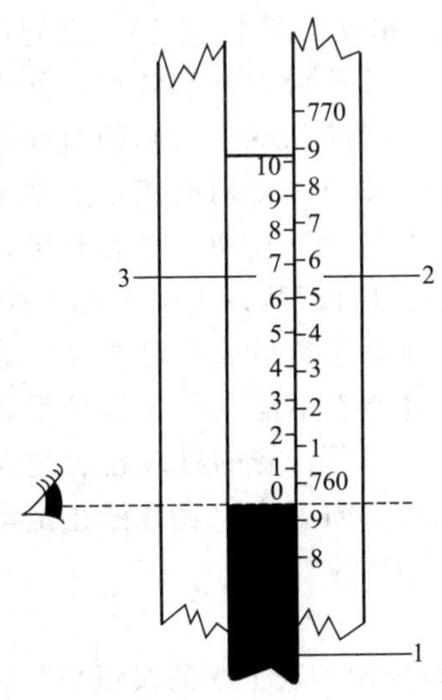

图Ⅰ-10-3　大气压力计的读数

1—水银柱；2—标尺；3—游尺

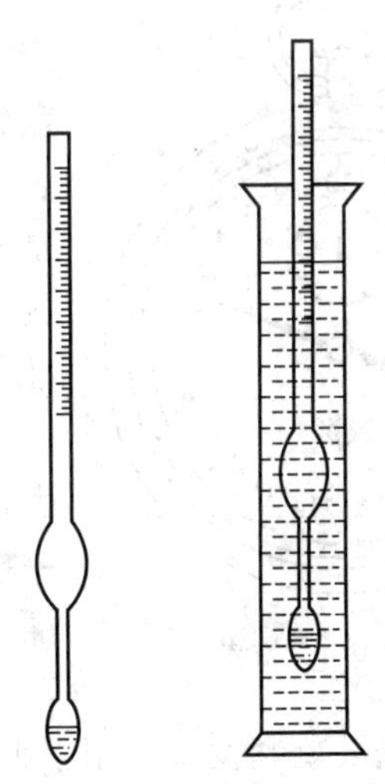

图Ⅰ-10-4　比重计及液体相对密度的测定

高低，可测得液体密度的大小。根据溶液相对密度的不同而选用相应的比重计。比重计有两类：一类称为重表，用于测定密度小于水的液体（如石油组分、白酒等）；另一类称为轻表，用于测定大于水的密度的液体（如食盐溶液、硫酸等）。

2. 比重计测定液体密度的使用方法

(1) 把适量的待测液体样品沿器壁缓慢地倒入大量筒中。

(2) 选择一支量程合适的清洁干燥的比重计，将其慢慢地放入量筒的待测液体中，使比重计缓慢下沉。为了防止比重计在液体中上下沉浮和左右摇动时与量筒壁接触以致破裂，故在浸入时，应该用手扶住比重计的上端，并让它浮在液面上，待比重计不再摇动而且不与器壁相接触时，即可读数。读数时视线应与凹液面最低处相切。

(3) 比重计使用完毕，洗净后放回原处。

在工业生产中常用波美度来表示溶液浓度。它是用波美比重计（简称波美计或称波美表）测定的。通常使用的比重计中，有的有两行刻度，一行是相对密度，一行是波美度。15℃时相对密度和波美度的换算关系如下。

对于相对密度 $d_{H_2O,4℃}>1$ 的液体：

$$d_{H_2O,4℃}=\frac{144.3}{144.3-波美度}$$

对于相对密度 $d_{H_2O,4℃}<1$ 的液体：

$$d_{H_2O,4℃}=\frac{144.3}{144.3+波美度}$$

值得提出的是，波美比重计种类很多，标尺各不相同，常见的有美国标尺、合理标尺、荷兰标尺等。我国用得较多的是美国标尺和合理标尺。上述换算公式为合理标尺波美度与相对密度的换算公式。

（四）秒表的使用

1. 秒表的结构

秒表是一种常用的测时仪器，又可称“机械停表”，是利用摆的等时性控制指针转动而计时的。秒表有多种规格，实验室常用的秒表有两根表针，长针是秒针，每转一圈是 30s；

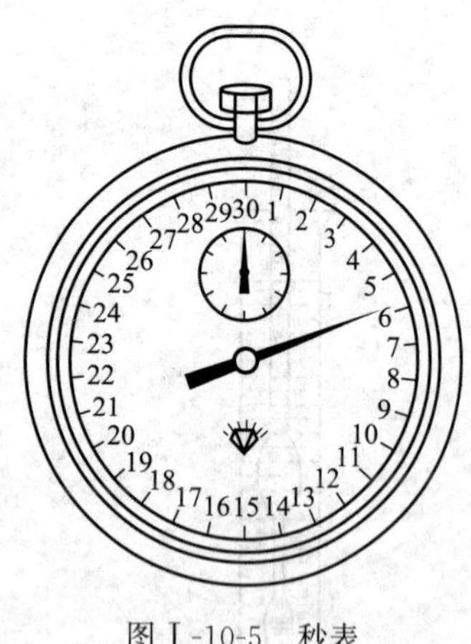

图Ⅰ-10-5 秒表

短针是分针，每转一圈是 15min（图Ⅰ-10-5）。它的正面是一个大表盘，上方有小表盘。秒针沿大表盘转动，分针沿小表盘转动。分针和秒针所指的时间和就是所测的时间间隔。在表正上方有一表把，上有一按钮。旋动按钮，上紧发条，这是秒表走动的动力。用大拇指按下按钮，秒表开始计时；再按下按钮，秒表停止走动，进行读数；再按一次，秒表回零，准备下一次计时。注意：使用这类秒表一定要完成这一程序后才能进行下一次计时。这类表不能在按停后又重新开动秒表连续计时。为了解决这一问题，有的秒表在表把左侧装有一按钮，当表走动时将此按钮向上推，表针停止走动；向下推，即继续累计计时。

2. 秒表的使用方法

（1）首先要旋紧发条，用手握住表体，用拇指或食指控制秒表上端的按钮来开启和止动秒表。第一次按压，秒表开始计时，第二次按压，指针停止走动，指示出两次按压之间的时间。第三次按压，两指针均返回零刻度处。

（2）读数时，当所测时间超过半分钟时，半分钟的整数部分由分针读出，不足半分钟的部分由秒表读出，总时间为两针读数之和。

3. 使用秒表的注意事项

（1）使用前先上紧发条，但不要过紧，以免损坏发条。

（2）按表时不要用力过猛，以防损坏机件。

（3）回表后，如秒针不指零，应记下其数值，实验后从测量值中将其减去。

（4）要特别注意防止摔破秒表，不用时一定将秒表放回盒中。

十一、坩埚、干燥器、研钵的使用

（一）坩埚的使用

坩埚是用极耐火的材料（如黏土、石墨、瓷土、石英或较难熔化的金属铁等）所制的器皿，主要用于强热、煅烧固体物质，随固体性质的不同，选用不同的坩埚。

1. 坩埚的分类

坩埚按质地主要分为石墨坩埚、黏土坩埚和金属坩埚三大类。常见的坩埚类型主要有石墨坩埚、瓷质坩埚、石英坩埚、镍坩埚、刚玉坩埚、铂坩埚、聚四氟乙烯坩埚等。其规格按容量分为 10mL、15mL、25mL、50mL、100mL、150mL 等。

石墨坩埚的主体原料是结晶质的天然石墨，具有良好的热导性和耐高温性，在高温使用过程中，热膨胀系数小，对骤热、骤冷具有一定抗应变性能。对酸、碱性溶液的抗腐蚀性较强，具有优良的化学稳定性。

瓷坩埚，可耐热 1200℃左右，适用于 $K_2S_2O_7$ 等酸性物质熔融样品。一般不能用于 NaOH、Na_2O_2、Na_2CO_3 等碱性物质作熔剂熔融，以免腐蚀瓷坩埚。瓷坩埚也不能与氢氟酸接触。瓷坩埚一般可用稀 HCl 煮沸清洗。

石英坩埚，可在 1450℃以下使用，适于用 $K_2S_2O_7$、$KHSO_4$ 做熔剂熔融样品和用 $Na_2S_2O_7$ 做熔剂处理样品。不能用于苛性碱及碱金属的碳酸盐等碱性物质做熔剂熔融。不能与 HF 接触，可用普通稀无机酸做清洗液。

镍坩埚熔融样品的温度不宜超过 700℃，主要用于 NaOH、Na_2O_2、Na_2CO_3、$NaHCO_3$ 以及含有 KNO_3 的碱性熔剂熔融样品，不适用于 $KHSO_4$ 或 $NaHSO_4$、$K_2S_2O_7$ 或 $Na_2S_2O_7$

等酸性熔剂以及含硫的碱性硫化物熔剂熔融样品。另外，熔融状态的铝、锌、铅、锡、汞等金属盐，都能使镍坩埚变脆。硼砂也不能在镍坩埚中熔融。

刚玉坩埚是由多孔熔融氧化铝组成，质坚而耐熔。适于用无水 Na_2CO_3 等一些弱碱性物质作熔剂熔融样品，不适于用 Na_2O_2、NaOH 等强碱性物质和酸性物质做熔剂（如 $K_2S_2O_7$ 等）熔融样品。

铂坩埚，应在垫有石棉板或陶瓷板的电炉或电热板上进行加热和灼烧，或在煤气灯的氧化焰上进行，不能与电炉丝、铁板及还原焰直接接触，因为在高温下铁易与铂形成合金，还原性气体能与铂形成碳化铂，使铂坩埚变脆。铅、铋、锑、锡、银、汞的化合物，硫化物，磷和砷的化合物等，在高温时容易被滤纸的碳或火焰的还原气体还原为相应的金属和非金属元素，它们与铂形成合金或化合物，从而损坏铂坩埚。故上述金属和非金属及其化合物不能在铂坩埚内灼烧或熔融。卤素和能析出卤素的物质（如王水）以及某些氧化剂的混合物，对铂坩埚均有侵蚀作用。碱金属氧化物、氢氧化物、硝酸盐、亚硝酸盐、氰化物、氧化钡等在高温熔融时能侵蚀铂坩埚。碳酸钠和碳酸钾，对铂坩埚无侵蚀作用。铂坩埚内外壁应经常保持清洁和光亮，使用过的铂坩埚可用 1∶1 盐酸溶液煮沸清洗。

聚四氟乙烯坩埚，一般控制在 200℃左右使用，最高不要超过 280℃。这种坩埚表面光滑耐磨，不易损坏，机械强度较好。溶解样品时不会带入金属杂质，是其最大优点。能耐酸、耐碱，不受氢氟酸侵蚀，主要用于以氢氟酸作溶剂溶解样品。

2. 坩埚的使用方法

把需要在高温下加热的固体物质放在坩埚中，通常会将坩埚盖斜放在坩埚上，以防止受热物溅出，并让空气能自由进出。坩埚因其底部很小，一般需要架在泥三角上（坩埚在铁三角架上正放或斜放皆可，图Ⅰ-11-1，视实验的需求可以自行安置），用氧化焰灼烧。灼烧时，不要让还原焰接触坩埚底部，以免坩埚底部结上炭黑。灼烧开始时，先用小火烘烤坩埚，使坩埚受热均匀。然后加大火焰，根据实验要求控制灼烧的温度和时间。停止加热时，要首先熄灭酒精灯或关闭煤气。夹取高温的坩埚时，必须用干净的坩埚钳（图Ⅰ-11-2）。坩埚加热后不可立即将其放置在冷的金属桌面上，以避免它因急剧冷却而破裂。也不可立即放在木质桌面上，以避免烫坏桌面或引起火灾。正确的做法为留置在铁三角架上自然冷却，或放在石棉网上令其慢慢冷却。坩埚钳用过后，应尖端向上平放在实验台上，若其温度很高，应放在石棉网上。

图Ⅰ-11-1　坩埚的放置

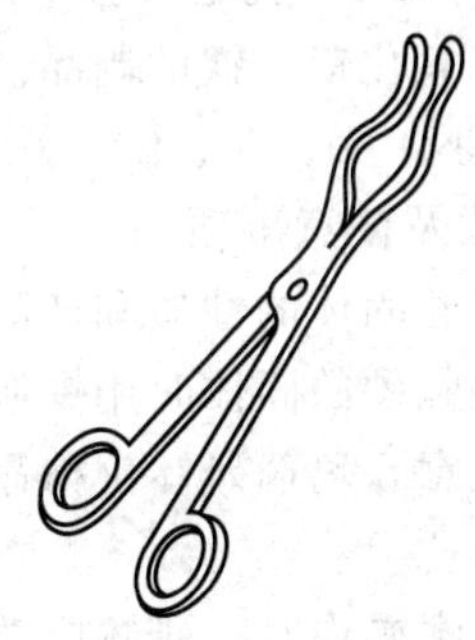

图Ⅰ-11-2　坩埚钳

（二）干燥器的使用

易吸水潮解的固体或灼热后的坩埚等应放在干燥器内，以防吸收空气中的水分。干燥器是存放干燥物质防止吸湿的仪器，由厚壁玻璃制成。干燥器的上面是一个磨口边的盖子，器内底部盛有干燥剂（常用变色硅胶），中间有一个带孔的圆形瓷板，供盛放待干燥物质的容器之用。

1. 干燥器的使用方法

打开干燥器时，应用左手朝里扶住干燥器下部，用右手握住盖上的圆顶水平推开（图Ⅰ-11-3）。干燥器是磨口的，涂有凡士林起密封作用以防止水汽进入。打开后，要把盖子翻过来放在桌面上安全的位置，不要让涂有凡士林的磨口边接触桌面。放入或取出物质后，沿水平方向推动盖子，使盖子的磨口边与干燥器磨合。搬动干燥器时，不应只捧着下部，而应同时用双手的大拇指按住盖子，以防盖子滑落（图Ⅰ-11-4）。对于温度较高的物体放入干燥器内时，为防止干燥器内的空气因受热膨胀可能把盖子顶起而滑落，应当反复水平推、关几次干燥器的盖子，放出热空气，直到盖子不再容易滑动为止。

图Ⅰ-11-3 干燥器的开启

图Ⅰ-11-4 干燥器的搬动

2. 使用干燥器的注意事项

(1) 干燥器应注意保持清洁干燥，不得存放潮湿的物品。

(2) 干燥器只在存放或取出物品时打开，物品取出或放入后，应立即盖上。

(3) 放在底部的干燥剂，不能高于底部高度的 1/2 处，以防污染存放的物品。干燥剂失效后要及时更换。

（三）研钵的使用

1. 质地与规格

研钵（图Ⅰ-11-5）就是实验中研碎实验材料的容器，配有研杵，常用的为瓷制品，也有玻璃、玛瑙、氧化铝、铁的制品。用于研磨固体物质或进行粉末状固体的混合。其规格口径（mm）的大小：60、70、90、100、150、200。

2. 使用方法及注意事项

(1) 按被研磨固体的性质和产品的粗细程度选用不同质地的研钵。一般情况用瓷制或玻璃制研钵，研磨坚硬的固体时用铁制研钵，需要非常仔细地研磨较少的试样时用玛瑙或氧化铝制的研钵。注意，玛瑙研钵价格昂贵，使用时应特别小心，不能研磨硬度过大的物质，不能与氢氟酸接触。

(2) 进行研磨操作时，研钵应放在不易滑动的物体上，研杵应保持垂直。大块的固体只能压碎，不能用研杵捣碎，否则会损坏研钵、研杵或将固体溅出。易爆物质只能轻轻压碎，不能研磨。研磨对皮肤有腐蚀性的物质时，应在研钵上盖上厚纸片或塑料片，然后在其中央开孔，插入研杵后再行研磨，研钵中盛放固体的量不得超过其容积的 1/3。

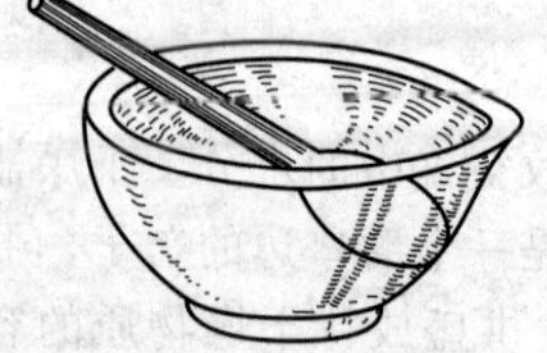

图Ⅰ-11-5 研钵

(3) 研钵不能进行加热，尤其是玛瑙制品，切勿放入电烘箱中干燥。

(4) 洗涤研钵时，应先用水冲洗，耐酸腐蚀的研钵可用稀盐酸洗涤。研钵上附着难洗涤的物质时，可向其中放入少量食盐，研磨后再进行洗涤。

十二、光电仪器的使用

(一) 酸度计（pH 计）

1. 基本原理

酸度计也称 pH 计，是一种通过测量电势差来测定溶液 pH 的仪器，也可用于测定电池内的电动势，还可以配合搅拌器作电位滴定和氧化还原电对的电极电势的测量。酸度计主要由玻璃电极（或称氢离子指示电极）、参比电极（通常采用饱和甘汞电极）和精密电位计等三部分组成。为了方便，酸度计上还配有温度补偿调节器和定位调节仪对仪器进行校正。首先根据测量时的室温对酸度计进行温度补偿校正，其次再测量 pH 已知的标准缓冲溶液，通过调整定位调节仪，把读数校正到标准缓冲溶液的 pH 值，然后才可以测量未知溶液，读出未知溶液的 pH 值。经过校准的酸度计，在一定时间内可以连续测量多个待测液。

酸度计用参比电极和玻璃电极组成电池，测定电池的电动势（E）大小，由仪器直接指示出溶液的 pH 值。

$$E=\varphi_{甘汞}-\varphi_{玻璃}$$

298.15K 时，该电池的电动势 E 为：

$$\begin{aligned}E&=\varphi_{甘汞}-\varphi_{玻璃}\\&=0.2415-(\varphi^{\ominus}_{玻璃}-0.0592\text{pH})\end{aligned}$$

待测溶液的 pH 为：

$$\text{pH}=\frac{E+\varphi^{\ominus}_{玻璃}-0.2415}{0.0592}$$

式中，$\varphi_{甘汞}$ 指甘汞电极的电极电势；$\varphi_{玻璃}$ 指玻璃电极的电极电势；$\varphi^{\ominus}_{玻璃}$ 可由已知 pH 的标准缓冲溶液（如邻苯二甲酸氢钾）的电动势求出。

(1) 玻璃电极　玻璃电极的电极电势随溶液的 pH 值变化而改变。它的主要部分是电极下端的玻璃泡，它是由特殊的敏感薄玻璃膜构成（图Ⅰ-12-1）。薄玻璃膜对氢离子有敏感作用，当它浸入待测溶液内，待测溶液的氢离子与电极玻璃泡表面水化层进行离子交换，玻璃球泡内层也同样产生电极电势。由于内层氢离子浓度不变，而外层氢离子浓度在变化。因此，内外层的电势差也在变化，所以该电极电势随待测溶液的 pH 值不同而改变。使用玻璃

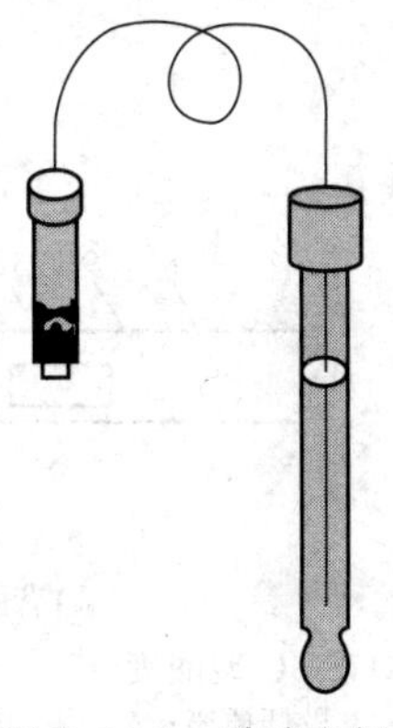

图Ⅰ-12-1　玻璃电极

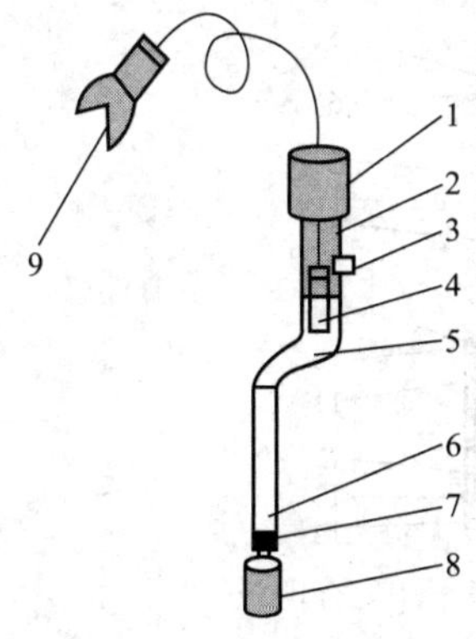

图Ⅰ-12-2　饱和甘汞电极

1—胶木帽；2—铂丝；3—橡皮塞；4—汞，甘汞内部电极；5—饱和氯化钾溶液；6—氯化钾晶体；7—陶瓷塞；8—橡皮帽；9—电极线

电极时应注意：①玻璃电极下端的玻璃泡很薄，使用时特别小心，切忌与硬物接触；②玻璃电极初次使用时，应先在蒸馏水中浸泡 24h，不用时最好也浸泡在蒸馏水中；③测量强碱性溶液的 pH 值时，应尽快操作，测量完毕时立即用蒸馏水冲洗，以免被碱液腐蚀。

（2）饱和甘汞电极　它是由汞、甘汞（Hg_2Cl_2）和饱和氯化钾溶液组成的电极，内玻璃管封接一根铂丝，铂丝插入纯汞中，纯汞下面有一层甘汞和汞的糊状物（图Ⅰ-12-2）。外玻璃管中装入饱和氯化钾溶液，下端用素烧陶瓷塞塞住，通过素烧陶瓷塞的毛细孔，可使内外溶液相通。其电极反应为：

$$Hg_2Cl_2 + 2e \longrightarrow 2Hg + 2Cl^-$$

饱和甘汞电极的电极电势不随溶液的 pH 值变化而变化，在一定温度和浓度下是一定值。当管内氯化钾为饱和溶液，温度是 298.15K 时，甘汞电极的电极电势为 0.245V。由于甘汞在高温时不稳定，故甘汞电极一般使用于 70℃以下测量，且甘汞电极不宜用在强酸强碱溶液中，因为此时的液体接界电势差太大，而且甘汞可能被氧化。使用饱和甘汞电极时应注意：①使用前应检查饱和氯化钾溶液是否浸没了内部电极小瓷管的下端，是否有氯化钾晶体存在，弯管内是否有气泡将溶液隔开；②测量结束时，用蒸馏水将电极洗干净，套上橡皮帽和橡皮塞，防止电极中的水分蒸发，不能把甘汞电极浸泡在蒸馏水中；③饱和甘汞电极应防止其下端的陶瓷塞的毛细孔堵塞，还要经常向管内补充饱和氯化钾溶液，其液面不低于电极的甘汞糊状物。

（3）pH 复合电极　为了使用方便，目前的酸度计大多配用的是 pH 复合电极，即把 pH 玻璃电极和外参比电极（一般用 Ag-AgCl 电极）合为一体装在一根电极塑料管中，底部露出的玻璃球泡有保护套加以保护，电极头有一个带有保护液（一般为饱和氯化钾溶液）的外套（图Ⅰ-12-3）。使用 pH 复合电极时应注意：①新电极必须在 pH=4 或 7 的缓冲溶液中调节并浸泡过夜；②电极下端的玻璃球泡很薄，使用时特别小心，不要碰破；③更换测量溶液前，均需洗净电极，用吸水纸吸干；④电极不用时，洗干净后套上带有保护液的保护套，并经常向保护套内添加保护液，使电极始终浸泡在保护液中。

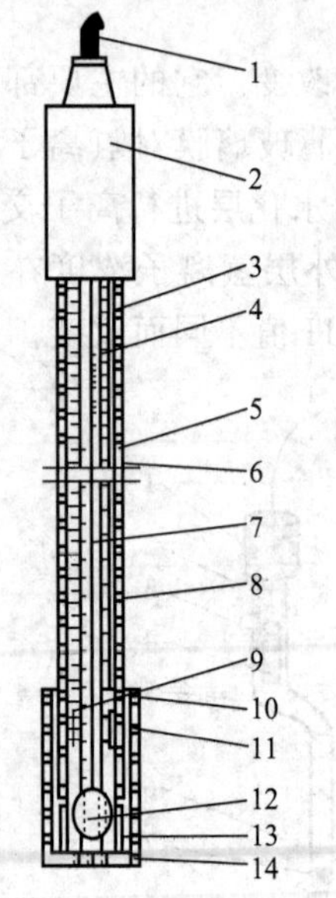

图Ⅰ-12-3　pH 复合电极

1—电极线；2—电极帽；3—电极塑壳；4—内参比电极；5—外参比电极；6—电极支持杆；7—内参比溶液；8—外参比溶液；9—液接界；10—密封圈；11—硅胶圈；12—玻璃球泡；13—球泡护罩；14—保护套

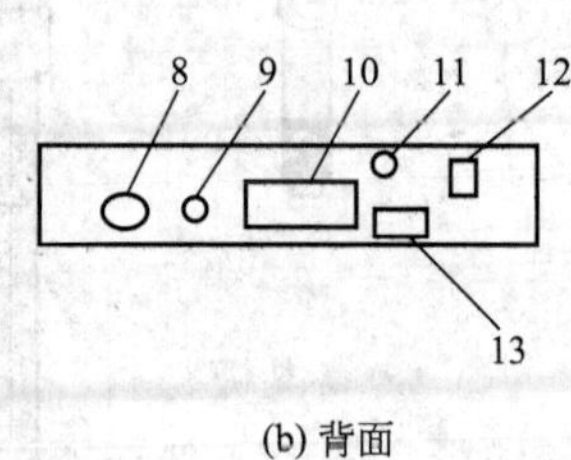

图Ⅰ-12-4　pHS-3C 型酸度计

1—前面板；2—显示屏；3—电极杆插座；4—温度补偿调节旋钮；5—斜率补偿调节旋钮；6—定位调节旋钮；7—选择旋钮（pH 或 mV 挡）；8—测量电极插座；9—参比电极插座；10—铭牌；11—保险丝；12—电源开关；13—电源插座

2. 使用方法

实验室常用的酸度计型号主要有 pHS-2 型、pHS-3 型等。虽然结构和精密度不同，但它们的基本原理相似。现主要介绍 pHS-3C 型酸度计。pHS-3C 型酸度计（图Ⅰ-12-4）是一种四位十进制数字显示的精密酸度计，用于测定溶液的酸度和电极电势。

（1）仪器使用前的准备

① 接通 220V 交流电源，打开电源开关 12，预热 20min。

② 将电极杆插入电极杆插座 3，用电极夹把电极固定在电极杆上。

（2）标定

① 在电极插座 8 处插上 pH 复合电极。

② 把选择开关旋钮 7 调到 pH 挡。

③ 将干净的电极插到 pH＝6.86 的标准缓冲溶液中，调节温度补偿调节旋钮 4，使所指示的温度与溶液的温度相同。

④ 把斜率调节旋钮 5 顺时针旋到底（即调到 100％的位置）。

⑤ 调节定位调节旋钮 6，使仪器显示读数与该缓冲溶液在当时温度下的 pH 一致（见表Ⅰ-12-1）。

表Ⅰ-12-1　标准缓冲溶液的 pH 值与温度的关系

温度/℃ \ pH \ 溶液	邻苯二甲酸氢钠	中性磷酸盐	硼砂
5	4.01	6.95	9.39
10	4.00	6.92	9.33
15	4.00	6.90	9.27
20	4.01	6.88	9.22
25	4.01	6.86	9.18
30	4.02	6.85	9.14
35	4.03	6.84	9.10
40	4.04	6.84	9.07

⑥ 用蒸馏水洗净电极，并用滤纸吸干其表面的水后，将其插入到 pH＝4.00 的标准缓冲溶液（测酸性溶液时选用）或 pH＝9.18 的标准缓冲溶液（测碱性溶液时选用）中，调节斜率补偿调节旋钮 5，使仪器显示的读数与该缓冲溶液在当时温度下的 pH 一致（见表Ⅰ-12-1）。定位调节旋钮和斜率补偿调节旋钮在标定后不应再变动。

（3）pH 测量

① 用蒸馏水清洗标定后的酸度计的复合电极，用滤纸吸干电极表面的蒸馏水。

② 把电极浸入待测溶液中，轻轻摇动溶液，待显示屏上的示数稳定后，读出溶液的 pH 值。

3. 使用注意事项

（1）玻璃电极初次使用时，应先在蒸馏水中浸泡 24h 以上，使玻璃电极的性能达到稳定。测量完毕，不使用时最好也浸泡在蒸馏水中。

（2）复合电极的敏感部位是下端的玻璃球泡，应避免玻璃球泡与硬物接触，任何破损都会使电极失效。

（3）电极在测量前必须用已知 pH 值的标准缓冲溶液进行校准。

（4）仪器经标定后，在使用过程中一定不要碰动“定位”、“温度补偿”和“斜率补偿”

旋钮，以免仪器内设定的数据发生变化。

(5) 复合电极的外参比补充液为 3mol·L^{-1} KCl 溶液，可以从电极上端的小孔加入。

(二) 分光光度计

1. 基本原理

物质对光具有选择性吸收，根据待测物质对某一波长的吸收强弱进行物质的测定，这种方法称为分光光度法。分光光度法所使用的仪器称为分光光度计。分光光度计是根据物质对光的选择性吸收来测量微量物质的浓度，其优点是灵敏度和准确度都较高，操作简便快捷。

一束单色光通过溶液时，一部分光线通过，一部分光线被吸收。如果 I_0 为入射光的强度，I 为透过光的强度，定义 I/I_0 为透过率，以 T 表示，透过率越大，光被吸收越少。把 $\lg\frac{I_0}{I}$ 定义为吸光度 A，吸光度 A 越大，溶液对光的吸收越多。吸光度 A 与该物质的浓度 c、摩尔吸光系数 ε 和液层的厚度 l 之间遵循朗伯-比耳定律（Lamert-Beer Law）：

$$A=\varepsilon lc$$

ε 为摩尔吸光系数，L·mol^{-1}·cm^{-1}；l 为液层的厚度，cm；c 为溶液浓度，mol·L^{-1}。当入射光波长、溶液的性质和溶液温度一定时，吸光度与液层的厚度和溶液浓度成正比，当液层的厚度也一定，则溶液吸光度只与溶液浓度成正比。

将单色光通过待测溶液，并使透过光射在光电池上变为电信号，在信号指示系统可直接读出吸光度。物质对光的吸收有选择性，通常用光的吸收曲线来描述。将不同波长的光依次通过一定浓度的待测溶液，分别测定吸光度，以波长为横坐标、吸光度为纵坐标作图，所得曲线为光的吸收曲线，如图Ⅰ-12-5 所示。当单色光的波长为最大吸收峰处的波长时，称为最大吸收波长（λ_{max}）。选最大吸收波长进行测量，光的吸收程度最大，测定灵敏度和准确度都高。在测定待测溶液前，首先要做工作曲线，即在与待测溶液相同的测定条件下，测量一系列已知准确浓度的标准溶液的吸光度，作出吸光度-浓度曲线（图Ⅰ-12-6）。测出待测溶液的吸光度后，就可以从工作曲线上求出其浓度。

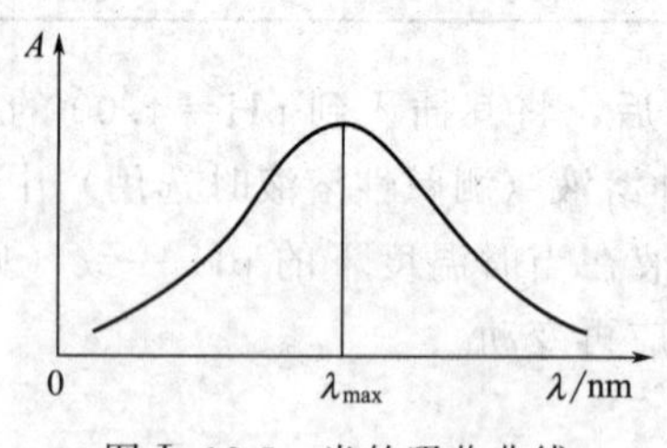

图Ⅰ-12-5 光的吸收曲线

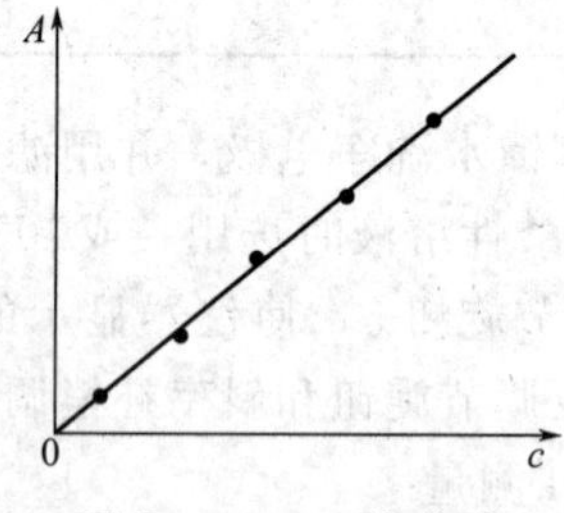

图Ⅰ-12-6 工作曲线

分光光度计一般由光源、单色器、样品吸收池、检测器、信号指示系统等五个部分组成。光源发出的光经单色器把光分成单色光后，通过样品吸收池，利用检测器来检测，通过信号指示系统给出待测物质的吸收度。通常以钨灯作为可见光区光源，可在 360～800nm 范围内产生连续光源；氢灯和氘灯作为紫外区光源，可在 160～375nm 范围内产生连续光源。单色器是分光光度计的核心部分，把来自光源的混合光分解为单色光，并能提供所需的波长。单色器主要由入射狭缝、出射狭缝、色散元件和准直镜等组成。

2. 基本结构

实验室常用的分光光度计的型号有 72 型、721 型、722 型和 751 型。它们的原理基本相同，只是结构、测量精度和测量范围有差别。72 型允许测量的波长范围 420～700nm，721

型允许测量的波长范围 360～800nm，722 型允许测量的波长范围 330～800nm，751 型允许测量的波长范围 200～1000nm。下面仅对 722 型光栅分光光度计进行介绍。

722 型光栅分光光度计光学系统示意图如图Ⅰ-12-7。钨灯 3 发出的光经滤光片 2 选择、聚光镜 1 聚光后，从入射狭缝 4 投向单色器，入射狭缝正好处在聚光镜 11 及单色器内准直镜 7 的焦平面上，因此进入单色器的复合光通过平面反射镜 6 反射及准直镜准直变成平行光射向色散元件光栅 8，光栅将入射的复合光通过衍射作用按照一定顺序平行排列成连续单色光谱。此单色光谱重新回到准直镜上，由于仪器出射狭缝 10 设置在准直镜的焦平面上，这样，从光栅色散出来的光谱经准直镜后利用聚光原理成像在出射狭缝上，出射狭缝选出指定宽度的单色光通过聚光镜落在试样中心，试样吸收后投射的光经光门 13 射向光电管 14 阴极面，由光电管产生的光电流经微电流器放大、对数放大器放大，在数字显示器上直接显示出试样溶液的透过率、吸光度或浓度数值。

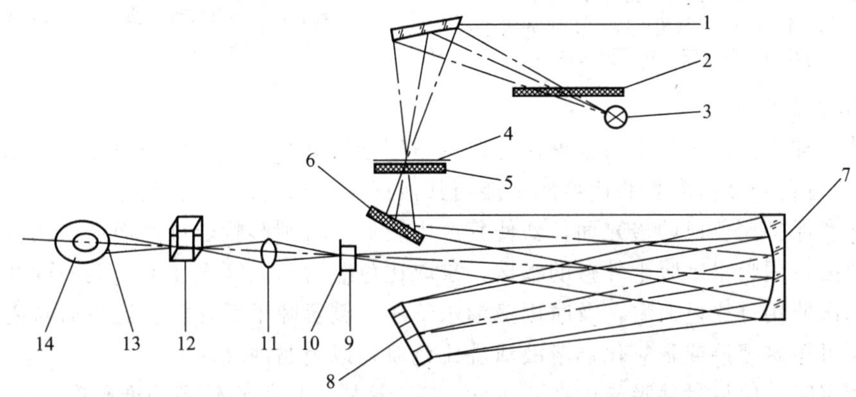

图Ⅰ-12-7　722 型光栅分光光度计光学系统示意图

1—聚光镜；2—滤光片；3—钨灯；4—入射狭缝；5—保护玻璃；6—反射镜；7—准直镜；8—光栅；9—保护镜；10—出射狭缝；11—聚光镜；12—试样室（比色皿）；13—光门；14—光电管

3. 使用方法

下面仍以 722 型光栅分光光度计（图Ⅰ-12-8）为例进行介绍。

(1) 将灵敏度 13 调置“1”挡（放大倍率最小）。

(2) 开启电源 7，指示灯亮，仪器预热 20min，选择开关 3 置于“T”。

(3) 打开试样室（光门自动关闭），调节透光率零点旋钮 12（“0%T”），使数字显示为“000.0”。

(4) 将装有溶液的比色皿置于比色架中。

(5) 旋动仪器波长手轮 8，把测试所需的波长调节至刻度线处。

(6) 盖上试样室盖，将参比溶液比色皿置于光路，调节透过率“100%T”旋钮 11，使数字显示 T 为 100.0；若显示不到 100.0，则可适当增加灵敏度的挡数，同时应重复 (3)，调整仪器的 000.0 和 100.0。

(7) 将待测溶液置于光路中，从数字显示器 1 上直接读出待测溶液的透过率 T。

(8) 吸光度 (A) 的测量：参照 (3)、(6) 操作，调整仪器的“000.0”和“100.0”，将选择开关置于 A，转动吸光度调零旋钮，使得数字显示为“0.000”，然后移入待测溶液，显示值即为试样的吸光度 A。

(9) 浓度 (c) 的测量：选择开关由 A 旋至 c，将已标定浓度的溶液移入光路，调节浓度旋钮，使得数字显示为标定值，将待测溶液移入光路，即可读出相应的浓度值。

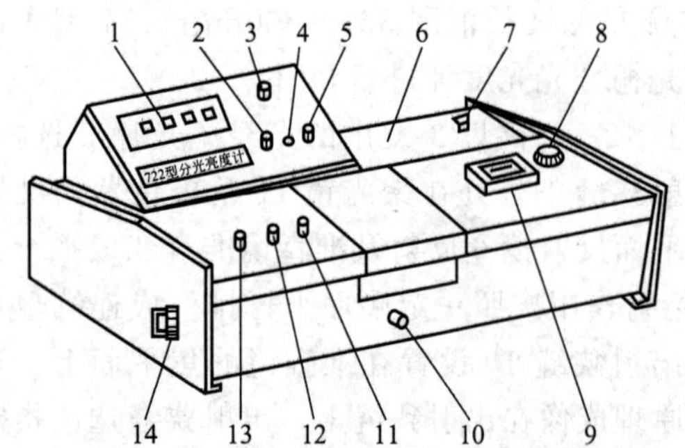

图Ⅰ-12-8 722型光栅分光光度计

1—数字显示器；2—吸光度调零旋钮；3—选择开关；4—吸光度调斜率电位器；5—浓度旋钮；6—光源室；7—电源开关；8—波长手轮；9—波长刻度窗；10—试样架拉手；11—100%T旋钮；12—0%T旋钮；13—灵敏度调节旋钮；14—干燥器

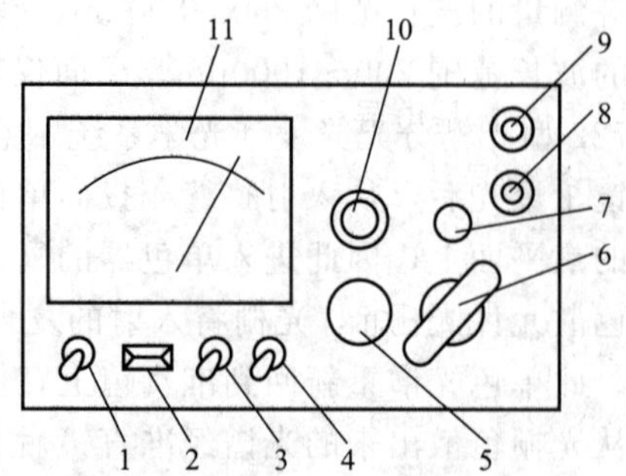

图Ⅰ-12-9 DDS-11A型电导率仪

1—电源开关；2—氖泡；3—高周-低周开关；4—校正-测量开关；5—校正调节器；6—量程选择开关；7—电容补偿调节器；8—电极插孔；9—10mV输出插孔；10—电极常数调节器；11—表头

4. 使用注意事项

(1) 装试样溶液的试样室为玻璃比色皿（适用于可见光）或石英比色皿（适用于紫外线和可见光）。每台仪器所配套的比色皿不能与其他仪器上的比色皿调换。

(2) 注意保护比色皿的透光面，勿使其产生裂痕，否则影响透过率而产生偏差。比色皿放入比色架前，用吸水纸吸干外壁的水珠，拿取比色皿时，只能捏住毛玻璃的两面。

(3) 每次使用过比色皿后，及时用蒸馏水洗净，倒置晾干后存放在比色皿盒内。

(4) 不可用碱溶液或强氧化剂溶液清洗比色皿，以免腐蚀玻璃。

(5) 测定时，应尽量使吸光度在0.1～0.65，这样可以得到较高的准确度。

(6) 若测试波长改变较大时，需等数十分钟后才能工作，因为波长扫描由长波向短波方向或反向移动时，波长能量急剧变化，光电管响应迟缓，需要一段光响应平衡时间。

(7) 为了防止光电管疲劳，在不测量时，应经常使暗箱盖处于开启位置。连续使用仪器的工作时间一般不超过2h，最好间歇半小时后，再继续使用。

(8) 为了防止仪器受潮，使用时应注意放大器和单色器上的硅胶干燥筒里的硅胶是否变色，若硅胶的颜色已经变红，要及时更换。

(三) 电导率仪

1. 基本原理

通常用电阻（R）或电导（G）来表示导体的导电能力。电导是电阻的倒数，其数学表达式为：

$$G=\frac{1}{R}$$

式中，电阻的单位是欧姆（Ω），电导的单位西门子（S）。由物理学可知，导体的电阻与导体的长度（l）成正比，与其横截面积（A）成反比，其数学表达式为：

$$R=\rho\frac{l}{A}$$

式中，ρ是电阻率或比电阻，Ω·m；长度l的单位m；横截面积A的单位m^2。

由电导与电阻的关系可以得出：

$$G=\frac{1}{R}=\frac{1}{\rho}\times\frac{A}{l}=\kappa\frac{A}{l}$$

$$\kappa=\frac{1}{\rho}=G\frac{l}{A}$$

式中，κ 是电导率，表示长度为 1m、横截面面积为 $1m^2$ 导体的电导，单位为 $S \cdot m^{-1}$。

与金属导体一样，电解质溶液的导电也符合欧姆定律，其的导电能力常以电导来表示。测量溶液电导的方法通常是将两个电极插入溶液中，测出两极间的电阻。对某一电极而言，电极间距离（l）和电极面积（A）都是定值，因此$\frac{l}{A}$是常数，称为电极常数或电导池常数，用 K 表示，于是有：

$$G=\kappa\frac{1}{K} \text{或} \kappa=GK$$

不同的电极，其电极常数不同，测得同一溶液的电导也不同，而电导率与电极本身无关，因此用电导率可以比较溶液的电导大小。

2. 使用方法

DDS-11A 型电导率仪是目前最常用的电导率测量仪器。它除能测量一般液体的电导率外，还能测量高纯水的电导率，因此被广泛用于水质监测、水中含氧量和含盐量的测定以及电导滴定等方面。它的外形结构如图Ⅰ-12-9 所示，其测量范围为 $0\sim10^5\mu S \cdot cm^{-1}$（$1\mu S \cdot cm^{-1}=10^{-4}S \cdot m^{-1}$），分 12 个量程，不同的量程要配用不同的电极。各量程范围和配用电极见表Ⅰ-12-2。

表Ⅰ-12-2　DDS-11A 型电导仪量程范围与配用电极的选择

量　程	电导率/$\mu S \cdot cm^{-1}$	测量使用频率	配用电极
1	0～0.1	低周	DJS-1 型光亮电极
2	0～0.3		
3	0～1		
4	0～3		
5	0～10		
6	0～30		DJS-1 型铂黑电极
7	0～100		
8	0～300		
9	0～1000	高周	
10	0～3000		
11	$0\sim10^4$		
12	$0\sim10^5$		DJS-10 型铂黑电极

下面介绍 DDS-11A 型电导率仪的使用方法。

（1）开启电源前，先检查表头指针是否指零。如果不指零，可调节表头 11 上的调零螺丝使之指零。

（2）将校正-测量开关 4 拨到“校正”位置。

（3）接通电源，打开开关 1，预热 5～10min（待指针完全稳定下来），调节校正调节器 5，使指针满刻度指示。

（4）根据被测溶液电导率的大小，选择高周-低周开关 3。测量电导率小于 $300\mu S \cdot cm^{-1}$溶液时，用低周；测量电导率大于 $300\mu S \cdot cm^{-1}$时，用高周。

（5）将量程选择开关 6 拨到所需要的测量挡位上。如果预先不知待测液电导率大小，可先将开关拨到最大测量挡位，然后逐挡下降至合适的测量挡位。这种做法可以防止量程选择不当，造成电表指针损坏。

（6）根据待测溶液电导率的大小，按表Ⅰ-12-2 选用合适的电极，同时将电极常数调节器 10 调节到与所用电极的电极常数相匹配的位置。

（7）用电极夹夹紧电极的胶木帽，电极插头插入电极插孔 8 内，旋紧固定螺丝，然后将电极浸入待测溶液中。

（8）再次将校正-测量开关 4 拨在“校正”位置，调节校正调节器 5，使电表指针指示满刻度。

（9）将校正-测量开关 4 拨到“测量”位置，这时电表指针指示读数乘上量程选择开关所指示的倍数即为待测溶液的电导率。

（10）在使用量程选择开关 1、3、5、7、9、11 各挡时，应看表头上面的一行黑刻度（0～1.0）；使用 2、4、6、8、10 各挡时，应读取表头下面一行的红刻度（0～3.0）。

（11）当用 0～0.1$\mu S \cdot cm^{-1}$ 或 0～0.3$\mu S \cdot cm^{-1}$ 挡测量高纯水时，把电极引线插头插在电极插口内，在电极未浸入溶液之前，调节电容补偿调节器 7 使电表指针处在最小值（由于电极之间漏电阻的存在，使调节电容补偿调节器时指针不能达到零点），然后开始测量。

（12）测量完毕后，速将校正-测量开关扳回“校正”位置，关闭电源，取下电极，用蒸馏水洗净后放回专用盒中。

3. 使用注意事项

使用 DDS-11A 型电导率仪的注意事项如下。

（1）电极的引线不能潮湿，否则测不准。

（2）测量高纯水的电导率要迅速，否则空气中的二氧化碳、二氧化硫的溶解，使电导率很快增加。

（3）盛放待测溶液的容器必须干净、无污染。

（4）当测量电导率大于 $1\times10^4\mu S \cdot cm^{-1}$ 的溶液时，选用 DJS - 10 型铂黑电极，这时应把电极常数调节器调节到该电极常数 1/10 的数值上。例如，若电极常数为 9.8，则应使调节器指在 0.98 处，最后将指针的读数乘以 10，即为待测液的电导率。

（四）电磁搅拌器

1. 工作原理

磁力加热搅拌器（图Ⅰ-12-10）是由微电机带动高温强力磁铁产生旋转磁场来驱动容器内的搅拌子转动，以达到对溶液进行加热，从而使溶液在设定的温度中得到充分的混合反应。加热盘由铝合金制成，使其有良好的导热效果。加热盘底部采用双重融热装置，可充分提高加热效率，并避免热量传导至机壳。

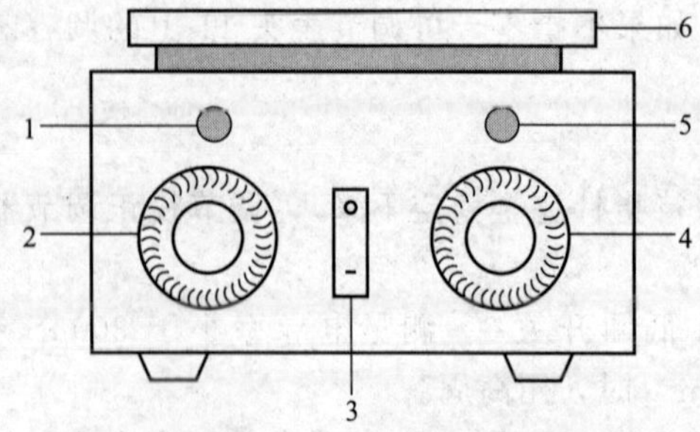

图Ⅰ-12-10　磁力加热搅拌器

1—电源指示灯；2—调速旋钮；3—电源开关；4—控温旋钮；5—加热指示灯；6—加热盘

2. 使用方法

（1）在需搅拌的玻璃容器中放入转子，将容器放在镀铬盘正中。

（2）打开电源开关，指示灯亮，旋转调速旋钮，使电机由慢到快带动磁钢，由磁钢的磁力线带动玻璃容器中的转子转动，搅拌转速由慢到快，调节到要求转速为止。

（3）需加热时，开启控温旋钮，根据实验所需温度，调节控温旋钮。

（4）如果工作中转子出现跳动现象，请关闭电源后重新开启，速度由慢到快，便可恢复正常工作。

3. 使用注意事项

(1) 在第一次使用磁力搅拌器时，先对照仪器说明书检查仪器所带配件是否齐全，譬如搅拌子、电源线等。

(2) 为确保人身安全，要使用三相安全插座，使用时最好妥善接地。

(3) 搅拌开始时，须慢慢旋转调速器，否则会使转子跟不上磁钢的转速，以致不能旋转。不允许用高速挡直接启动，以免转子转动不同步，引起转子的跳动。

(4) 搅拌时，如发现转子跳动或不搅拌，则应切断电源，检查容器底部是否平整，位置是否放正。

(5) 连续加热时间不宜过长，间歇使用能延长仪器寿命。

(6) 应保持仪器清洁干燥，严禁溶液进入机内，以免损坏机件。不用时切断电源，关闭开关。

十三、实验数据的记录与处理

(一) 实验数据的记录

为保证获取高质量的实验数据和数据的真实性，很有必要培养规范实验数据的记录方法，保持记录实验数据的整洁和有序，便于实验后的数据分析与处理，因此要求学生们应有专用的、编有页码的实验记录本，不得撕去任何一页。绝不允许只凭大脑记忆实验数据或将实验数据写在单页纸、小纸片、书、手掌上等，否则万一遗忘或遗失都将造成损失。

实验过程中的各种测量数据及有关现象，应及时、准确、清楚地记录下来。记录实验数据时，要有严谨的、务实的、实事求是的科学态度，保证实验数据的完整、客观和真实，切忌臆断随意改动，决不允许随意拼凑、篡改或伪造实验数据。实验过程中涉及的各种特殊仪器的型号和标准溶液浓度等，也应及时准确记录下来。实验过程中测量和记录实验数据时，应注意有效数字的使用。例如，滴定管和吸量管的读数，应记录至0.01mL；使用分析天平称重时，应记录到0.0001g；使用分光光度计测量溶液的吸光度时，如果吸光度小于0.6，应记录至0.001，如果吸光度大于0.6，则要求记录至0.01的读数。实验记录上的每一个数据，都是测量结果，所以，重复观测时，即使数据完全相同，也都要记录下来。若发现数据算错、测错或读错，需要修正时，应将原数据用一条横线划去，保留原数据备查，并在原数据旁写上正确的数据，加以说明。

(二) 实验数据的处理

化学是一门实验性学科，要进行许多定量的测定实验，根据测得实验数据经过处理得到实验结果，但是在测定实验过程中，常常存在实验误差。如何减小实验误差或正确地对待实验误差是我们经常遇到的问题。要解决这些问题，除了选用合适的实验仪器和掌握正确的实验方法外，还要对测得实验结果进行分析评价，树立正确的误差及有效数字的概念，掌握分析和处理实验数据的科学方法。

1. 准确度与误差

准确度是指测定值与实验值之间的相差程度，常用误差来表示。两者越接近，误差越小，表明测得结果的准确度越高。误差可分为绝对误差和相对误差。

绝对误差（E）是测量值（x）与真实值（x_T）之差，即

$$E=x-x_T$$

相对误差（RE）是绝对误差在真实值中所占的比例，即

$$RE=\frac{E}{x_{\mathrm{T}}}\times 100\%$$

误差表示了测定值与实验值的接近程度，误差越小，说明测定值与真实值越接近，测定值的准确度越高，反之，测定值的准确度越低。绝对误差和相对误差都有正负值，正值表示测定值偏高，负值表示测定值偏低。测量值的准确度常用相对误差表示。

2. 精密度与偏差

精密度是指在相同条件下对同一试样进行多次测量结果的相互接近程度，表明了测定结果的再现性。精密度的高低用偏差来表示。偏差是指各次测量值与平均值之差。偏差越小，说明测定值的精密度越高，反之，测定值的精密度越低。偏差有以下几种表示方法。

（1）绝对偏差（d_i） 是指 n 次测量中的单次测量值（x_i）与平均值（$\overline{x}$）之差，即

$$d_i=x_i-\overline{x}$$

$$\text{其中}\quad \overline{x}=\frac{x_1+x_2+\cdots+x_n}{n}$$

（2）相对偏差（d_{r}） 是指绝对误差（d_i）与平均值（$\overline{x}$）的比值，即

$$d_{\mathrm{r}}=\frac{d_i}{\overline{x}}\times 100\%$$

（3）绝对平均偏差（$\overline{d}$） 是指各次测定的绝对偏差绝对值（$|d_i|$）之和除以测定次数（n），即

$$\overline{d}=\frac{|d_1|+|d_2|+\cdots+|d_n|}{n}=\frac{\sum_{i=1}^{n}|d_i|}{n}$$

（4）相对平均偏差（$\overline{d}_{\mathrm{r}}$） 是指绝对偏差绝对值（$\overline{d}$）与平均值（$\overline{x}$）的比值，即

$$\overline{d}_{\mathrm{r}}=\frac{\overline{d}}{\overline{x}}\times 100\%$$

（5）标准偏差（σ） 是一种用统计概念表示精密度的方法。对 n 次平行测定，其标准偏差为：

$$\sigma=\sqrt{\frac{d_1^2+d_2^2+\cdots+d_n^2}{n-1}}=\sqrt{\frac{\sum_{i=1}^{n}d_i^2}{n-1}}$$

用标准偏差表示精密度更为科学，它能更好地反映多次测量结果的离散程度，特别是更能体现出偏差大的数据对结果的影响。

从上面的分析可知，误差是以真实值为标准的，偏差是以多次测量结果的平均值为标准的，因此误差与偏差、准确度与精密度的含义不同。一般情况下，真实值是不知道的，因此在处理实际问题时，在尽量减少系统误差的前提下，把多次平行实验测得结果的平均值看作真实值，把误差看作偏差。

3. 误差的种类

按照误差的性质和来源不同主要分为系统误差、偶然误差和过失误差。

（1）系统误差 是由某种固定的原因造成。它的正负和大小都有一定的规律性，在同一条件下重复测定时会重复出现。系统误差主要有以下几种：

① 仪器误差，来源于仪器本身不够准确；

② 试剂误差，由试剂的不纯引起的；

③ 方法误差，由测定方法本身所造成的；

④ 操作误差，由操作者本身的主观原因造成的。

(2) 偶然误差　又称随机误差，是由于一些难以控制或无法避免的偶然因素引起的，其大小和正负都不固定。如电子仪器显示读数的微小变动、温度计和气压计读数的波动等。因为这些偶然因素的变化是无法控制的，所以偶然误差必然存在。为了减小偶然误差，应尽可能保持在各种测试环境、条件和操作一致性的条件下，进行多次测量，一般要求3～4次，取其算术平均值。

(3) 过失误差　是由于实验人员的疏忽大意、操作马虎、违反操作规程或工作时的情绪不好等原因造成的。如药品用错、数据记错、操作不正确、计算错误等。这类误差纯粹是人为因素造成的，因此实验人员只要严格按照操作规程、认真细致、加强责任心，完全可以避免这类误差。

4. 有效数字的使用

(1) 有效数字，是指实际能够测到的数字。有效数字由准确数字和一位可疑数字组成。有效数字位数是从左边第一个不为零的数字起到最后一个数字的数字个数。在实验中，有效数字位数大致能反映测量值的相对误差，到底采用几位有效数字，要根据测量仪器和观察的精确度来确定。例如，最小刻度为1mL的量筒测得液体体积为21.3mL，其中21mL是从量筒刻度上读出，而0.3mL是估读的，所以该液体在量筒中的准确度数可表示为（21.3±0.1）mL，有效数字为3位；若用最小刻度为0.1mL的量筒测得液体的体积为21.36mL时，其中21.3mL是从量筒刻度上读出，而0.06mL是估读的，所以该液体在量筒中的准确度数可表示为（21.36±0.01）mL，有效数字为4位；若用分析天平称得某物体的质量为8.1256g，由于分析天平的精密度为±0.0001g，所以该物体的质量可表示为（8.1256±0.0001）g，有效数字为5位。从上面的例子也可以看出，有效数字与测量仪器的精确程度有关，最后一位数字是估读的，其他的数字都是准确的。因此，在进行实验记录时，任何超过或低于仪器精确度的有效位数的数字都是不恰当的。表Ⅰ-13-1中给出了一些常用仪器的精度。

表Ⅰ-13-1　一些常用仪器的精度

仪器名称	仪器精密度/g	举例	有效数字位数
托盘天平	0.1	(2.1±0.1)g	2
1/100天平	0.01	(2.12±0.01)g	3
1/1000托盘天平	0.001	(2.124±0.001)g	4
光电分析天平	0.0001	(2.1246±0.0001)g	5
	平均偏差/mL		
10mL量筒	0.1	(7.5±0.1)mL	2
100mL量筒	1	(7±1)mL	1
	相对平均偏差/%		
25mL移液管	0.2	(20.00±0.05)mL	4
50mL滴定管	0.2	(25.00±0.05)mL	4
100mL容量瓶	0.2	(100.0±0.2)mL	4

对有效数字位数的确定，应注意以下几点。

① 数字1、2、3、4、5、6、7、8、9都可作为有效数字，但“0”有些特殊。如果它在其他数字的中间或后面，应计算在有效数字的位数中；如果它在其他数字的前面，只表示小数点的位置，不计算在有效数字的位数中。如，3.100和3.001都是四位有效数字，而0.031的有效数字位数为两位。

② 对于 pH、lg$K$ 等对数数值，有效数字仅由小数部分的位数决定，整数部分只起定位作用，不是有效数字。如 pH=6.75 的有效数字为两位，而不是三位。

③ 对于很小或者很大的数值，可用指数表示法，如 5.6×10^5 和 4.56×10^{-5}，“10”不包括在有效数字内，它们的有效数字分别为两位和三位。

(2) 有效数字的运算规则

① 数字修约规则　现在被广泛使用的数值修约规则主要有“四舍五入规则”和“四舍六入五留双规则”。

“四舍五入规则”是人们习惯采用的一种数值修约规则，其具体使用方法是：在需要保留数字的位次后一位，逢五就进，逢四就舍。例如：将数字 3.2565 精确保留到千分位（小数点后第三位），因小数点后第四位数字为 5，按照此规则应向前一位进一，所以结果为 3.257。按照“四舍五入规则”进行数值修约时，应一次修约到指定的位数，不可以进行数次修约，否则将有可能得到错误的结果。如将 15.4565 修约到个位时，应一步到位，其值为 15。如果分步修约将得到错误的结果：15.4565-15.457-15.46-15.5-16（错误）。

为了避免“四舍五入规则”造成的结果偏高、误差偏大的现象出现，一般采用“四舍六入五留双规则”。“四舍六入五留双规则”的具体方法如下。

a. 当尾数小于或等于 4 时，直接将尾数舍去，如将 10.2731 修约到两位小数，其结果为 10.27。

b. 当尾数大于或等于 6 时，将尾数舍去并向前一位进位，如将 16.7777 数字修约到两位小数，其结果为 16.78。

c. 当尾数为 5，而尾数后面的数字均为 0 时，应看尾数“5”的前一位：若前一位数字为奇数，就向前进一位；若前一位数字为偶数，则将尾数舍去。数字“0”在此时应被看做偶数。如将 12.6450、18.2750 和 12.7350 修约到两位小数，其结果分别为 12.64、18.28 和 12.74。

d. 当尾数为 5，而尾数“5”的后面还有任何不是 0 的数字时，无论前一位数字是奇数还是偶数，也无论“5”后面不为 0 的数字在哪一位上，都应向前进一位。如将 12.73507、21.84502 和 38.305000001 修约到两位小数，其结果分别为 12.74、21.85 和 38.31。

e. 按照“四舍六入五留双规则”进行数字修约时，也应像“四舍五入规则”一样，一次性修约到指定的位数，不可以进行数次修约，否则得到的结果也有可能是错误的。

② 加减运算规则　在进行加减运算时，所得计算结果的小数点后面的有效数字位数，应与各加、减数中的小数点后面位数最少者相同。

$5.7+3.61+1.257+0.0045=10.5715$，其计算结果应为 10.6

$20.56-15.401-1.2=3.959$，其计算结果应为 4.0

③ 乘除运算规则　在进行乘除运算时，所得计算结果的有效数字的位数，应与数据中有效数字位数最少的相同，与小数点的位置无关。

$0.0121\times25.64\times1.05782=0.32818230808$，其计算结果应为 0.328

$2.35\times3.642\times3.3576=28.73669112$，其计算结果应为 28.7

④ 加减乘除混合运算　每步先以相应的规则修约后运算，然后进行下一步的修约及运算，最后结果按最后一步的修约规则确定位数。中间各步结果可暂时多保留一位有效数字，最后结果应取运算规则所允许的位数。

⑤ 对数运算　在进行对数运算时，真数有效数字的位数应与对数尾数的位数相同。对数值的有效数字位数仅由尾数的位数决定，首数只起到定位的作用，不是有效数字。如 c

$(H^+)=1.8\times10^{-5}mol\cdot L^{-1}$，其有效数字为两位，其 pH＝4.74，其中首数“4”不是有效数字，位数“74”是两位有效数字，与 $c(H^+)$ 的有效数字位数相同。又如 lg15.36＝1.1864 是四位有效数字，不能写成 lg15.36＝1.186 或 lg15.36＝1.18639。

⑥ 进行乘方或开方运算时，幂或根的有效数字的位数与原数相同。如果乘方或开方后还要继续进行运算时，则幂或根的有效数字的位数可多保留一位。

⑦ 一些常数 π、e 的值及在确定某些因子$\frac{1}{3}$、$\sqrt{3}$的有效数字位数时，需要几位就可以写几位。其他如元素的相对原子质量、摩尔气体常数（$R=8.314J\cdot K^{-1}\cdot mol^{-1}$）和热力学温标（273.15K）等，可根据实际需要保留相应的数值。

5. 实验数据的处理步骤

实验中测量一系列数据的目的就是找出一个合理的实验值，这就需要将获得的实验数据进行归纳、计算和处理。对要求不太高的定量实验，一般只要求重复两三次，求其平均值即可。对要求较高的实验，往往要进行多次重复实验，对所得的一系列数据进行较为严格的处理。实验数据的一般处理步骤如下。

（1）整理已获得的实验数据。

（2）求其算术平均值（$\overline{x}$）。

（3）求出各数据与平均值的偏差（Δx_i）。

（4）求出平均绝对偏差（$\Delta\overline{x}$），由此评价每次测量数据的质量，若每次测得的数值都落在（$\overline{x}\pm\Delta\overline{x}$）区间（实验重复次数≥15），则所得实验值为合格值，若其中有某值落在上述区间之外，则实验值应予以剔除。

（5）求出剔除后剩下数的$\overline{x}$和 $\Delta\overline{x}$，按上述方法检查，看还有没有再要剔除的数据，如果有，还要剔除，直到剩下的数都落在相应的区间为止，然后求出剩下数据的标准偏差（σ）。

（6）由标准偏差算出算术平均值的标准偏差（$\sigma\overline{x}$）。

（7）算出算术平均值的极限误差（$\delta\overline{x}$）：$\delta\overline{x}=3\sigma\overline{x}$。

（8）真实值可近似地表示为：$x=\overline{x}\pm3\sigma\overline{x}$。

6. 作图法处理实验数据

作图法是一种常用的处理实验数据的方法。利用作图来处理实验数据，可以直接显示数据的特点和数据变化的规律，也可以从图上求出斜率、截距、外推值、切线等，还可以根据图形的变化规律，剔除一些偏差较大的实验数据。

作图法一般的步骤如下。

（1）准备材料　作图需要用直角坐标纸、铅笔、透明直角三角板等。

（2）选取坐标轴　习惯上以横坐标作为自变量，纵坐标表示因变量。坐标轴比例尺的选择一般应遵循以下原则。

① 坐标刻度要尽可能表示出全部有效数字，从图中读出数值的有效数字应与实验测量的有效数字一致。

② 尽可能使图形充满坐标纸，这需要先算出横坐标和纵坐标的取值范围。取值不一定从“0”开始（外推法除外），但始点应略小于测量数据的最小值，末点应略大于测量数据的最大值。

③ 选择合适的坐标轴的刻度，便于作图、读数和计算。若得到直线或近乎直线的曲线，应尽可能使其落在图纸对角线附近。另外，标明坐标轴代表的物理量的名称及单位。

（3）标定坐标点　把测得的实验数据逐一在坐标纸上用符号（×、⊗、◇、▽等）标出，符号的重心即表示读数值，符号的大小应能粗略地显示出测量误差的范围。同一条曲线上用相同的符号来标出。若在同一幅图纸上画几条直（或曲）线，则每条直（或曲）线需用不同的符号表示。

（4）正确画出图线　用均匀平滑的直（或曲）线连接已标出的坐标点，要求这条线尽可能通过较多的点，不必力求通过所有的点，不通过线的点应均匀地分布在线的两侧。在曲线的极大、极小或折点处，应尽可能地多测量几个点，以保证曲线所示规律的可靠性。

7. 列表法处理实验数据

列表法是另一种常用的处理实验数据的方法。把实验数据按顺序、有规律地用表格表示出来，一目了然，既便于数据的处理、运算，又便于检查。一张完整的表格应包含如下内容：表格的顺序号、名称、项目、说明及数据来源。

列表时应注意以下几点。

（1）每一张表格须有明确的名称。

（2）表格分为若干行，每一变量占表中一行，一般先列自变量，后列因变量。每行的第一列要写明变量的名称、量纲和公用因子。每行的最后一列作数据统计用，如平均值、误差、标准偏差等。

（3）表中的数据排列要整齐，有效数字的位数要一致，同一列数据的小数点要对齐。若为函数表，数据应按自变量递增或递减的顺序排列，以显示出因变量的变化规律。

（4）实验测得的数据与处理后的数据列在同一个表中时，应将处理方法、计算公式和某些特殊的说明在表下注明。

十四、实验报告

实验报告是化学实验教学中很重要的一个组成部分，它不但可以反映出同学们对实验内容的理解和归纳能力，而且可以检验实验课的教学效果。教师通过批改同学们的实验报告，可以了解同学们在实验过程中的难点和易犯的错误，从而为教师及时地在下次实验之前评讲有关问题提供参考。因此，同学们每次做完实验后，撰写一份优秀的实验报告是很有必要的。

试验报告一般包括如下内容。

（1）实验名称和日期。

（2）实验目的和要求。

（3）实验仪器和器材：要求标明各仪器的规格型号。

（4）实验原理：简明扼要地阐述实验的理论依据、计算公式或化学反应式。

（5）实验中涉及的基本操作。

（6）实验步骤：用图表或文字简单地描述实验的过程。

（7）实验现象和数据的原始记录。

（8）实验解释、实验数据处理和计算实验结论：用文字、表格、图形将数据表示出来，根据实验要求，计算实验结果和实验误差的大小，注意有效数字的使用。

（9）问题与讨论：讨论实验中观察到的异常现象及可能的解释，对实验教材中的思考题进行讨论和分析，对实验仪器的选择和实验方法的改进提出建议，简述自己做实验的心得体会，以锻炼和提高自己的分析问题和解决问题的能力。

并非每一份实验报告都包括以上九项内容，应根据每个实验的具体情况合理地进行取舍。

书写实验报告时，字体要工整端正，语言要简明扼要，格式要整齐明了。若实验现象、数据处理、实验误差和问题解释不符合要求，或者实验报告写得潦草、模糊，应重做实验或重写实验报告。

无机化学实验报告一般分为无机化学制备实验报告、无机化学测定实验报告和无机化学性质实验报告三种。下面提供几种实验报告格式，以供参考。

（一）无机化学制备实验报告

实验名称：________________　姓　　名：__________

学　　号：__________　院　　系：______　专　　业：__________

室　　温：______　气　　压：________　同实验人：__________

指导教师：______　日　　期：________

一、实验目的

二、实验原理

三、基本操作

四、实验步骤

五、实验结果

产品外观：

产　　量：

产　　率：

六、问题与讨论

（二）无机化学测定实验报告

实验名称：________________ 姓　　名：__________

学　　号：__________ 院　　系：______ 专　　业：__________

室　　温：______ 气　　压：______ 同实验人：__________

指导教师：______ 日　　期：______

一、实验目的

二、实验原理

三、基本操作

四、实验步骤及数据记录

五、数据处理及实验结果

六、问题与讨论

（三）无机化学性质实验报告

实验名称：________________　姓　　名：__________
学　　号：__________　院　　系：______　专　　业：__________
室　　温：______　气　　压：________　同实验人：__________
指导教师：______　日　　期：________

一、实验目的

二、实验内容

1.×××的性质

加入试剂	反应方程式	实验现象	解释

2.×××的性质

加入试剂	反应方程式	实验现象	解释

三、问题与讨论

四、小结

十五、化学实验课的要求

化学实验是化学学科的基础，也是化学系本科生的主要基础课程，它既是一门独立的实验课程，又要与化学基础理论课密切配合。本课程的教学目的在于使学生加深对基本理论的理解，培养学生的思维能力和动手能力，提高观察、判断、分析问题和解决问题的能力，为后继课的学习和胜任专业的工作打下坚实的基础。为此提出如下要求。

(1) 遵守实验室各项规章制度。学生进入实验室要了解水、电、煤气开关，通风设备，灭火器材，救护用品的配备情况和安放地点，并能正确使用。

(2) 爱护实验室各种仪器、设备，节约水、电和煤气。使用精密仪器时要严格按照操作规程，避免粗心大意而损坏仪器，造成不必要的损失。

(3) 同学们要提前5～10min到达实验室，做好实验前的准备工作（如清点仪器，洗涤仪器等）。进入实验室须穿实验服。禁止赤脚、穿拖鞋进入实验室。禁止在实验室内吸烟、吃东西或带进餐具。上课期间不允许大声喧哗、打闹、聊天及接打电话。

(4) 要求同学们做好课前对实验内容的预习，明确原理，并写出预习报告，呈交给老师审阅。对于自拟和综合设计性实验，要求实验前认真查阅有关书籍和文献，明确目的，弄懂实验原理，自拟详细的实验方案，做到有的放矢。

(5) 不懂的原理，不明白的操作，应查阅资料，或向指导教师请教，不能随意实验，禁止随意混合各种化学药品，以免发生意外事故。

(6) 在实验过程中要正确地完成每一步实验，实事求是地记录实验数据，认真观察实验现象，对所得实验数据的合理性和观察到的现象能够给出准确的判断和解释。确立“量”、“相对误差”及“有效数字”的概念，培养严谨的科学作风和良好的实验素养，提高分析、解决实际问题的独立工作能力。

(7) 实验过程中，保持公共实验台的整洁，保持仪器、试剂摆放有序。最后一个称量药品的同学要负责清理公共实验台。

(8) 加热试管时，不得将管口朝向人，也不要俯视正在加热的液体，以防液体溅出而伤人；使用易燃和剧毒药品时，不能进入口内或接触伤口；要避免浓酸、浓碱等腐蚀性试剂溅在皮肤和衣服上。

(9) 实验后的废液应倒入废液缸内，未用完的有毒药品应交给指导老师处理，严禁将实验室的仪器和药品带出实验室。

(10) 值日生应做好本职工作，将地面、实验台面和水槽的污物清理干净，做好卫生工作。离开实验室时，务必要切断电源、熄灭火种，关好门窗。

(11) 实验结束后，对所得实验数据进行整理、分析和计算，及时撰写实验报告。

第二部分　基础实验

实验1　玻璃工操作及塞子钻孔

实验目的

（1）了解酒精灯和酒精喷灯的原理和构造，掌握正确的使用方法。

（2）掌握简单玻璃工的基本操作。

（3）练习塞子钻孔的基本操作。

基本操作

1. 灯的使用

参见第一部分三（一）1。

2. 玻璃工操作

在化学实验中，经常要遇到简单玻璃工操作。玻璃管的加工通常有截断、熔烧、弯曲、拉细等操作。

（1）玻璃管、玻璃棒的切割及熔光　玻璃管或玻璃棒的截断操作分三步。

锉痕：把玻璃平放在桌子边缘上，拇指按住要截断的地方，用三角锉刀的边棱或小砂轮朝一个方向用力锉一稍深的痕锉。注意：使用锉刀时应向一个方向锉，不要来回锉，否则不但锉痕多，而且会使刀具变钝。

折断：两手分别握住凹痕的两边，凹痕向外，两个大拇指分别按住凹痕后面，离锉痕均约0.5cm左右的两侧向前推，同时双手朝两端拉，折成两段。为了安全，折断时应尽可能远离眼睛，或在锉痕两边包上布后再折（图Ⅱ-1-1）。

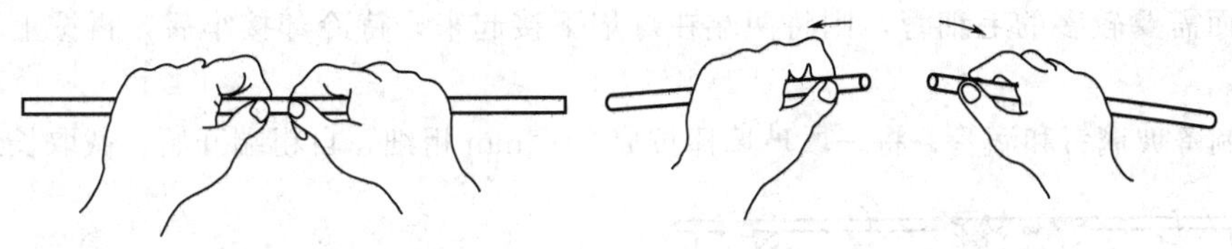

图Ⅱ-1-1　玻璃管的截取

若需要在接近端点处断开，可用下法：用另外一支玻璃棒，较细的一端在酒精喷灯灯焰上加强热，软化后紧按锉痕处，玻璃管（或玻璃棒）即沿锉痕处裂开。若锉痕未扩展成一圈时，可以逐次用烧热的玻璃棒压触在裂痕稍前处，直至玻璃管（或玻璃棒）完全断开。

熔光：裂开的玻璃管（棒）断口如果很锋利，容易割破皮肤、橡皮管或塞子，必须在灯焰上烧熔，使之光滑。方法是将玻璃管（棒）呈45°左右角，倾斜地放在酒精喷灯的灯焰边沿处灼烧，边烧边转动，直到平滑为止（图Ⅱ-1-2）。不可烧得过久，以免管口缩小。刚烧好的玻璃管（棒）不能直接放在实验台上，应该放在石棉网上。

（2）玻璃管的弯曲　先将玻璃管用小火预热一下，然后双手持玻璃管，手心向外把需要

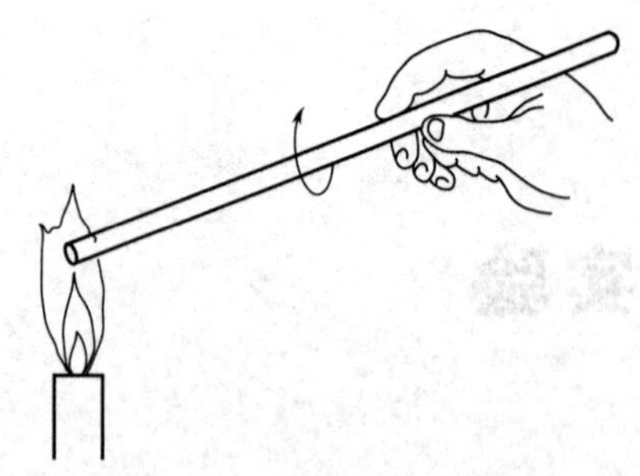

图Ⅱ-1-2 熔烧玻璃管的截面

弯曲的地方放在火焰上预热，然后在鱼尾焰中加热（为了增大玻璃管的受热面积，在酒精喷灯上罩以鱼尾灯头扩展火焰），同时缓慢地、均匀地向同一个方向转动玻璃管，两手用力要均等，转速要一致，以免玻璃管在火焰中扭曲。加热至玻璃管发黄变软即从火焰中取出，稍等片刻，使各部分温度均匀，准确地把它弯成所需要的角度。

弯管的正确手法是“V”字形，两手在上方，玻璃管弯曲部分在两手中间的下方。弯好后，待其冷却变硬后才把它放在石棉网上继续冷却。冷却后，应检查其角度是否准确，整个玻璃管是否在同一平面上。120°以上的角度，可以一次弯成。较小的锐角可分为几次弯曲，先弯成一个较大的角度，然后在第一次受热部位稍偏左、稍偏右处进行第二次、第三次加热和弯曲，直到弯成所需要的角度为止。

质量较好的玻璃弯管应在同一平面上，无瘪陷或纠结出现，见图Ⅱ-1-3。

弯玻璃管的操作中应注意以下两点：①两手旋转玻璃管的速度必须均匀一致，否则弯成的玻璃管会出现歪扭，致使两臂不在一平面上；②玻璃管受热程度应掌握好，受热不够则不易弯曲，容易出现纠结和瘪陷，受热过度则在弯曲处的管壁出现厚薄不均匀和瘪陷。

（3）玻璃管的拉制　在制作毛细管、沸点管和滴管时，要将玻璃管拉制到一定的细度。玻璃管的拉制操作如下：将玻璃管外围清洗并用布擦净，在酒精灯灯焰的上方，不断转动，将玻璃管预热，避免突然加热，以防爆裂。每次加热玻璃管（或玻璃棒）时都应如此预热，使玻璃管内的水全干。预热好以后，双手按图Ⅱ-1-3所示姿势握住玻璃管，将其慢慢放入酒精灯灯焰温度最高的部位加热，并不断转动玻璃管，转动时玻璃管不要上下移动。在玻璃管将要软化时，双手要以相同的速度将玻璃管转动，以免玻璃管绞曲起来，玻璃管发黄变软后，将其从火焰中取出，按图Ⅱ-1-4所示的姿势，两手平稳地沿水平方向移动，一直拉成所需要的规格为止，拉好后，两手不能马上松开，待其完全变硬后，由一手垂直提着，另一手在上端适当的地方折断。粗端置于石棉网上（不要直接放在实验台上）。

另一端也作上述处理。中间一段即为所需的毛细管。两端可制成滴管。如果不需要那么多滴管，而需要较多的毛细管，则将两端在灯焰下接起来，待冷却接牢后，再按上述方法拉制毛细管。

（4）制备玻璃钉和滴管　将一段玻璃棒拉成2～3mm粗细，自粗端开始，截取长约6cm左

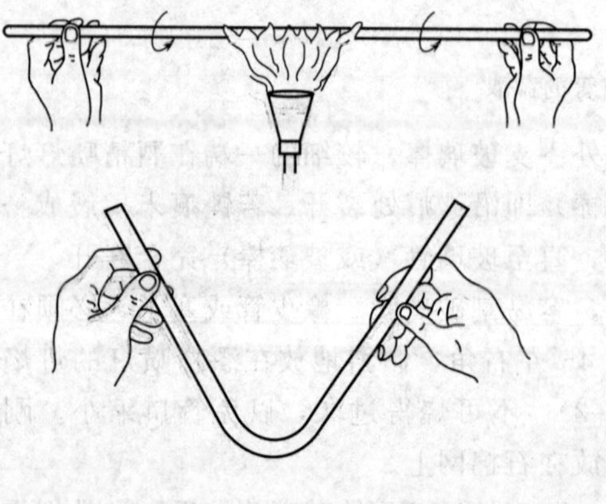

图Ⅱ-1-3 玻璃管的弯曲

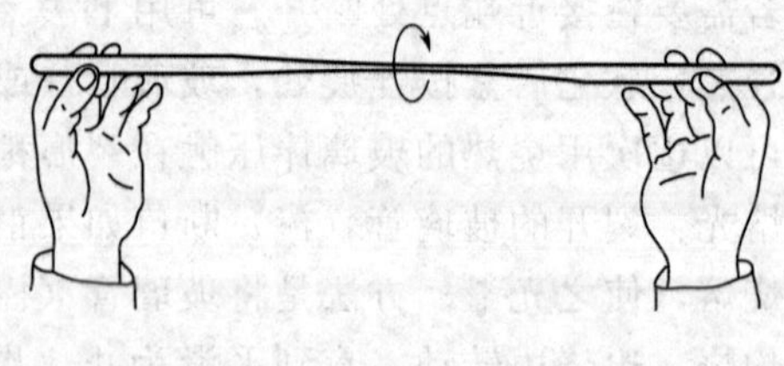

图Ⅱ-1-4 拉细玻璃管的方法

右的一段，将粗端在酒精喷灯的灯焰上以45°倾斜角加热，烧软后在石棉网上按一下，即成一玻璃钉。将拉毛细管余下的两个粗端，截取适当长度。将未拉细的一端以45°的倾斜角在煤气灯上加热，并不断转动，待软化后在石棉网上轻轻按一下，冷却后套上乳胶头即成一支滴管。

（5）产品后处理 所有玻璃管（棒）的截面均应在火焰上烧光滑，以免发生割伤事故。加工后的产品均应随即作退火处理，即在弱火焰中加热一会，然后将其慢慢移出火焰，冷至室温，以防开裂。

3. 塞子的打孔

有机实验中常用的塞子有玻璃磨口塞、橡皮塞、软木塞。玻璃磨口塞密封性好，但不同瓶子的磨口塞不能任意调换，否则不能很好密封，且这种瓶子不适于装碱性物质。橡皮塞密封性好，钻孔也方便，但易被有机溶剂所腐蚀或溶胀。软木塞不易与有机物作用，但不耐酸碱。

钻孔的工具是钻孔器，它由一组直径不同的金属管组成。金属管一端有手柄，另一端很锋利。

钻孔的步骤如下。

（1）塞子大小的选择 塞子的大小应与仪器的口径相适合，塞子进入瓶颈或管颈部分不能少于本身高度的1/3，也不能多于2/3。

（2）钻孔器的选择 选择一个比要插入的玻璃管口径略粗的钻孔器，因为橡皮塞有弹性，孔道钻成后会收缩，使孔径变小。

（3）钻孔方法 将塞子的小头水平朝上放在桌面上的一块木板上（避免钻坏桌面），左手持塞，右手握住钻孔器的手柄，并在钻孔器前端涂点甘油或水（可减小摩擦力），然后将钻孔器按在选定的位置上，以顺时针方向，一面旋转一面用力向下钻动。钻孔器要垂直于塞子的面上，不能左右摆动，更不能倾斜，以免钻斜。钻到塞子高度的一半深时，逆时针旋出钻孔器，再从另一头钻孔，注意要对准原孔的位置。必要时可用圆锉加以修整（图Ⅱ-1-5）。

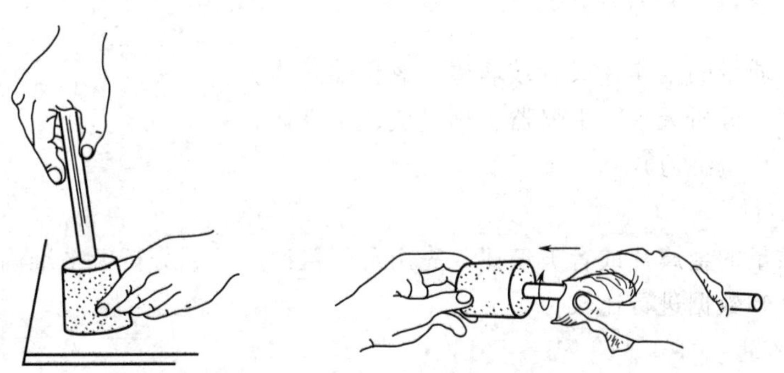

图Ⅱ-1-5 塞子钻孔方法

将仪器插入塞孔中时，应先将插入物用水或甘油润滑，将手握住插入物接近塞子处，慢慢旋入孔内，如果用力过猛或手离塞子太远，都可能折断插入物而引起割伤。

软木塞的钻孔方法与橡皮塞相似，但钻孔时应选择一个比插入物直径略细的钻孔管。因为软木塞的弹性稍差。

实验用品

液体药品：工业酒精。

仪器：酒精喷灯、石棉网、三角锉刀、钻孔器、量角器。

材料：火柴、橡皮塞、玻璃管、玻璃棒、橡皮胶头（胶帽）。

实验内容

(1) 根据实验室提供的灯具及使用说明，点燃灯具。

(2) 截取3支长度分别为15cm、17cm、20cm玻璃棒，并熔光其截面。

(3) 截取3支长度分别为12cm、14cm、16cm玻璃管，弯成60°、90°、120°的弯管。

(4) 制作3支滴管。

(5) 制作长4～5cm的玻璃钉两支。

(7) 取3号橡皮塞2个，从中央钻孔，孔大小以能插入上面制备的弯管为宜。

思　考　题

(1) 塞子如何选择？塞子钻孔要注意什么问题？

(2) 截断玻璃管时候要注意哪些问题？

(3) 弯曲和拉细玻璃管时，玻璃管的温度有什么不同？为什么要不同呢？弯制好了的玻璃管，如果和冷的物件接触会发生什么不良的后果？应该怎样才能避免？

(4) 把玻璃管插入塞子孔道中时要注意些什么？怎样才不会割破皮肤呢？拔出时要怎样操作才安全？

实验2　天平和台秤的使用

实验目的

(1) 了解天平和台秤的构造。

(2) 熟悉天平的使用规则和维护方法。

(3) 学习用直接法和差减法称量样品。

基本操作

台秤及分析天平的使用，参见第一部分六（一）和（二）。

实验用品

药品：已知质量的金属片或者玻璃棒、氯化钠固体。

仪器：台秤、分析天平、干燥器、称量瓶、小烧杯。

实验内容（称量练习）

1. 直接法称量

领取已知质量的金属片或者玻璃棒，先用台秤粗称，后用分析天平准确称量其质量，记录数据，并与已知数据进行比较。

2. 差减法称量

在洁净干燥的称量瓶中装入2g左右的氯化钠固体试样，盖上盖子，先用台秤粗称，而后用分析天平准确称量其质量。用称量瓶的盖子轻轻敲打瓶口上方，使试样落入一个干净的小烧杯中。盖上称量瓶，再准确称量其质量。两次称量之差即为倾出样品的准确质量。

思　考　题

(1) 为何要测定天平的零点？天平的零点和停点有何区别？

(2) 天平读数时没有关闭天平门，会有什么影响？

(3) 什么情况用直接法称量？什么情况用差减法称量？

(4) 用差减法时，若称量瓶中样品吸潮，将引起什么样的误差？若在烧杯中吸潮，结果如何？

实验3　溶液的配制

实验目的

（1）了解实验室常用溶液的配制方法和基本操作。

（2）熟悉比重计、移液管、容量瓶的使用方法。

实验原理

为了满足实验的需要，我们需要配制各种不同的溶液。如果实验对溶液浓度要求不高，一般利用低准确度的仪器即可（例如台秤、量筒、带刻度的烧杯）。反之，如果要求较高准确度，就必须使用高准确度的仪器配制（例如分析天平、移液管、容量瓶）。对易水解的物质，要考虑以相应的酸溶解易水解的物质，再加水稀释配制溶液。无论粗配还是准确配制一定浓度、一定体积的溶液，都要计算所需试剂的用量，包括固体试剂的质量或液体试剂的体积，然后再进行溶液的配制。

1. 由固体试剂配制溶液

（1）粗略配制　算出配制给定体积溶液所需固体试剂的质量，用台秤称取所需固体试剂，倒入带刻度的烧杯中，加适量蒸馏水搅拌，完全溶解后用蒸馏水稀释至刻度，即可得到需要的溶液。然后转移到试剂瓶中，贴上标签，备用。

（2）准确配制　算出配制给定体积溶液所需固体试剂的质量，用分析天平称取所需的固体试剂，倒入干净烧杯中，加适量蒸馏水完全溶解。将溶液转移到相应体积的容量瓶中，用少量蒸馏水洗涤烧杯2～3次，冲洗液也转移到容量瓶中，加蒸馏水稀释至刻度，盖上塞子，将溶液摇匀即得所配溶液。然后转移到试剂瓶中，贴上标签，备用。

2. 由液体试剂配制溶液

（1）粗略配制　先用比重计测量液体试剂的相对浓度，从相应表中查出质量分数，算出配制一定物质的量浓度的溶液所需的液体用量，用量筒量取所需液体体积，倒入装有少量水的烧杯中，如果溶液放热，需冷却到室温，再用水稀释至刻度。搅拌均匀，然后转移到试剂瓶中，贴上标签，备用。

（2）准确配制　用浓的准确浓度的溶液配制较稀准确浓度的溶液时，先计算出所需溶液的体积，然后用移液管或吸量管吸取所需液体的体积，转移到一定体积的容量瓶中，加蒸馏水至刻度线，摇匀，然后转移到试剂瓶中，贴上标签，备用。

基本操作

（1）容量瓶的使用，参见第一部分四（三）。

（2）移液管、吸量管的使用，参见第一部分四（二）。

（3）比重计的使用，参见第一部分十（三）。

（4）台秤及分析天平的使用，参见第一部分六（一）和（二）。

实验用品

液体药品：硫酸（浓）、醋酸（2.00mol·L^{-1}）、盐酸（浓）。

固体药品：$CuSO_4 \cdot 5H_2O$、NaCl、KCl、$CaCl_2$、$NaHCO_3$、$SbCl_3$。

仪器：台秤、分析天平、比重计、烧杯、量筒、移液管、吸量管、称量瓶、容量瓶、试剂瓶。

实验内容

（1）用硫酸铜晶体粗略配制25mL 0.2mol·L^{-1}的$CuSO_4$溶液。

（2）粗略配制 50mL 3mol·L^{-1}的 H_2SO_4 溶液。

（3）由已知浓度为 2.00mol·L^{-1}的 HAc 溶液配制 50mL 0.200mol·L^{-1}的 HAc 溶液。

（4）准确配制 100mL 质量分数为 0.90％的生理盐水。按质量比 $m_{NaCl}:m_{KCl}:m_{CaCl_2}:m_{NaHCO_3}=45:2.1:1.2:1$ 的比例，在 NaCl 溶液中加入 KCl、$CaCl_2$、$NaHCO_3$，经消毒后即得 0.90％的生理盐水。

思 考 题

（1）用浓硫酸配制一定浓度的稀硫酸溶液时，应该注意什么？

（2）如何洗涤移液管？水洗后的移液管在使用前为什么还要用待吸取的溶液润洗？

（3）如果配制硫酸铜溶液时，用分析天平称取硫酸铜晶体，用量筒取水来配成溶液，操作是否准确？为什么？

【附注】

（1）严格按照基本操作规范进行操作；配制的溶液倒入准备好的回收瓶中，不可随意倾入下水道。

（2）配制准确浓度溶液的固体试剂必须是组成与化学式完全一致，且摩尔质量大的高纯物质，在保存和称量时其组成和质量稳定不变。

（3）在配制溶液时，除了注意准确度以外，还要考虑到试剂在水中的溶解性、热稳定性、挥发性、水解性等因素的影响。

实验 4 海盐的提纯

实验目的

（1）了解提纯 NaCl 的原理和方法。

（2）学习溶解、沉淀、过滤、蒸发、结晶等基本操作。

（3）了解 SO_4^{2-}、Ca^{2+}、Mg^{2+}等离子的定性鉴定。

实验原理

粗食盐中含有 K^+、Ca^{2+}、Mg^{2+}、SO_4^{2-} 等可溶性杂质，以及泥沙、草屑等不溶性杂质。不溶性杂质可以通过过滤而除去；可溶性杂质中的 Ca^{2+}、Mg^{2+}、SO_4^{2-} 可通过选择适当的试剂使其生成沉淀而除去。首先在海盐溶液中加入过量的 $BaCl_2$ 溶液使其生成 $BaSO_4$ 沉淀而除去 SO_4^{2-}，即：

$$Ba^{2+}+SO_4^{2-}=\!=\!=BaSO_4\downarrow$$

然后在滤液中加入 Na_2CO_3 溶液，除去 Ca^{2+}、Mg^{2+}和过量的 Ba^{2+}，即

$$Ca^{2+}+CO_3^{2-}=\!=\!=CaCO_3\downarrow$$

$$Ba^{2+}+CO_3^{2-}=\!=\!=BaCO_3\downarrow$$

$$4Mg^{2+}+5CO_3^{2-}+2H_2O=\!=\!=Mg(OH)_2\cdot 3MgCO_3\downarrow+2HCO_3^-$$

过量的 Na_2CO_3 溶液用盐酸中和而除去。粗盐中的 K^+ 与沉淀剂不发生反应，仍然保留在溶液中。由于 KCl 的溶解度比 NaCl 的大，并且在粗盐中的含量较少，所以在蒸发浓缩食盐溶液时，NaCl 结晶析出，而 K^+ 仍然保留在母液中，通过过滤而被除去。

基本操作

（1）固体的溶解、过滤、蒸发、结晶和固液分离，参见第一部分八（一）、（二）、（三）、（四）。

（2）试管操作，参见第一部分三（二）1 和五（二）1、2。

实验用品

液体药品：HCl(6mol·L^{-1})、HAc(2mol·L^{-1})、NaOH(6mol·L^{-1})、$BaCl_2$(1mol·

L^{-1})、Na_2CO_3（饱和）、$(NH_4)_2C_2O_4$（饱和）、乙醇（95%）、镁试剂Ⅰ。

固体药品：粗食盐。

仪器：烧杯、量筒、布氏漏斗、吸滤瓶、循环水式多用真空泵、台秤、三脚架、石棉网、泥三角、坩埚钳、蒸发皿、表面皿、试管。

材料：滤纸、pH 试纸。

实验内容

1. 粗食盐溶解

在台秤上称取 10g 粗食盐，放入 100mL 烧杯中，加入 35mL 水，加热搅拌使粗食盐完全溶解。

2. 除去 SO_4^{2-}

加热溶液接近沸腾，边搅拌边滴加 1mol・L^{-1}的 $BaCl_2$ 溶液 4mL 左右。滴完以后继续加热 5min，使沉淀颗粒长大，易于沉淀。将烧杯从石棉网上取下，静置待沉淀沉降后，在上层清液中加 2 滴 1mol・L^{-1} $BaCl_2$ 溶液，如果出现浑浊，表示 SO_4^{2-} 尚未除尽，需要继续滴加 $BaCl_2$ 溶液以除尽 SO_4^{2-}，如果不出现浑浊，表示 SO_4^{2-} 已经除尽。减压过滤，弃去沉淀。

3. 除去 Mg^{2+}、Ca^{2+} 和过量的 Ba^{2+} 等阳离子

加热所得滤液接近沸腾，边搅拌边滴加饱和 Na_2CO_3 溶液，直至不产生沉淀为止。再多加 0.5mL 饱和 Na_2CO_3 溶液，静置待沉淀沉降后，在上层清液中加几滴饱和 Na_2CO_3 溶液，如果出现浑浊，表示 Ba^{2+} 等阳离子尚未除尽，需要继续滴加饱和 Na_2CO_3 溶液直至除尽为止。然后吸滤，弃去沉淀。

4. 除去过量的 CO_3^{2-}

在滤液中滴加 6mol・L^{-1}的 HCl，加热搅拌，调节溶液的 pH 约为 2～3（用 pH 试纸测试）。

5. 浓缩和结晶

把滤液倒入蒸发皿中蒸发浓缩，当液面出现晶膜时，改用小火加热并不断搅拌，防止溶液溅出，一直浓缩到出现大量 NaCl 晶体（此时溶液的体积约为原体积的四分之一），冷却，吸滤。用少量 95%的乙醇淋洗产品 2～3 次，抽干。

将 NaCl 晶体再转移到蒸发皿中，在石棉网上用小火烘干（可在石棉网上放置泥三角防止蒸发皿晃动）。此时应不断搅拌，以免结块，一直烘干到 NaCl 晶体不沾玻璃棒为止。冷却后称量，计算产率。

6. 产品纯度的检验

取产品和原料各 1g，加 5mL 蒸馏水溶解，进行下列离子的定性检验。

(1) SO_4^{2-}：各取溶液 1mL 于小试管中，分别加入 6mol・L^{-1}的 HCl 2 滴和 1mol・L^{-1}的 $BaCl_2$ 2 滴。比较两溶液中沉淀产生的情况。

(2) Ca^{2+}：各取溶液 1mL 于小试管中，加 2mol・L^{-1}的 HAc 使溶液呈现酸性（见附注 3），再分别加入饱和 $(NH_4)_2C_2O_4$ 溶液 3～4 滴，若有白色沉淀产生，表示有 Ca^{2+} 存在。比较两溶液中沉淀产生的情况。

(3) Mg^{2+}：各取溶液 1mL 于小试管中，加 6mol・L^{-1}的 NaOH 溶液 5 滴和镁试剂Ⅰ（见附注 2）2 滴，若有天蓝色沉淀生成，表示有 Mg^{2+} 存在。比较两溶液的颜色。

思　考　题

(1) 在除去 Mg^{2+}、Ca^{2+} 和 SO_4^{2-} 时，为什么先加 $BaCl_2$，后加饱和 Na_2CO_3 溶液？如果顺序颠倒，是

否可行？

（2）为什么用毒性很大的 $BaCl_2$ 来除 SO_4^{2-} 而不用无毒的 $CaCl_2$ 来除 SO_4^{2-}？

（3）在除去 Mg^{2+}、Ca^{2+} 和 Ba^{2+} 时，能否用其他可溶性碳酸盐代替碳酸钠？

（4）分析本实验产率过高或过低的原因？

【附注】

（1）氯化钠，英文名称 Sodium Chloride，分子式 NaCl，俗名食盐，相对分子质量 58.5，密度 $2.165g \cdot cm^{-3}$（25℃），熔点 800.7℃，沸点 1465℃，无色立方结晶或白色结晶。溶于水、甘油，微溶于乙醇、液氨，不溶于盐酸。在空气中微有潮解性。可用于制造纯碱和烧碱及其他化工产品，矿石冶炼，食品工业和渔业盐腌，还可用作调味料的原料和精制食盐。

工业制备：由海水（平均含 2.4%氯化钠）引入盐田，经日晒干燥、浓缩结晶，制得粗品，粗盐中因含有杂质，在空气中较易潮解。亦可将海水，经蒸汽加温，砂滤器过滤，用离子交换膜电渗析法进行浓缩，得到盐水（含氯化钠 $160 \sim 180g \cdot L^{-1}$）经蒸发析出盐卤石膏，离心分离，制得的氯化钠 95%以上（水分 2%），再经干燥可制得食盐。还可用岩盐、盐湖盐水为原料，经日晒干燥，制得原盐。用地下盐水和井盐为原料时，通过三次或四次蒸发浓缩，析出结晶，离心分离制得。

（2）镁试剂Ⅰ，对硝基苯偶氮间苯二酚，又名 2,4-二羟基-4′-硝基偶氮苯、偶氮紫、试镁灵Ⅰ，英文名称 4-(4-Nitrophenylazo)resorcinol、4-((*p*-Nitrophenyl)azo)-resorcino、4-((4-Nitrophenyl) azo)-3-benzenediol、4-[(4-Nitrophenyl)azo]-3-benzenediol、4-(4-Nitrophenyl)azoresorcinol、4-(*p*-Nitrophenylazo)resorcinol、magneson，分子式 $C_{12}H_9N_3O_4$，红棕色粉末，熔点约 200℃，溶于稀碱呈红紫色，微溶于丙酮、乙酸及甲苯，均呈黄色，不溶于水，用以鉴定镁（与镁在碱液中呈现亮蓝色），也用以鉴定钼（与钼生成红紫色配合物），又可吸附指示剂。

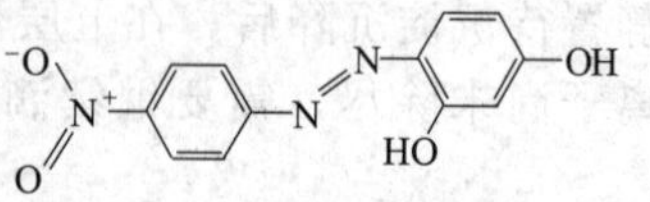

镁试剂Ⅰ结构式

（3）加入饱和 $(NH_4)_2C_2O_4$ 溶液，Mg^{2+} 也产生草酸盐沉淀，但是该沉淀溶于 HAc 溶液，故加 HAc 可排除 Mg^{2+} 干扰。

实验 5　二氧化碳相对分子质量的测定

实验目的

（1）学习利用气体相对密度法测定相对分子质量的原理和方法。

（2）加深理解理想气体状态方程和阿佛伽德罗定律。

（3）练习启普气体发生器的使用和气体的洗涤、干燥与收集。

实验原理

根据阿佛伽德罗定律，在同温同压下，同体积的任何气体含有相同数目的分子。

对于 P、V、T 相同的 A、B 两种气体，其理想气体状态方程式如下。

$$\text{气体 A：} PV = \frac{m_A}{M_A}RT \qquad (\text{Ⅱ-5-1})$$

$$\text{气体 B：} PV = \frac{m_B}{M_B}RT \qquad (\text{Ⅱ-5-2})$$

其中，m_A、m_B 分别代表 A、B 两种气体的质量；M_A、M_B 分别代表 A、B 两种气体的相对分子质量。

由式(Ⅱ-5-1)、式(Ⅱ-5-2) 整理得

$$\frac{m_A}{m_B} = \frac{M_A}{M_B} \qquad (\text{Ⅱ-5-3})$$

于是得到结论：在同温同压下，同体积的两种气体的质量之比等于其相对分子质量之比。

由上可知：在同温同压下，以同体积的二氧化碳与空气相比较。已知空气的平均相对分子质量为29.0，所以只需要测得二氧化碳与空气在相同条件下的质量，便可求出二氧化碳的相对分子质量，即

$$M_{CO_2}=\frac{m_{CO_2}}{m_{空气}}\times 29.0$$

式中，29.0为空气的平均相对分子质量。

式中，体积为V的二氧化碳的质量可以直接从分析天平上称出。同体积空气的质量可根据实验时测得的大气压（P）和温度（T），利用理想气体方程式计算得到。

基本操作

（1）启普气体发生器安装和使用方法，参见第一部分七（一）1。

（2）气体的洗涤、干燥和收集方法，参见第一部分七（二）、（三）。

实验用品

液体药品：$HCl(6.00mol\cdot L^{-1})$、$NaHCO_3(1mol\cdot L^{-1})$、$CuSO_4(1mol\cdot L^{-1})$。

固体药品：石灰石、无水氯化钙。

仪器：台秤、分析天平、启普气体发生器、洗气瓶、干燥管、磨口锥形瓶。

材料：玻璃棉、玻璃管、橡皮管、胶塞、酒精灯、小木条。

实验内容

按照图Ⅱ-5-1装配好制取二氧化碳的实验装置。因为石灰石中含有硫，所以气体在发生过程中会伴随硫化氢、酸雾、水汽等产生。将产生的气体依次通过硫酸铜溶液、碳酸氢钠溶液以及无水氯化钙，以除去硫化氢、酸雾、水汽。

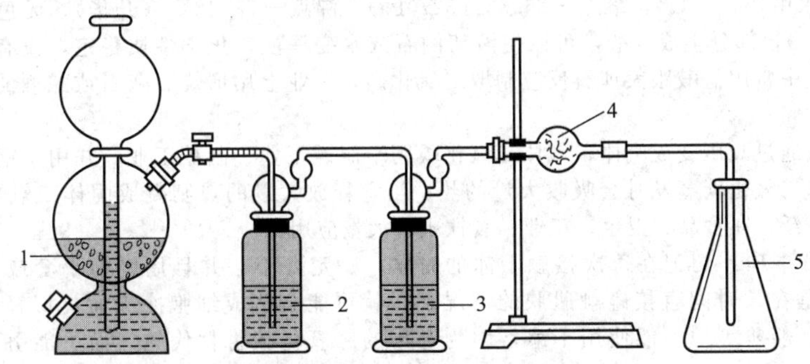

图Ⅱ-5-1　二氧化碳制取、净化和收集装置图

1—石灰石和稀盐酸；2—$CuSO_4$溶液；3—$NaHCO_3$溶液；4—无水氯化钙；5—锥形瓶

取一个烘干的洁净的磨口锥形瓶，放在分析天平上称量（空气+瓶+塞），质量为m_A。

把启普气体发生器中产生的二氧化碳气体经净化、干燥后导入锥形瓶中。因为二氧化碳比空气略重，所以必须把导管插入瓶底。收集5min后，轻轻取出导管，用塞子塞住瓶口。放在分析天平上称量（二氧化碳+瓶+塞）的总质量。重复通二氧化碳气体和称量操作，直到前后两次称量的结果相差不超过1mg为止。两次称量的结果取平均值，质量为m_B。

最后在瓶内装满水，塞好塞子，把外壁的水擦干，在台秤上准确称量（水+瓶+塞）的质量m_C。m_C与m_A的差值即为水的质量。由水的质量即可求出锥形瓶的容积。

数据记录和结果处理

室温 $t=$__________℃。

气压 $p=$__________Pa。

（空气＋瓶＋塞）的质量 $m_A=$__________g。

第一次（二氧化碳＋瓶＋塞）的总质量＝__________g。

第二次（二氧化碳＋瓶＋塞）的总质量＝__________g。

（二氧化碳＋瓶＋塞）的平均总质量 $m_B=$__________g。

（水＋瓶＋塞）的质量 $m_C=$__________g。

瓶的容积 $V=\dfrac{m_C-m_A}{1.00}=$__________mL。

瓶内空气的质量 $m_{空气}=$__________g。

瓶和塞子的质量 $m_D=m_A-m_{空气}=$__________g。

二氧化碳气体的质量 $m_{CO_2}=m_B-m_D=$__________g。

二氧化碳的相对分子质量 $M_{CO_2}=$__________。

相对误差＝__________%。

思 考 题

(1) 为什么（二氧化碳＋瓶＋塞）的总质量要在分析天平上称量，而（水＋瓶＋塞）的质量可以在台秤上称量？

(2) 哪些物质可以用此法测定相对分子质量？哪些不可以？

(3) 根据实验结果，分析误差产生的原因有哪些？

【附注】

二氧化碳，英文名 Carbon Dioxide，别名碳酸气，俗名干冰，分子式 CO_2，相对分子质量 44.01，密度 $1.101g\cdot cm^{-3}$（水中，－37℃），熔点－56.6℃（5270Pa），沸点－78.48℃（升华），无色无味气体，易溶于水（体积比 1∶1），部分生成碳酸，可以使澄清的石灰水变浑浊，化学性质稳定，没有可燃性，一般不支持燃烧。实验室中常用盐酸跟大理石反应制取二氧化碳，工业上用煅烧石灰石或酿酒的发酵气中来获得二氧化碳。

液体二氧化碳通过减压变成气体，气体二氧化碳用于制碱工业、制糖工业，并用于钢铸件的淬火和铅白的制造等。液态二氧化碳蒸发时会吸收大量的热；当它释放大量的热则凝成固体二氧化碳，俗称干冰。干冰的使用范围广泛，在食品、卫生、工业、餐饮中有大量应用。

干冰使用注意事项：切记在每次接触干冰的时候，一定要小心并且用厚棉手套或其他遮蔽物才能触碰干冰！如果是在长时间直接碰触肌肤的情况下，就可能会造成细胞冷冻而类似轻微或极度严重烫伤的伤害。汽车、船舱等地不能使用干冰，因为升华的二氧化碳将替代氧气而可能引起呼吸急促甚至窒息！

实验 6 Fe^{3+}、Al^{3+}的分离

实验目的

(1) 了解萃取分离法的基本原理。

(2) 熟悉 Fe^{3+}、Al^{3+}不同的萃取行为。

(3) 学习萃取分离和蒸馏分离两种基本操作。

实验原理

在 $6mol\cdot L^{-1}$的 HCl 中，Fe^{3+}与 Cl^- 生成了 $[FeCl_4]^-$ 配离子。在强酸-乙醚萃取体系中，乙醚与氢离子结合生成 $Et_2O\cdot H^+$。由于 $[FeCl_4]^-$ 配离子和 $Et_2O\cdot H^+$ 都有较大的体

积和较低的电荷。因此容易形成离子缔合物 $Et_2O \cdot H^+ \cdot [FeCl_4]^-$，在这种离子缔合物中，$Cl^-$ 和 Et_2O 分别取代了 Fe^{3+} 和 H^+ 的配位水分子，并且中和了电荷，具有疏水性，能够溶于乙醚中，因此，可以从水相转移到有机相中。

Al^{3+} 在 $6mol \cdot L^{-1}$ 的 HCl 中与 Cl^- 生成配离子的能力很弱，因此，仍保留在水相中。

将 Fe^{3+} 从有机相中再转移到水相中的过程叫做反萃取。将含有 Fe^{3+} 的乙醚相与水相混合，这时体系中的 H^+ 浓度和 Cl^- 浓度明显降低。$Et_2O \cdot H^+$ 和 $[FeCl_4]^-$ 配离子解离趋势增加，Fe^{3+} 又生成了水合铁离子，被反萃取到水相中。由于乙醚沸点较低（35.6℃），因此采用普通蒸馏的方法，就可以实现醚水的分离，这样 Fe^{3+} 又恢复了初始的状态，达到了 Fe^{3+}、Al^{3+} 分离的目的。

基本操作

（1）萃取，参见第一部分八（五）1。

（2）蒸馏，参见第一部分八（五）2。

实验用品

液体药品：浓盐酸（化学纯）、$FeCl_3$（5%）、$AlCl_3$（5%）、乙醚（化学纯）、$K_4Fe(CN)_6$（5%）、NaOH（$2mol \cdot L^{-1}$）、茜素 S 酒精溶液、冰水、热水。

仪器：圆底烧瓶、直形冷凝管、尾接管、抽滤瓶、烧杯、梨形分液漏斗、量筒、铁架台、铁环。

材料：乳胶管、滤纸、pH 试纸。

实验内容

1. 制备混合液

取 10mL5% $FeCl_3$ 溶液和 10mL5% $AlCl_3$ 溶液在烧杯中混合。

2. 萃取

将 15mL 混合溶液和 15mL 浓盐酸溶液先后倒入分液漏斗中，然后加入 20mL 乙醚溶液，按照萃取分离的操作步骤萃取三次。

3. 检验

萃取分离后，水相若呈现黄色，则表明 Fe^{3+}、Al^{3+} 没有分离完全。可再次用 20mL 乙醚进行萃取，直至水相无色为止。每次分离后的有机相都要合并到一起。

4. 蒸馏

按照图Ⅱ-6-1 安装好仪器装置，按照普通蒸馏操作步骤进行操作。向有机相中加入 10mL 水，并转移到圆底烧瓶中，打开冷凝水，水浴温度调至 80℃，用热水加热将乙醚蒸

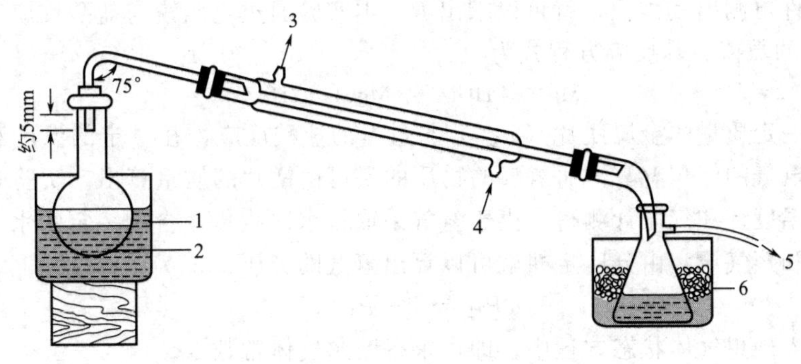

图Ⅱ-6-1　普通蒸馏装置

1—热水；2—沸石；3—冷却水出口；4—冷却水入口；5—连至下水管；6—冰水混合物

出。乙醚要回收并测量体积。

5. 分离鉴定

按照附注的方法，分别鉴定未分离的混合液和分离开的 Fe^{3+}、Al^{3+} 溶液，并加以比较。

思 考 题

(1) 萃取操作中应该注意哪些事项？

(2) 实验室中为什么要严禁明火？蒸馏乙醚时，为了防止中毒，应该采取什么措施？

(3) Fe^{3+}、Al^{3+} 鉴定的条件是什么？鉴定 Al^{3+} 时如何排除 Fe^{3+} 的干扰。

【附注】

1. 离子鉴定方法

向滤纸中心滴上一滴 5% $K_4Fe(CN)_6$ 溶液，将滤纸晾干。然后将待测液调至 pH=4，将一滴待测液滴到滤纸中心，再滴上一滴水，然后滴上一滴茜素 S 酒精溶液。Fe^{3+} 被固定在滤纸中心，生成蓝斑（$Fe_4[Fe(CN)_6]_3$）。Al^{3+} 被水洗到斑点外围，并与茜素 S 生成茜素铝色淀的红色环。利用此方法可以分别鉴定 Fe^{3+}、Al^{3+}。

2. 安全知识

(1) 在萃取操作中，用乙醚作为萃取剂，乙醚的沸点很低，极易挥发。在振摇分液漏斗的过程中，有大量的乙醚变成乙醚蒸气，积累在分液漏斗中，使得分液漏斗内压急剧升高，可能会使分液漏斗炸裂或将塞子或旋塞芯顶出，导致液体喷射出来。所以萃取过程中要不时地开启旋塞，排放可能产生的气体以解除超压。

(2) 实验中，用乙醚作为萃取剂，乙醚极易挥发，易燃易爆，所以实验过程绝对禁止使用明火加热。

(3) 为了防止乙醚中毒，实验时要开窗通风或者开启抽气装置。

(4) 在蒸馏操作中，为了使乙醚均匀气化，要加入沸石，防止暴沸。

实验 7 摩尔气体常数的测定

实验目的

(1) 了解理想气体状态方程和气体分压定律的应用。

(2) 练习气体体积的测量操作和气压计的使用。

(3) 掌握摩尔气体常量的测量方法。

实验原理

根据理想气体状态方程式 $PV=nRT$，可知 $R=\frac{PV}{nT}$。因此对于一定量的气体，若在一定温度、压力条件下测出其体积，就可以求出 R，本实验通过金属镁与盐酸反应产生的氢气的体积来确定 R 的数值。其反应方程式为：

$$Mg + 2HCl = MgCl_2 + H_2\uparrow$$

准确称取一定质量的金属镁片（m_{Mg}）与过量的盐酸反应，在一定的温度和压力下，测出被置换的湿氢气的体积 V_{H_2}，而氢气的物质的量可由镁片的质量算出。实验时的温度和压力可以分别由温度计和气压计测得。由于氢气采取排水法收集，含有一定的水蒸气，查出实验温度下的饱和蒸气压，由分压定律就可以算出氢气的分压：

$$P_{H_2}=P-P_{H_2O}$$

将数据带入理想气体状态方程中，即可求得摩尔气体常数 R。

基本操作

温度计和气压计的使用，参见第一部分十（一）、（二）。

实验用品

液体药品：盐酸（6.00mol・L^{-1}）。

固体药品：镁条。

仪器：量气管（或 50mL 的碱式滴定管代替）、试管、漏斗、铁架台。

材料：乳胶管、橡皮塞、玻璃弯管、砂纸。

实验内容

（1）准确称取 2 片已经擦去表面氧化膜的镁条，每份质量为 0.030～0.035g。

（2）按照图Ⅱ-7-1 装好仪器，打开试管的塞子，由漏斗往量气管内装水至略低于刻度 0，上下移动漏斗，赶净胶管和量气管器壁上的气泡，然后固定住漏斗。

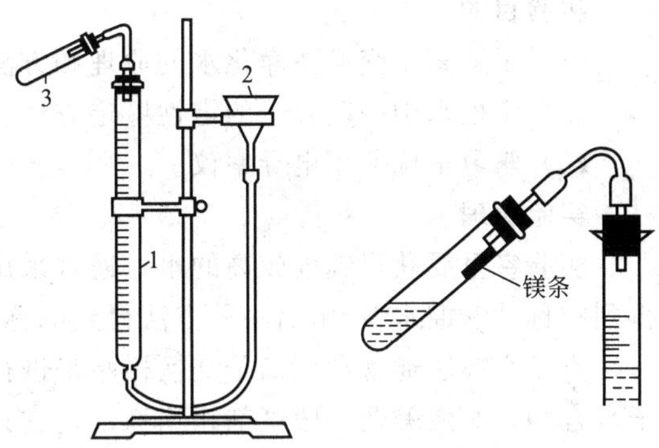

图Ⅱ-7-1 摩尔气体常数测定装置

1—量气管；2—漏斗；3—试管

（3）塞紧试管的橡皮塞，上下移动漏斗，使漏斗中水面低于量气管内水面。固定漏斗位置，如果量气管内水面不发生变化，表示装置不漏气，否则重新检查，直至不漏气为止。

（4）取下试管，调整漏斗高度，使漏斗中水面略低于刻度 0。在试管中加入 3mL 的 6mol・L^{-1} 的 HCl 溶液，注意不要使盐酸沾湿试管壁。将已称量的金属镁沾少许水，贴在试管内壁上（不能与盐酸接触）。固定试管，塞紧橡皮塞，再次检漏。

（5）调整漏斗位置，使量气管内水面与漏斗内水面保持在同一水平面，准确读出量气管内液面的位置 V_1。轻轻振荡试管，使镁条落入盐酸中，镁条与盐酸反应放出氢气，此时量气管内水面开始下降。为了避免量气管内压力过大而造成漏气，在量气管内水面下降同时，慢慢下移漏斗，使漏斗的水面和量气管内水面基本保持相同水平，反应停止后，固定漏斗。待试管冷却至室温（5～10min），再次移动漏斗，使其水面与量气管内水面相同，读出反应后量气管内水面的精确读数 V_2。

用另一份准确称量的镁条重复上述实验。

记录实验时的室温 t 和大气压力 P。

从附表中查出室温时水的饱和蒸汽压 P_{H_2O}。

（6）数据记录和结果处理见表Ⅱ-7-1。

表Ⅱ-7-1 实验记录

数　据	第一次实验	第二次实验
镁条质量		
反应前量气管液面读数		
反应后量气管液面读数		
室温		
大气压		
室温时水的饱和蒸汽压		
氢气的分压		
氢气的物质的量		
摩尔气体常数		
相对误差		

思 考 题

(1) 如何检验实验体系是否漏气？漏气将造成怎样的误差？

(2) 在读取量气筒内气体体积时，为何要使量气管和液面调节管中的液面保持在同一水平面？

实验8 水的净化——离子交换法

实验目的

(1) 了解离子交换法净化水的原理和方法。

(2) 掌握水中一些离子的定性鉴定方法。

(3) 学习正确使用电导率仪。

实验原理

实验室里要获得纯度较高的水，通常采用蒸馏法和离子交换法将水净化。由前一种方法得到的称“蒸馏水”；由后一种方法得到的称“去离子水”。

离子交换法通常利用离子交换树脂来进行水的净化。离子交换树脂是一种难溶性的高分子聚合物，对酸碱及一般试剂相当稳定，它只能将自身的离子与溶液中的同号电荷的离子起交换作用。根据交换离子的电荷，可将其分为阳离子交换树脂和阴离子交换树脂。从结构上看，交换树脂可分成两部分：一部分是具有网状骨架结构的高分子聚合物，即交换树脂的母体；另一部分是连在母体上的活性基团。例如，国产732型强酸性阳离子交换树脂可用$R—SO_3H$来表示，R代表母体，$—SO_3H$代表活性基团；国产717型强碱性阴离子交换树脂可用$R—N^+(CH_3)_3OH^-$来表示，$—N(CH_3)_3OH$代表连接在母体上的季铵性基团。

天然水或自来水中通常含有Na^+、Ca^{2+}、Mg^{2+}等阳离子和HCO_3^-、SO_4^{2-}、Cl^-等阴离子。当水流过阳离子交换树脂时，水中的阳离子与树脂骨架上的活性基团的H^+交换。例如：

$$2R—SO_3H + Mg^{2+} \rightleftharpoons (R—SO_3)_2Mg + 2H^+$$

当水流过阴离子交换树脂时，水中的阴离子与树脂中的OH^-交换。例如：

$$R—N^+(CH_3)_3OH^- + Cl^- \rightleftharpoons R—N^+(CH_3)_3Cl^- + OH^-$$

这样，水中的无机离子被截留在树脂上，而交换的H^+和OH^-发生中和反应生成水，使水得到净化。

由于离子在交换树脂上进行的交换反应是可逆的，所以当水样中存在大量的H^+和OH^-时，不利于交换反应的进行。因此只用阳离子交换柱和阴离子交换柱串联起来所制得的水中往往仍含有少量未经交换的杂质离子。为了进一步除去这些离子，可以再串联一个装有由一定比例的阳离子交换树脂和阴离子交换树脂均匀混合的交换柱，其作用相当于串联了很多个阴、阳离子交换柱，而且在交换柱任何部位的水都是中性的，从而大大减少逆反应进行的可能性。

基本操作

(1) 电导率仪的使用，参见第一部分十二（三）。

(2) pH试纸的使用，参见第一部分九（三）。

实验用品

液体药品：HCl(5%)、NaOH(5%、2mol·L^{-1})、NaCl（饱和）、$AgNO_3$(0.1mol·L^{-1})、HNO_3(2mol·L^{-1})、$BaCl_2$(1mol·L^{-1})、$NH_3·H_2O$(2mol·L^{-1})、铬黑T(0.5%)、钙指示剂（0.5%）。

固体药品：国产 732 型强酸性阳离子交换树脂、国产 717 型强碱性阴离子交换树脂。

仪器：DDS-11A 型电导率仪、交换柱（可用 25mL 的滴定管代替）、烧杯。

材料：玻璃棉、玻璃管、橡皮管、pH 试纸。

实验内容

1. 新树脂的处理

732 型树脂：将树脂放在饱和 NaCl 溶液中浸泡一天，用水漂洗至水澄清无色后，用 5%的 HCl 溶液浸泡 4h。倾去 HCl 溶液，用纯水洗至 pH=5～6 备用。

717 型树脂：将树脂放在饱和 NaCl 溶液中浸泡一天，用水漂洗至水澄清无色后，用 5%的 NaOH 溶液浸泡 4h。倾去 NaOH 溶液，用纯水洗至 pH=7～8 备用。

2. 装柱

将交换柱的底部螺丝夹拧紧，加入一定量的纯水，再加少量的玻璃棉塞在交换柱的下端，防止树脂露出。然后把处理好的树脂连同水一起加入交换柱中。始终保证水层高于树脂层。轻敲柱子，使树脂均匀自然下降。树脂层中不得有气泡，否则需要重装。装完后，最好在树脂层的上面盖一层湿玻璃棉，以防加入溶液时掀动树脂层。

在 3 支交换柱中分别加入阳离子交换树脂、阴离子交换树脂和阳离子交换树脂与阴离子交换树脂均匀混合（体积比 1：2）的交换树脂。树脂层高度均为交换柱的 2/3。然后按照图Ⅱ-8-1 将 3 支交换柱串联起来。注意：各连接点必须紧密不漏气，并尽量排出连接管内的气泡。

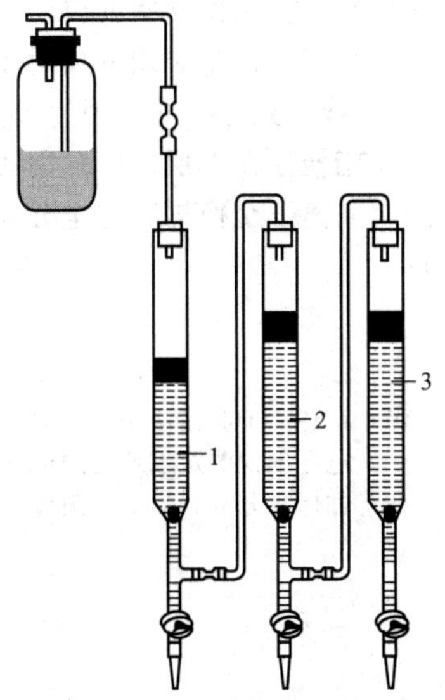

图Ⅱ-8-1　树脂交换装置图

1—阳离子交换柱；2—阴离子交换柱；3—混合离子交换柱

3. 离子交换

打开高位槽螺丝夹和混合柱底部的螺丝夹，使自来水流经阳离子交换柱、阴离子交换树脂和阳离子交换树脂与阴离子交换树脂均匀混合的交换柱，水的流速控制在 25～30 滴 · min^{-1}。开始流出的 30mL 水样弃去，然后用 3 个干净的烧杯分别收集从阳离子交换树脂、阴离子交换树脂和阳离子交换树脂与阴离子交换树脂均匀混合的交换柱流出的水样各 30mL。将这 3 份水样连同自来水分别进行水质检验。

4. 水质检验

（1）用电导率仪测定各份水样的电导率。

（2）各取水样 0.5mL，分别按表Ⅱ-8-1 的方法检验 Ca^{2+}、Mg^{2+}、SO_4^{2-} 和 Cl^-。填表并得出结论。

表Ⅱ-8-1　水质检验

检验项目	电导率	Mg^{2+}	Ca^{2+}	Cl^-	SO_4^{2-}	结论
检验方法	利用电导率仪	加入一滴 2mol · L^{-1}的 $NH_3 \cdot H_2O$ 和少量 0.5%的铬黑 T，观察溶液是否显红色	加入一滴 2mol · L^{-1}的 NaOH 和少量钙试剂，观察溶液是否显红色	加入一滴 2mol · L^{-1}的 HNO_3 和 2 滴 0.1mol · L^{-1} $AgNO_3$，观察溶液有无白色沉淀	加入一滴 1mol · L^{-1}的 $BaCl_2$，观察溶液有无白色沉淀	
自来水						
阳柱水样						
阴柱水样						
混合柱水样						

5. 树脂的再生

(1) 阳离子交换树脂的再生

将树脂倒入烧杯中，先用水漂洗一下，倾出水后加入5%的HCl溶液，搅拌后浸泡20min。倾去酸液，再用同浓度的HCl溶液洗涤两次，最后用纯水洗至pH=5～6。

(2) 阴离子交换树脂的再生

将树脂倒入烧杯中，先用水漂洗一下，倾出水后加入5%的NaOH溶液，搅拌后浸泡20min。倾去碱液，再用同浓度的NaOH溶液洗涤两次，最后用纯水洗至pH=7～8。

(3) 混合交换树脂的再生

混合交换树脂必须分离后才能再生。将混合柱内的树脂倒入一个烧杯中，加入适量饱和NaCl溶液，充分搅拌。因为阳离子交换树脂的密度比阴离子交换树脂的大，搅拌后阴离子交换树脂便浮在上层，用倾泻法将上层的阴离子交换树脂倒入另一个烧杯中。重复此操作直到阴、阳离子交换树脂完全分开为止。分开后的阴离子交换树脂和阳离子交换树脂可分别进行再生。

思 考 题

(1) 试述离子交换法净化水的原理。

(2) 电导率仪测定水纯度的依据是什么?

(3) 如何筛分混合的阴、阳离子交换树脂?

第三部分　基本化学原理实验

实验9　化学反应速率与活化能的测定

实验目的

(1) 测定过二硫酸铵与碘化钾的反应速率，并计算反应级数、反应速率常数和反应的活化能。

(2) 了解浓度、温度和催化剂对反应速率的影响。

实验原理

对某一反应做多次实验，可以获得不同初始浓度下的初始速率，从而建立该反应的速率方程。在水溶液中过二硫酸铵与碘化钾发生如下反应：

$$S_2O_8^{2-} + 3I^- \longrightarrow 2SO_4^{2-} + I_3^- \qquad (Ⅲ\text{-}9\text{-}1)$$

反应的初始速率与反应物浓度的关系为：

$$v_0 = kc_0^m(S_2O_8^{2-})c_0^n(I^-)$$

式中，v_0 为反应的初始速率；$c_0(S_2O_8^{2-})$ 为 $S_2O_8^{2-}$ 的初始浓度；$c_0(I^-)$ 为 I^- 的初始浓度；k 为反应速率常数；$m+n$ 为反应级数。

若近似地用平均速率代替初始速率，则

$$v_0 = kc_0^m(S_2O_8^{2-})c_0^n(I^-) \approx \bar{v} = \frac{\Delta c(S_2O_8^{2-})}{\Delta t}$$

式中，$\bar{v}$ 为 Δt 时间内反应的平均速率；$\Delta c(S_2O_8^{2-})$ 为 Δt 时间内 $S_2O_8^{2-}$ 浓度的改变量。

为了测出 Δt 时间内 $S_2O_8^{2-}$ 浓度的改变量 $\Delta c(S_2O_8^{2-})$，在过二硫酸铵与碘化钾混合前，先在碘化钾溶液中加入一定体积已知浓度的硫代硫酸钠溶液和淀粉溶液。这样由反应（Ⅲ-9-1）生成的碘被硫代硫酸钠溶液还原：

$$2S_2O_3^{2-} + I_3^- \longrightarrow S_4O_6^{2-} + 3I^- \qquad (Ⅲ\text{-}9\text{-}2)$$

反应（Ⅲ-9-1）为慢反应，反应（Ⅲ-9-2）为快反应，瞬间完成。由反应（Ⅲ-9-1）生成的 I_3^- 立即与 $S_2O_3^{2-}$ 作用生成无色的 $S_4O_6^{2-}$ 和 I^-，因此在反应开始的一段时间内，看不到碘与淀粉作用的蓝黑色。当硫代硫酸钠耗尽后，由反应（Ⅲ-9-1）继续生成的微量 I_3^- 立即与淀粉作用使溶液瞬间变为蓝黑色。

从反应（Ⅲ-9-1）和（Ⅲ-9-2）的关系可以看出，消耗 $S_2O_8^{2-}$ 的浓度为 $S_2O_3^{2-}$ 消耗浓度的一半：

$$\Delta c(S_2O_8^{2-}) = \frac{\Delta c(S_2O_3^{2-})}{2}$$

当硫代硫酸钠耗尽时，$\Delta c(S_2O_3^{2-})$ 就是硫代硫酸钠的初始浓度 $c_0(S_2O_3^{2-})$。

本实验中，每次实验中的 $Na_2S_2O_3$ 的初始浓度都是相同的，因此 $\Delta c(S_2O_8^{2-})$ 不变，只需要记录开始反应到溶液变色所需要的时间 Δt 就可以求出反应速率：

$$v_0 \approx \bar{v} = -\frac{\Delta c\ (S_2O_8^{2-})}{\Delta t}$$

再根据反应速率方程：

$$v_0 = kc_0^m(S_2O_8^{2-})c_0^n(I^-)$$

计算出 m 和 n，进一步算出速率常数 k 值。

根据反应速率常数 k 与反应温度 T 的关系：

$$\lg k = -\frac{E_a}{2.303RT} + \lg A$$

式中，E_a 为反应的活化能；R 为摩尔气体常数；T 为热力学温度。测出不同温度下的 k 值，以 $\lg k$ 对 $1/T$ 作图可得一直线，由直线斜率可得到反应的活化能 E_a 值。

基本操作

(1) 秒表的使用，参见第一部分十（四）。

(2) 量筒的使用，参见第一部分四（一）。

(3) 作图方法，参见第一部分十三（二）6。

实验用品

液体药品：$(NH_4)_2S_2O_8$（0.20mol・L^{-1}）、KI（0.20mol・L^{-1}）、$Na_2S_2O_3$（0.010mol・L^{-1}）、KNO_3（0.20mol・L^{-1}）、$(NH_4)_2SO_4$（0.20mol・L^{-1}）、$Cu(NO_3)_2$（0.02mol・L^{-1}）、淀粉溶液（0.4%）。

仪器：烧杯、大试管、量筒、秒表、温度计、电热恒温水浴锅。

材料：冰。

实验内容

1. 浓度对化学反应速率的影响

在室温条件下进行表Ⅲ-9-1 中编号①的实验。用量筒分别量取 20.0mL 0.20mol・L^{-1} 的 KI 溶液、8.0mL 0.010mol・L^{-1} 的 $Na_2S_2O_3$ 溶液和 2.0mL 0.4% 的淀粉溶液，全部加入 100mL 烧杯中，混合均匀后，用另一量筒取 20.0mL 0.20mol・L^{-1} 的 $(NH_4)_2S_2O_8$ 溶液，迅速倒入同一烧杯中，同时启动秒表，不断搅动，仔细观察。当溶液刚出现蓝黑色时立即按停秒表，记录反应时间和室温。

用同样的方法按照表Ⅲ-9-1 的用量进行编号②、③、④、⑤的实验，注意先将除 $(NH_4)_2S_2O_8$ 以外的所有溶液混合，最后迅速加入 $(NH_4)_2S_2O_8$ 溶液。

表Ⅲ-9-1 浓度对反应速率的影响 室温______℃

实验编号	①	②	③	④	⑤
0.20mol・L^{-1} $(NH_4)_2S_2O_8$	20.0	10.0	5.0	20.0	20.0
0.20mol・L^{-1} KI	20.0	20.0	20.0	10.0	5.0
0.010mol・L^{-1} $Na_2S_2O_3$	8.0	8.0	8.0	8.0	8.0
0.4%淀粉溶液	2.0	2.0	2.0	2.0	2.0
0.20mol・L^{-1} KNO_3	0	0	0	10.0	15.0
0.20mol・L^{-1} $(NH_4)_2SO_4$	0	10.0	15.0	0	0
反应时间 Δt/s					

2. 温度对化学反应速率的影响

按照表Ⅲ-9-1 实验④的试剂用量，将 10.0mL 0.20mol・L^{-1} 的 KI 溶液、8.0mL 0.010mol・L^{-1} 的 $Na_2S_2O_3$ 溶液、2.0mL 0.4% 的淀粉和 10.0mL 0.20mol・L^{-1} 的 KNO_3

溶液混合于100mL烧杯中，并将它和装有20mL 0.20mol·L^{-1}的 $(NH_4)_2S_2O_8$ 溶液的烧杯放入低于室温10℃的冰水浴中冷却，等它们充分被冷却后，将 $(NH_4)_2S_2O_8$ 溶液迅速倒入混合溶液烧杯中，同时计时并搅动，当溶液刚出现蓝黑色时按停秒表。记录反应时间和反应温度。此实验标记为⑥。

用同样的方法在热水浴中进行高于室温10℃和20℃的实验，并标记为⑦和⑧。

将实验④、⑥、⑦和⑧的数据记录到表Ⅲ-9-2中。

表Ⅲ-9-2　温度对反应速率的影响

实验编号	④	⑥	⑦	⑧
反应温度 T/℃				
反应时间 Δt/s				

3. 催化剂对化学反应速率的影响

按表Ⅲ-9-1实验④的试剂用量，向混合溶液烧杯中加入2滴0.02mol·L^{-1} $Cu(NO_3)_2$ 溶液，搅匀，然后迅速将 $(NH_4)_2S_2O_8$ 溶液倒入混合溶液烧杯中，同时计时并搅动。将此实验的反应速率与实验④的反应速率定性比较可得出什么结论。

4. 数据处理

(1) 反应级数和反应速率常数的计算　将反应速率方程 $v=kc^m(S_2O_8^{2-})c^n(I^-)$ 取对数得：

$$\lg v = m\lg c(S_2O_8^{2-}) + n\lg c(I^-) + \lg k$$

当 $c(I^-)$ 不变时（实验①、②、③），以 $\lg v$ 对 $\lg c(S_2O_8^{2-})$ 作图得一直线，斜率即为 m，同理，当 $c(S_2O_8^{2-})$ 保持不变时（实验①、④、⑤），以 $\lg v$ 对 $\lg c(I^-)$ 作图得一直线，斜率即为 n，则此反应的反应级数为 $m+n$。

将 m 和 n 代入 $v=kc^m(S_2O_8^{2-})c^n(I^-)$ 可求得反应速率常数 k，将数据填入表Ⅲ-9-3。

表Ⅲ-9-3　反应级数和反应速率常数的计算

实验编号	①	②	③	④	⑤
溶液总体积/mL					
$-\Delta c(S_2O_3^{2-})$/mol·L^{-1}					
$-\Delta c(I^-)$/mol·L^{-1}					
反应时间 Δt/s					
平均反应速率 $\bar{v}$/mol·L^{-1}·s^{-1}					
$c_0(S_2O_8^{2-})$/mol·L^{-1}					
$c_0(I^-)$/mol·L^{-1}					
$\lg(\bar{v}$/mol·L^{-1}·s$^{-1})$					
$\lg[c_0(S_2O_8^{2-})$/mol·L$^{-1}]$					
$\lg[c_0(I^{-1})$/mol·L$^{-1}]$					
m					
n					
反应速率常数 k/mol·L^{-1}·s^{-1}					
平均反应速率常数 $\bar{k}$/mol·L^{-1}·s^{-1}					

注：m 和 n 取正整数。

（2）反应活化能的计算　根据阿仑尼乌斯方程：$\lg k=-\frac{E_a}{2.303RT}+\lg A$

测出不同温度下的 k 值，以 $\lg k$ 对 $\frac{1}{T}$ 作图得一直线，由斜率$\left(-\frac{E_a}{2.303R}\right)$可求得反应活化能 E_a，R 为摩尔气体常数，T 为热力学温度，将数据填入表Ⅲ-9-4 中。

表Ⅲ-9-4　反应活化能的计算

实验编号	④	⑥	⑦	⑧
反应温度/K				
反应速率常数 k/mol·L^{-1}·s^{-1}				
lg(k/mol·L^{-1}·s^{-1})				
$\frac{1}{T/K}$				
反应活化能 E_a/kJ·mol^{-1}				

注：编号④的反应速率常数采用室温下平均反应速率常数更为合理，本实验活化能测定值的误差不超过 10%（文献值：51.8kJ·mol^{-1}）。

思　考　题

（1）反应中定量加入 $Na_2S_2O_3$ 的作用是什么？

（2）下列操作对实验有何影响？

① 取用 $(NH_4)_2S_2O_8$ 和 KI 溶液的量筒没有分开。

② $(NH_4)_2S_2O_8$ 溶液慢慢加入混合溶液中。

③ 溶液混合后不搅拌或断断续续地搅拌。

（3）反应中溶液出现蓝黑色是否反应终止？

【附注】

本实验对试剂的要求如下。

（1）$(NH_4)_2S_2O_8$ 溶液易分解，要现配现用。若所配溶液的 pH 值小于 3，说明原固体试剂已有分解，不适合本实验使用。

（2）KI 溶液应该为无色透明溶液，有 I_2 析出时溶液变为浅黄色则不能使用。

（3）所用试剂中若混有少量 Cu^{2+}、Fe^{3+} 等杂质，对反应会有催化作用，必要时滴加几滴 0.1mol·L^{-1} EDTA 溶液。

（4）在做温度对化学反应速率影响的实验时，若室温低于 10℃，可将温度条件改为室温和高于室温的条件下来进行。

实验 10　醋酸电离度和电离常数的测定

实验目的

（1）测定醋酸的电离度和电离常数。

（2）学习使用 pH 计。

实验原理

醋酸（CH_3COOH 或 HAc）是弱电解质，在水溶液中存在以下电离平衡：

$$HAc \rightleftharpoons H^+ + Ac^-$$

该电离平衡的关系式为：　$$K_i=\frac{[H^+][Ac^-]}{[HAc]}$$

K_i为电离平衡常数；$[H^+]$、$[Ac^-]$、$[HAc]$ 分别为 H^+、Ac^-、HAc 的平衡浓度；

设 c 为 HAc 的起始浓度；α 为醋酸的电离度。在纯的 HAc 溶液中，忽略水的电离时，$[H^+]=[Ac^-]=c\alpha$，$[HAc]=c(1-\alpha)$，则

$$\alpha=\frac{[H^+]}{c}\times 100\%$$

$$K_i=\frac{[H^+][Ac^-]}{[HAc]}=\frac{[H^+]^2}{c-[H^+]}$$

当 $\alpha<5\%$时，$c-[H^+]\approx c$，故 $K_i=\frac{[H^+]^2}{c}$。

测定已知浓度的 HAc 溶液的 pH，求得 $[H^+]$，从而计算出该 HAc 溶液的电离度 α 和电离常数 K_i。

基本操作

(1) 移液管、吸量管的使用，参见第一部分四（二）。

(2) 容量瓶的使用，参见第一部分四（三）。

(3) pH 计的使用，参见第一部分十二（一）。

实验用品

液体药品：HAc（已知准确浓度）。

仪器：吸量管（10mL）、移液管（25mL）、烧杯（50mL）、pH 计。

材料：滤纸条。

实验内容

(1) 配制不同浓度的 HAc 溶液　用移液管和吸量管分别取 2.50mL、5.00mL、25.00mL 已知准确浓度的 HAc 溶液，分别加入三个 50mL 容量瓶中，加入蒸馏水稀释至刻度线，摇匀，计算出这三个容量瓶中 HAc 溶液的准确浓度。

(2) 测定醋酸溶液的 pH，计算醋酸的电离度 α 和电离常数 K_i。

把以上配好的三种溶液和原溶液分别加入四只洁净干燥的 50mL 烧杯中，按由稀至浓的顺序在 pH 计上测定它们的 pH，记录数据和室温。计算电离度 α 和电离常数 K_i，并将有关数据填入表Ⅲ-10-1 中。

表Ⅲ-10-1　计算醋酸的电离度 α 和电离常数 K_i　　室温________℃

溶 液 编 号	$c/mol\cdot L^{-1}$	pH	$[H^+]/mol\cdot L^{-1}$	α	电离常数 K_i
1					
2					
3					
4					
平均值					

本实验测定的 K_i 在 $1.0\times10^{-5}\sim2.0\times10^{-5}$范围内合格（25℃的文献值 1.76×10^{-5}）。

思 考 题

(1) 当 HAc 溶液浓度增大，其电离常数是否变化？电离度呢？

(2) 实验时为什么要记录温度？如果温度升高，电离度和电离常数有无变化？若有变化，会有怎样的变化？

(3) 测定溶液的 pH 时，为什么要按由稀到浓的次序进行？

实验 11　碘化铅溶度积的测定

实验目的

（1）了解离子交换法的一般原理知识和使用离子交换树脂的基本方法。

（2）学习利用离子交换法测定难溶物碘化铅的溶度积。

（3）练习滴定操作。

实验原理

离子交换树脂是含有能与其他物质进行离子交换的活性基团的高分子化合物。含有酸性基团能与其他物质交换阳离子的称为阳离子交换树脂。含有碱性基团能与其他物质交换阴离子的称为阴离子交换树脂。

碘化铅饱和溶液与阳离子交换树脂的交换反应如下：

$$2R^-H^+ + Pb^{2+} \rightleftharpoons R_2^- Pb^{2+} + 2H^+$$

将一定体积的碘化铅饱和溶液通过阳离子交换树脂，交换后氢离子随流出液流出，用标准 NaOH 溶液滴定流出液，可算出氢离子的物质的量，从而计算出通过阳离子交换树脂的 PbI_2 饱和溶液的 Pb^{2+} 的浓度，求出 PbI_2 的溶度积。

基本操作

（1）滴定操作，参见第一部分四（四）。

（2）离子交换分离操作，参见实验 8。

实验用品

液体药品：NaOH 标准溶液（0.005mol・L^{-1}）、HNO_3（1mol・L^{-1}）、碘化铅饱和溶液、溴化百里酚蓝指示剂。

固体药品：强酸性离子交换树脂。

仪器：烧杯、移液管、漏斗、玻璃棒、锥形瓶、碱式滴定管、离子交换柱（已装好）。

材料：pH 试纸、玻璃棉。

实验内容

1. 转型

用 100mL 1mol・L^{-1}的 HNO_3 以每分钟 30～40 滴的流速流过离子交换柱中的树脂，然后用蒸馏水淋洗树脂至淋洗液呈中性（用 pH 试纸检验）。

2. 交换和洗涤

将 PbI_2 饱和溶液过滤到一个干燥洁净的锥形瓶中（注意整个过滤操作所使用漏斗、玻璃棒等仪器必须是干燥洁净的，滤纸可用饱和的 PbI_2 溶液润湿）。测量并记录饱和 PbI_2 溶液的温度，然后用移液管准确移取 25.0mL 该饱和溶液于一个小烧杯中，分数次将其倒入交换柱中。用一个 250mL 洁净的锥形瓶接收流出液和淋洗液直至流出液呈中性。在交换和洗涤过程中，一定注意不要让流出液损失。

3. 滴定

将锥形瓶中的流出液用 0.005mol・L^{-1} NaOH 标准溶液滴定，用溴化百里酚蓝作指示剂，在 pH＝6.5～7 时溶液由黄色转变为鲜艳的蓝色，记录数据。

4. 离子交换树脂的后处理

先用蒸馏水淋洗后，再用 100mL 1mol・L^{-1}的 HNO_3 淋洗，再用蒸馏水淋洗至流出液呈中性。

5. 数据处理

饱和 PbI_2 溶液的温度/℃ ________

通过离子交换柱的饱和 PbI_2 溶液的体积/mL ________

NaOH 标准溶液的浓度/mol·L^{-1} ________

消耗 NaOH 标准溶液的体积/mL ________

流出液中 H^+ 的物质的量/mol ________

饱和溶液中 $[Pb^{2+}]$/mol·L^{-1} ________

PbI_2 的 K_{sp} ________

本实验测定 K_{sp} 值数量级为 10^{-9}～10^{-8} 合格。

思　考　题

(1) 在离子交换树脂转型中加入 HNO_3 的量不够，树脂没有完全转变成氢型，对实验结果会造成什么影响？

(2) 在交换和淋洗过程中，如果流出液或淋洗液有损失，实验结果会如何？

(3) 已知 PbI_2 在 0℃、25℃、50℃时的溶解度分别为 0.044g·$100g^{-1}$ H_2O、0.076g·$100g^{-1}$ H_2O、0.17g·$100g^{-1}$ H_2O。试用作图法求出 PbI_2 溶解过程的 ΔH 和 ΔS。

【附注】

先往交换柱下端填入少许玻璃棉，以防止离子交换树脂随流出液流出。然后将用蒸馏水浸泡 24～48h 的阳离子交换树脂约 40g 随同蒸馏水一并注入交换柱中。用长玻璃棒插入交换柱中搅动树脂以除去树脂中的气泡。在装柱和以后树脂的转型和交换的整个过程中，要注意液面始终要高出树脂，避免空气进入树脂层而影响交换结果。

实验 12　硫酸铜结晶水的测定

实验目的

(1) 了解结晶水合物中结晶水含量的测定原理和方法。

(2) 进一步熟悉分析天平的使用，学习研钵、干燥器等仪器的使用和沙浴加热、恒重等基本操作。

实验原理

许多离子型的盐类从水溶液中析出时，常含有一定的结晶水（或水合水）。结晶水与盐类结合得比较牢固，但加热到一定温度时，可脱去部分或全部结晶水。

$CuSO_4 \cdot 5H_2O$ 晶体在不同温度下按下式逐步脱水：

$$CuSO_4 \cdot 5H_2O \xrightarrow{48℃} CuSO_4 \cdot 3H_2O \xrightarrow{99℃} CuSO_4 \cdot H_2O \xrightarrow{218℃} CuSO_4$$

$CuSO_4$ 的分解温度为 650℃，因此把一定量的 $CuSO_4 \cdot 5H_2O$ 晶体放入已灼烧至恒重的坩埚中，加热至约 260～280℃使其脱水，然后将坩埚移入干燥器中冷却至室温，再取出用分析天平称量。由失重值可以计算出所含结晶水的质量分数，从而确定结晶水合物的化学式。

基本操作

(1) 沙浴加热，参见第一部分三（二）2(3)。

(2) 研钵的使用，参见第一部分十一（三）。

(3) 干燥器的使用，参见第一部分十一（二）。

实验用品

固体药品：$CuSO_4 \cdot 5H_2O$。

仪器：沙浴盘、电炉、温度计、研钵、干燥器、坩埚、坩埚钳、分析天平。

材料：滤纸条、沙子。

实验内容

1. 五水合硫酸铜脱水

(1) 用光电分析天平称量已恒重的坩埚及坩埚盖的质量 m_0。

(2) 在已恒重的坩埚中加入 1.0～1.2g 研细的五水合硫酸铜晶体，铺成均匀的一层，再用分析天平称量其质量 m_1。

(3) 将已称量的装有五水合硫酸铜晶体的坩埚置于沙浴盘中。将其 3/4 体积埋入沙中，在靠近坩埚的沙浴中插入一支温度计（>300℃），其末端大致与坩埚底同一水平。加热沙浴，当温度超过 200℃后缓慢升温至 280℃左右，调节电炉控制沙浴温度在 260～280℃之间。当坩埚内粉末全部变为灰白色后停止加热（约 15～20min），用干净的坩埚钳将坩埚移入干燥器内，冷却至室温。将坩埚外壁用滤纸擦干净后称其质量。

(4) 重复沙浴加热、冷却、称量直至“恒重”为 m_2（要求前后两次称量之差≤1mg）。将无水硫酸铜倒入回收瓶中。

2. 数据处理

将实验数据填入表Ⅲ-12-1。

表Ⅲ-12-1 数据记录与处理

坩埚质量 m_0/g	
坩埚＋$CuSO_4 \cdot 5H_2O$ 晶体的总质量 m_1/g	
坩埚＋无水硫酸铜的总质量 m_2/g	
坩埚＋无水硫酸铜的平均质量 $\overline{m}_2$/g	
$CuSO_4 \cdot 5H_2O$ 的质量 m_3/g	
无水硫酸铜的质量 m_4/g	
结晶水的质量 m_5/g	
每摩尔的 $CuSO_4$ 的结晶水数 $\frac{159.61m_5}{18.01m_4}$	
相对误差/%	
水合硫酸铜的化学式	

思考题

(1) 什么叫恒重？为什么要进行重复灼烧操作？其作用是什么？

(2) 加热后的热坩埚为什么要放在干燥器内冷却？

(3) 在水合硫酸铜结晶水的测定中，为什么用沙浴加热并控制温度在 280℃左右？

【附注】

(1) $CuSO_4 \cdot 5H_2O$ 的用量最好不要超过 1.2g。

(2) 加热脱水一定要完全，晶体要完全变为灰白色而不是浅蓝色。

(3) 沙浴加热时会有水蒸气逸出，故坩埚盖子不能盖严而应留一微缝。

实验 13　氧化还原平衡和电化学

实验目的

（1）学会装配原电池。

（2）掌握电极的本性、电对的氧化型或还原型物质的浓度、介质的酸度等因素对电极电势、氧化还原反应的方向、产物、速率的影响。

（3）通过实验了解化学电池电动势。

基本操作

试管操作，参见第一部分三（二）1 和五（一）、（二）。

实验用品

液体药品：HAc($6mol \cdot L^{-1}$)、H_2SO_4($1mol \cdot L^{-1}$)、NaOH($6mol \cdot L^{-1}$)、$NH_3 \cdot H_2O$（浓）、$ZnSO_4$($1mol \cdot L^{-1}$)、$CuSO_4$($1mol \cdot L^{-1}$)、KI($0.1mol \cdot L^{-1}$)、KBr($0.1mol \cdot L^{-1}$)、$FeCl_3$($0.1mol \cdot L^{-1}$)、$Fe_2(SO_4)_3$($0.1mol \cdot L^{-1}$)、$(NH_4)_2SO_4 \cdot FeSO_4 \cdot 6H_2O$($0.1mol \cdot L^{-1}$，$1mol \cdot L^{-1}$)、$H_2O_2$(3%)、$KIO_3$($0.1mol \cdot L^{-1}$)、溴水、碘水（$0.1mol \cdot L^{-1}$）、$CCl_4$、酚酞指示剂、淀粉溶液（0.4%）、KSCN($0.5mol \cdot L^{-1}$)、$Na_2SO_3$($0.1mol \cdot L^{-1}$)、$KMnO_4$($0.01mol \cdot L^{-1}$)、$Na_2SO_4$($1mol \cdot L^{-1}$)。

固体药品：NH_4F。

仪器：万用表。

材料：盐桥、电极（锌片、铜片）、回形针、导线、砂纸、滤纸。

实验内容

1. 氧化还原反应和电极电势

（1）在试管中加入 0.5mL $0.1mol \cdot L^{-1}$的 KI 溶液、2 滴 $0.1mol \cdot L^{-1}$的 $FeCl_3$ 溶液和 0.5mL 的 CCl_4，充分振荡，观察 CCl_4 层颜色。

（2）用 $0.1mol \cdot L^{-1}$的 KBr 溶液代替 KI 溶液进行上述实验，观察现象。

（3）在试管中加入 0.5mL $0.1mol \cdot L^{-1}$的 $(NH_4)_2SO_4 \cdot FeSO_4 \cdot 6H_2O$ 溶液、3 滴溴水和 2 滴 $0.5mol \cdot L^{-1}$的 KSCN 溶液，充分振荡，观察溶液颜色。

（4）用碘水代替溴水进行上述实验，观察现象。

2. 酸度对氧化还原反应的影响

（1）酸度对氧化还原反应产物的影响　在 3 支都盛有 0.5mL $0.1mol \cdot L^{-1}$的 Na_2SO_3 溶液的试管中，分别加入 0.5mL $1mol \cdot L^{-1}$ H_2SO_4 溶液、0.5mL 蒸馏水和 0.5mL $6mol \cdot L^{-1}$的 NaOH 溶液，混匀后再各滴入 2 滴 $0.01mol \cdot L^{-1}$的 $KMnO_4$ 溶液，观察颜色变化，写出反应方程式。

（2）酸度对氧化还原反应方向的影响　在试管中加入 0.5mL $0.1mol \cdot L^{-1}$的 KI 溶液和 2 滴 $0.1mol \cdot L^{-1}$的 KIO_3 溶液，再加入几滴淀粉溶液，振荡并观察溶液颜色有无变化。然后加 2～3 滴 $1mol \cdot L^{-1}$的 H_2SO_4 溶液酸化混合液，观察有什么变化，最后滴加 2～3 滴 $6mol \cdot L^{-1}$的 NaOH 使混合液显碱性，又有什么变化，写出相关反应方程式。

（3）酸度对氧化还原反应速率的影响　在 2 支都盛有 0.5mL $0.1mol \cdot L^{-1}$的 KBr 溶液的试管中，分别加入 0.5mL $1mol \cdot L^{-1}$的 H_2SO_4 和 $6mol \cdot L^{-1}$的 HAc 溶液，然后各滴加 2 滴 $0.01mol \cdot L^{-1}$的 $KMnO_4$ 溶液，观察 2 支试管中紫红色褪去的速度。写出有关反应方程式。

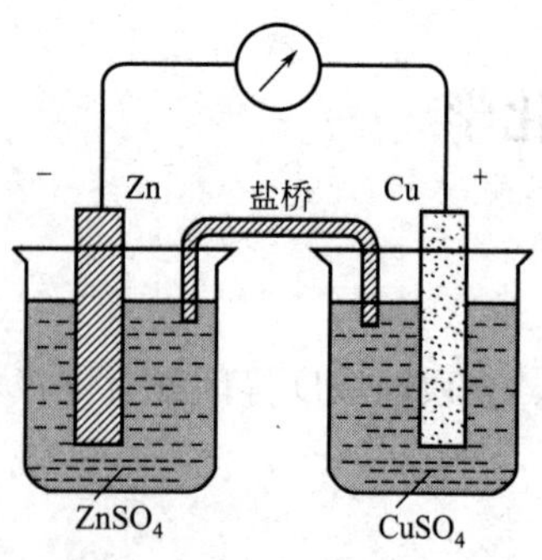

图Ⅲ-13-1 浓度对电极电势的影响实验装置

3. 浓度对氧化还原反应的影响

(1) 浓度对电极电势的影响 往一只 50mL 烧杯中加入约 15mL $1mol \cdot L^{-1}$ 的 $ZnSO_4$ 溶液，另一只烧杯中加入约 15mL $1mol \cdot L^{-1}$的 $CuSO_4$ 溶液。用盐桥将这两个烧杯相连，用导线将锌片和铜片分别与万用表的负极和正极相连，并将锌片和铜片分别插入盛有 $ZnSO_4$ 溶液和 $CuSO_4$ 溶液的烧杯中，测量两电极之间的电压（见图Ⅲ-13-1）。

向 $CuSO_4$ 溶液中加入浓氨水至生成的沉淀完全溶解形成深蓝色的溶液：

$$Cu^{2+} + 4NH_3 \rightleftharpoons [Cu(NH_3)_4]^{2+}$$

测量电压，有何变化。

向 $ZnSO_4$ 溶液中加入浓氨水至生成的沉淀完全溶解：

$$Zn^{2+} + 4NH_3 \rightleftharpoons [Zn(NH_3)_4]^{2+}$$

测量电压有何变化，并用 Nernst 方程解释实验现象。

(2) 浓度对氧化还原反应方向的影响

① 在盛有 H_2O、CCl_4 和 $0.1mol \cdot L^{-1}$ 的 $Fe_2(SO_4)_3$ 各 0.5mL 的试管中加入 0.5mL $0.1mol \cdot L^{-1}$ KI 溶液，振荡，观察 CCl_4 层颜色。

② 在盛有 $1mol \cdot L^{-1}$ $(NH_4)_2SO_4 \cdot FeSO_4 \cdot 6H_2O$、$CCl_4$ 和 $0.1mol \cdot L^{-1}$ 的 $Fe_2(SO_4)_3$ 各 0.5mL 的试管中加入 0.5mL $0.1mol \cdot L^{-1}$的 KI 溶液，振荡，观察 CCl_4 层颜色。与上一实验有何区别？

③ 在实验①的试管中，加入少许 NH_4F 固体，振荡，观察 CCl_4 层颜色变化。

根据以上实验，说明浓度对氧化还原反应的影响。

4. 氧化数居中的物质的氧化还原性

(1) 在试管中加入 0.5mL $0.1mol \cdot L^{-1}$的 KI、2～3 滴 $1mol \cdot L^{-1}$ 的 H_2SO_4、1～2 滴 3%的 H_2O_2，再加入 0.5mL CCl_4，观察 CCl_4 层颜色变化。

(2) 在试管中加入 2 滴 $0.01mol \cdot L^{-1}$的 $KMnO_4$ 和 3 滴 $1mol \cdot L^{-1}$ 的 H_2SO_4，摇匀后再加入 2 滴 3%的 H_2O_2，观察试管中溶液颜色的变化。

5. 电解

将铜锌原电池的两极分别连在一个回形针上，并将这两个回形针相距 1～2mm 卡在双层滤纸上，然后将它们放在表面皿上，往回形针中间滴加 2 滴 $1mol \cdot L^{-1}$ 的 Na_2SO_4 溶液和 1 滴酚酞，观察哪一个回形针所压之处出现红色。写出电极反应式。

思 考 题

(1) 为什么 $KMnO_4$ 能氧化浓盐酸中的 Cl^-，而不能氧化 NaCl 溶液中的 Cl^-？

(2) 从实验结果讨论氧化还原反应和哪些因素有关。

(3) 电解 Na_2SO_4 溶液为什么得不到金属 Na?

【附注】

1. 盐桥的制法

称取 1g 琼脂，放入 100mL KCl 饱和溶液中浸泡 5min，在不断搅拌下，加热煮成糊状，趁热倒入 U 形玻璃管中（注意管内不能留有气泡，否则会增大电阻），冷却即可。

也可以用 KCl 饱和溶液装满 U 形玻璃管，用棉花球塞住两管口后作为盐桥。

2. 在原电池和电解实验中，用作电极的锌片、铜片要用砂纸打磨干净，以免接触不良增大电阻。

实验 14　水溶液中的解离平衡

实验目的

(1) 掌握强电解质和弱电解质溶液性质的差别。

(2) 掌握缓冲溶液的配制和性质。

(3) 了解沉淀溶解平衡的原理。

基本操作

(1) 试管操作，参见第一部分三（二）1 和五（一）、（二）。

(2) 离心机的使用，参见第一部分八（四）3。

实验用品

液体药品：HCl(6mol·L^{-1}，0.1mol·L^{-1})、HAc(1mol·L^{-1}，0.1mol·L^{-1})、HNO_3（浓）、NaOH(0.1mol·L^{-1})、$NH_3 \cdot H_2O$(0.1mol·L^{-1})、NaAc(1mol·L^{-1})、NH_4Cl（饱和，0.1mol·L^{-1})、$MgCl_2$(0.1mol·L^{-1})、NH_4Ac(0.1mol·L^{-1})、$NaHCO_3$(0.1mol·L^{-1})、Na_2CO_3(0.1mol·L^{-1})、Na_2S(0.1mol·L^{-1})、NaH_2PO_4(0.1mol·L^{-1})、Na_2HPO_4(0.1mol·L^{-1})、Na_3PO_4(0.1mol·L^{-1})、$CaCl_2$(0.1mol·L^{-1})、$FeCl_3$(0.1mol·L^{-1})、酚酞指示剂、甲基橙指示剂。

固体药品：锌粒、NaAc、NH_4Cl、$FeCl_3$、$SbCl_3$。

仪器：离心机。

材料：pH 试纸、精密 pH 试纸。

实验内容

1. 比较强酸和弱酸的酸性

(1) 强酸和弱酸与金属反应速率比较　在两支试管中分别加入 2.0mL 0.1mol·L^{-1}的 HCl 和 0.1mol·L^{-1}的 HAc 溶液，各加入一粒锌粒，60℃水浴加热，观察两支试管中的反应情况。

(2) 醋酸和盐酸酸性的比较　用精密试纸测 0.1mol·L^{-1}的 HCl 和 0.1mol·L^{-1}的 HAc 溶液的 pH，将结果与计算值进行比较。

由实验结果比较 HCl 和 HAc 溶液的酸性并说明原因。

2. 同离子效应

(1) 在两支试管中各加 0.5mL 0.1mol·L^{-1}的 HAc 和 1 滴甲基橙指示剂，观察溶液的颜色。再向其中的一支试管中加入少量 NaAc 固体，摇匀，观察溶液的颜色变化并解释原因。

(2) 在两支试管中各加 0.5mL 0.1mol·L^{-1}的氨水和 1 滴酚酞指示剂，观察溶液的颜色。再向其中的一支试管中加入少量 NH_4Cl 固体，摇匀，观察溶液的颜色变化并解释原因。

(3) 在两支试管中各加 0.5mL 0.1mol·L^{-1}的 $MgCl_2$ 溶液，向其中的一支试管中加入 0.5mL 的饱和 NH_4Cl 溶液，再向两支试管中加几滴 0.1mol·L^{-1}的氨水，摇匀，观察实验现象并解释原因。

3. 盐的水解

(1) 用 pH 试纸分别试验 0.1mol·L^{-1}下列溶液的酸碱性（表Ⅲ-14-1）。

表Ⅲ-14-1 各溶液的酸碱性

项目	NH_4Cl	NH_4Ac	$NaHCO_3$	Na_2CO_3	Na_2S	NaH_2PO_4	Na_2HPO_4	Na_3PO_4
pH								

解释原因并写出有关反应方程式。酸式盐是否都呈酸性，为什么？

(2) 取少量 $Fe(NO_3)_3$ 加水溶解，将溶液分成三份，向其中一支试管中加入几滴 $6mol \cdot L^{-1}$ 的 HNO_3，另一支试管 60℃水浴加热 5min，比较三份溶液的颜色并说明原因。

(3) 取绿豆大小的 $SbCl_3$ 固体于一支大试管中，加入 2mL 水，振荡，是否溶解完全？用 pH 试纸测其 pH；将试管小火加热，边振荡边滴加 $2mol \cdot L^{-1}$浓 HNO_3 至沉淀刚好完全溶解，测其 pH 值，将溶液倒入盛有蒸馏水的烧杯中，观察实验现象并解释原因。

(4) 向分别盛有少量 $0.1mol \cdot L^{-1}$的 $FeCl_3$ 溶液和 $0.1mol \cdot L^{-1}$的 $CaCl_2$ 溶液的两支试管中滴加 $0.1mol \cdot L^{-1}$的 Na_2CO_3 溶液，振荡，离心分离，洗净沉淀，鉴定沉淀是氢氧化物还是碳酸盐并解释。

4. 缓冲溶液的配制和性质

(1) 用 $1mol \cdot L^{-1}$的 HAc 和 $1mol \cdot L^{-1}$的 NaAc 溶液配制 pH＝4.0 的缓冲溶液 10mL，并用精密 pH 试纸测其 pH 值，检验是否符合要求？

(2) 在分别盛有 1mL 上述缓冲溶液的两支试管中分别滴加 1 滴 $0.1mol \cdot L^{-1}$的 HCl 和 1 滴 $0.1mol \cdot L^{-1}$的 NaOH 溶液，测它们的 pH 值。

(3) 在分别盛有 1mL 蒸馏水的两支试管中分别滴加 1 滴 $0.1mol \cdot L^{-1}$的 HCl 和 1 滴 $0.1mol \cdot L^{-1}$的 NaOH 溶液，测它们的 pH 值。

比较上面的实验结果，说明缓冲溶液的缓冲性能。

5. 在两支试管中各加入 1mL $0.1mol \cdot L^{-1}$ Na_2CO_3 溶液，测溶液的 pH 值，向其中一支试管中加 1 滴 $0.1mol \cdot L^{-1}$ HCl 溶液，向另一支试管中加 1 滴 $0.1mol \cdot L^{-1}$ NaOH 溶液，用精密 pH 试纸测它们的 pH 值并解释。

思 考 题

(1) 为什么 NaH_2PO_4 溶液显弱酸性、Na_2HPO_4 溶液显弱碱性，而 Na_3PO_4 溶液碱性较强？

(2) 为什么 $FeCl_3$ 溶液与 Na_2CO_3 溶液的反应产物和 $CaCl_2$ 溶液与 Na_2CO_3 溶液反应的产物不同？

实验 15 配合物的生成与性质

实验目的

(1) 掌握配离子与简单离子的区别。

(2) 了解螯合物的概念，比较配合物的稳定性。

(3) 了解配位平衡与酸碱平衡、沉淀平衡、氧化还原平衡的关系。

实验原理

配位化合物，又叫络合物，简称配合物，一般由内界和外界两部分组成。内界为配合物的特征部分，是中心离子和配体之间通过配位键结合而成的一个相对稳定的整体，在配合物化学式中一般以方括号标明；方括号外的离子，离中心较远，构成外界，内界与外界以离子键结合。如在 $[Cu(NH_3)_4]SO_4$ 中，中心离子 Cu^{2+} 和配体 NH_3 组成内界，SO_4^{2-} 处于外界。

在水溶液中内、外界之间全部解离，如 $[Cu(NH_3)_4]SO_4$ 在水中全部解离为 $[Cu(NH_3)_4]^{2+}$、SO_4^{2-} 两种离子。内界配离子 $[Cu(NH_3)_4]^{2+}$ 的中心离子 Cu^{2+} 与配体 NH_3 之间存在解离平衡：

$$Cu^{2+} + 4NH_3 \rightleftharpoons [Cu(NH_3)_4]^{2+}$$

$$K_{稳}^{\ominus} = \frac{[Cu(NH_3)_4^{2+}]}{[Cu^{2+}][NH_3]^4}$$

改变中心离子或配体的浓度会使配位平衡发生移动，根据配位-解离平衡，一种配离子可以生成更稳定的另一种配离子。溶液酸度的改变、生成沉淀、发生氧化还原反应等都会改变中心离子或配体的浓度从而使配位平衡发生移动。

螯合物（旧称内络盐）是由中心离子和多齿配体结合而成的具有环状结构的配合物。

实验用品

液体药品：HCl（浓，$6mol \cdot L^{-1}$）、NaOH($2mol \cdot L^{-1}$，$0.1mol \cdot L^{-1}$)、$(NH_4)_2SO_4 \cdot FeSO_4 \cdot 6H_2O$($0.1mol \cdot L^{-1}$)、$Fe_2(SO_4)_3$($0.1mol \cdot L^{-1}$)、$K_4[Fe(CN)_6]$($0.1mol \cdot L^{-1}$)、$AgNO_3$($0.1mol \cdot L^{-1}$)、$NH_3 \cdot H_2O$（浓，$6mol \cdot L^{-1}$）、KCl($0.1mol \cdot L^{-1}$)、$CuSO_4$($0.5mol \cdot L^{-1}$)、$NiSO_4$($0.1mol \cdot L^{-1}$)、$FeCl_3$($0.1mol \cdot L^{-1}$)、KSCN($0.5mol \cdot L^{-1}$)、$CoCl_2$($0.1mol \cdot L^{-1}$，$2mol \cdot L^{-1}$)、$(NH_4)_2C_2O_4$（饱和）、KBr($0.1mol \cdot L^{-1}$)、$Na_2S_2O_3$($0.1mol \cdot L^{-1}$)、KI($0.1mol \cdot L^{-1}$)、溴水、$CrCl_3$($2mol \cdot L^{-1}$)、EDTA($0.1mol \cdot L^{-1}$)、丁二酮肟溶液、丙酮、$CH_3CH_2OH$(95%)、$CCl_4$。

固体药品：NH_4F、$SnCl_2$。

仪器：试管、烧杯、表面皿、电热恒温水浴锅。

实验内容

1. 配离子和简单离子配位平衡与氧化还原平衡比较

(1) Fe^{2+} 与 $[Fe(CN)_6]^{4-}$　在两支试管中分别加入几滴 $0.1mol \cdot L^{-1}$ 的 $(NH_4)_2SO_4 \cdot FeSO_4 \cdot 6H_2O$ 溶液和 $0.1mol \cdot L^{-1}$ 的 $K_4[Fe(CN)_6]$ 溶液，再各滴加 1 滴 $0.1mol \cdot L^{-1}$ 的 NaOH 溶液，观察有无沉淀产生。

(2) Ag^+ 与 $[Ag(NH_3)_2]^+$　在两支试管中分别加入几滴 $0.1mol \cdot L^{-1}$ 的 $AgNO_3$ 溶液，向其中一支试管中加入 2mL 浓氨水溶液，向另一支试管中加入 2mL 蒸馏水，再各滴加 1 滴 $0.1mol \cdot L^{-1}$ 的 KCl 溶液，观察有无沉淀产生。

(3) 复盐 $(NH_4)_2SO_4 \cdot FeSO_4 \cdot 6H_2O$ 的性质　用 NaOH 溶液检验 $(NH_4)_2SO_4 \cdot FeSO_4$ 溶液中 Fe^{2+} 和 NH_4^+（气室法）的存在。

由实验结果说明简单离子与配离子、复盐与配离子的区别。

2. 配合物的生成

(1) 简单配合物的生成　向试管中加入 0.5mL $0.5mol \cdot L^{-1}$ 的 $CuSO_4$ 溶液，逐滴加入 $6mol \cdot L^{-1}$ 的氨水至生成的沉淀刚好消失，向溶液中加入少量 95% 的乙醇，摇匀静置，观察 $[Cu(NH_3)_4]SO_4$ 晶体的析出，过滤，用乙醇洗涤晶体。

(2) 螯合物的生成

① 在试管中加入 1 滴 $0.1mol \cdot L^{-1}$ 的 $NiSO_4$ 溶液和 3 滴 $6mol \cdot L^{-1}$ 的氨水，再滴加几滴丁二酮肟溶液，观察二丁二酮肟合镍（Ⅱ）沉淀的颜色。

② Fe^{3+} 与 EDTA 配离子的生成　向试管中加入几滴 $0.1mol \cdot L^{-1}$ 的 $FeCl_3$ 溶液，滴加 2 滴 $0.5mol \cdot L^{-1}$ 的 KSCN 溶液，观察溶液颜色，加入少量 NH_4F 固体至溶液变为无色。然后滴加 $0.1mol \cdot L^{-1}$ 的 EDTA 溶液，观察溶液颜色的变化并解释实验现象。

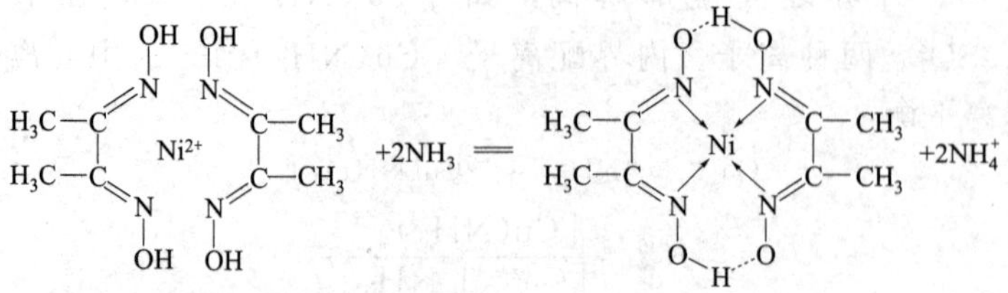

EDTA 与 Fe^{3+} 生成的螯合物有 5 个五元环：

$$Fe^{3+} + [H_2(EDTA)]^{2-} = [Fe(EDTA)]^{-} + 2H^{+}$$

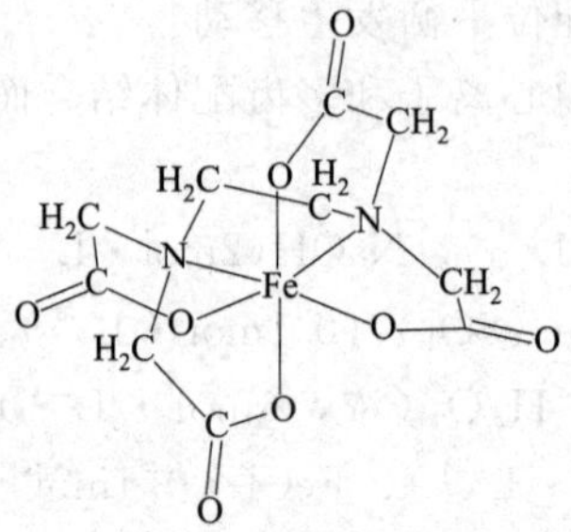

3. 配位平衡的移动

（1）配位反应与配位平衡

① 取几滴 0.1mol・L^{-1} 的 $Fe_2(SO_4)_3$ 溶液，加入几滴 6mol・L^{-1} 的 HCl 溶液，观察溶液颜色的变化？再加入 1 滴 0.5mol・L^{-1} KSCN 溶液，溶液颜色又如何？最后加固体 NH_4F 至溶液颜色完全褪去。判断三种配离子的稳定性。

② 取几滴 0.1mol・L^{-1} 的 $CoCl_2$ 溶液，滴加 0.5mol・L^{-1} 的 KSCN 溶液，加入少量丙酮，观察溶液颜色的变化？再加入几滴 0.1mol・L^{-1} 的 $Fe_2(SO_4)_3$ 溶液，溶液颜色又如何？比较 Co^{2+} 和 Fe^{3+} 与 SCN^- 生成配离子的稳定性。

（2）配位平衡与酸碱平衡

① 在 $Fe_2(SO_4)_3$ 与 NH_4F 生成的配离子 $[FeF_6]^{3-}$ 溶液中滴加 2mol・L^{-1} 的 NaOH 溶液，观察沉淀的生成和颜色，写出反应方程式并解释。

② 取 2 滴 0.1mol・L^{-1} 的 $Fe_2(SO_4)_3$ 溶液，加入 10 滴饱和 $(NH_4)_2C_2O_4$ 溶液，观察溶液颜色的变化。然后滴加几滴 0.5mol・L^{-1} 的 KSCN 溶液，溶液颜色又如何？再逐滴加入 6mol・L^{-1} 的 HCl 溶液，观察溶液颜色的变化并写出反应方程式。

（3）配位平衡与沉淀溶解平衡　在试管中加入 5 滴 0.1mol・L^{-1} 的 $AgNO_3$ 溶液，滴加 0.1mol・L^{-1} 的 KCl 溶液，观察沉淀的生成，滴加 6mol・L^{-1} 的氨水至沉淀刚好消失，滴加 0.1mol・L^{-1} 的 KBr 溶液，有何现象？再滴加 0.1mol・L^{-1} 的 $Na_2S_2O_3$ 溶液至沉淀刚好消失，滴加 0.1mol・L^{-1} 的 KI 溶液，观察沉淀的颜色。写出离子反应方程式，并根据 $K^{\ominus}_{sp}$ 和 $K^{\ominus}_{稳}$ 解释。

（4）配位平衡与氧化还原平衡

① 在盛有 CCl_4 和 0.1mol・L^{-1} 的 $Fe_2(SO_4)_3$ 各 0.5mL 的试管中加入 0.5mL 0.1mol・L^{-1} 的 KI 溶液，振荡，观察 CCl_4 层颜色。再加入少许 NH_4F 固体，振荡，观察 CCl_4 层颜色变化。根据电极电势加以说明。

② 向两支分别盛有 0.5mL 0.1mol・L^{-1} 的 $(NH_4)_2SO_4 \cdot FeSO_4 \cdot 6H_2O$ 溶液和 0.5mL 0.1mol・L^{-1} 的 $K_4[Fe(CN)_6]$ 溶液的试管中各加入 3 滴溴水和几滴 0.5mol・L^{-1} KSCN 溶液，充分振荡，观察溶液颜色有何不同并写出反应方程式。

③ 在几滴 0.1mol・L^{-1} 的 $FeCl_3$ 溶液中加几滴浓 HCl 溶液，加 1 滴 0.5mol・L^{-1} 的 KSCN 溶液，观察溶液颜色，再加入少许 $SnCl_2$ 固体，观察溶液颜色变化，写出反应方程式并加以解释。

4. 配位化合物的异构现象

（1）在试管中加入约 1mL 2mol・L^{-1} 的 $CrCl_3$ 溶液，水浴加热，溶液变为绿色，然后将溶液冷却，溶液又变为紫色：

$$\underset{（紫色）}{[Cr(H_2O)_6]^{3+}} + 2Cl^- \rightleftharpoons \underset{（绿色）}{[Cr(H_2O)_4Cl_2]^+} + 2H_2O$$

（2）在试管中加入约 1mL 2mol・L^{-1} 的 $CoCl_2$ 溶液，加热，溶液变为蓝色，然后将溶液冷却，溶液又变为红色：

$$\underset{（红色）}{[Co(H_2O)_6]^{2+}} + 4Cl^- \rightleftharpoons \underset{（蓝色）}{[CoCl_4]^{2-}} + 6H_2O$$

若实验现象不明显，可再加入少许浓 HCl 提高 Cl^- 浓度。

思　考　题

（1）举例说明影响配合平衡的因素有哪些？

（2）用实验事实说明电对的氧化型或还原型生成配合物后其氧化能力如何变化？

实验 16　沉淀的生成与溶解平衡

实验目的

（1）实验沉淀的生成、溶解和相互转化。

（2）利用溶解度的差异进行分离。

（3）学习离心分离等试管操作。

基本操作

离心机的使用，参见第一部分八（四)3。

实验用品

液体药品：HCl（2mol・L^{-1}）、HNO_3（浓，6mol・L^{-1}）、NaOH（6mol・L^{-1}）、Na_2SO_4（0.002mol・L^{-1}）、$CaCl_2$（0.01mol・L^{-1}）、$BaCl_2$（0.01mol・L^{-1}）、KCl（0.1mol・L^{-1}）、K_2CrO_4（0.05mol・L^{-1}，0.1mol・L^{-1}）、$AgNO_3$（0.1mol・L^{-1}）、NH_3・H_2O（浓）、Na_2CO_3（0.1mol・L^{-1}）、$MnSO_4$（0.1mol・L^{-1}）、NH_4Cl（饱和）、Na_2S（0.1mol・L^{-1}）、$CuSO_4$（0.1mol・L^{-1}）、$Pb(NO_3)_2$（0.1mol・L^{-1}）。

实验内容

1. 沉淀的生成

（1）往 5 滴 0.002mol・L^{-1} 的 Na_2SO_4 溶液中加入 5 滴 0.01mol・L^{-1} 的 $CaCl_2$ 溶液，观察有无沉淀产生？

往 5 滴 0.002mol・L^{-1} 的 Na_2SO_4 溶液中加入 5 滴 0.01mol・L^{-1} $BaCl_2$ 溶液，有无沉淀产生？

（2）在试管中加 5 滴 0.1mol・L^{-1} 的 KCl 溶液和 2 滴 0.1mol・L^{-1} 的 K_2CrO_4 溶液，混匀后，边振荡试管，边滴加 0.1mol・L^{-1} 的 $AgNO_3$ 溶液，观察沉淀颜色，说明原因。

（3）往离心试管中加入 5 滴 0.1mol・L^{-1} 的 KCl 溶液，逐滴滴入 0.1mol・L^{-1} 的

$AgNO_3$溶液，待反应完全后，将沉淀离心分离，用热去离子水洗涤沉淀两次，在沉淀上加数滴 0.1mol·L^{-1}的 Na_2S 溶液，观察沉淀颜色的变化，解释实验现象。

2. 沉淀的溶解

(1) 生成弱电解质使沉淀溶解。

① 向盛有 0.5mL 0.1mol·L^{-1}的 $MnSO_4$ 溶液的试管中加几滴 6mol·L^{-1}的 NaOH 溶液，观察沉淀的生成，离心分离。向沉淀中加入 2mL 饱和 NH_4Cl 溶液，观察沉淀的溶解。写出反应方程式。

② 向盛有 0.5mL 0.1mol·L^{-1}的 $MnSO_4$ 溶液的试管中加几滴 0.1mol·L^{-1}的 Na_2S 溶液，观察沉淀的生成，离心分离。向沉淀中加入 2mol·L^{-1}的 HCl 溶液，观察沉淀的溶解。写出反应方程式。

③ 向盛有 0.5mL 0.1mol·L^{-1}的 $MnSO_4$ 溶液的试管中加几滴 0.1mol·L^{-1}的 Na_2CO_3 溶液，观察沉淀的生成，离心分离。向沉淀中滴加 2mol·L^{-1}的 HCl 溶液，观察沉淀的溶解。写出反应方程式。

(2) 生成配合物使沉淀溶解。

① 向试管中加入 0.5mL 0.1mol·L^{-1}的 $CuSO_4$ 溶液，滴加浓氨水溶液，观察沉淀的生成，继续滴加浓氨水观察沉淀的溶解。写出反应方程式。

② 向试管中加入几滴 0.1mol·L^{-1}的 $AgNO_3$ 溶液，滴加 0.1mol·L^{-1}的 KCl 溶液，观察沉淀的生成，离心除去上层清液，滴加浓氨水溶液观察沉淀是否溶解。写出反应方程式。

(3) 改变沉淀组分的形态使沉淀溶解。

① 向小试管中加入几滴 0.1mol·L^{-1}的 $CuSO_4$ 溶液，再滴加 0.1mol·L^{-1}的 Na_2S 溶液，观察沉淀的生成与颜色，离心除去上层清液，向沉淀滴加浓 HNO_3，水浴加热，观察沉淀的溶解。写出反应方程式。

② 向两支试管中各滴加几滴 0.1mol·L^{-1}的 $Pb(NO_3)_2$ 溶液，再滴加 0.1mol·L^{-1}的 K_2CrO_4 溶液，观察沉淀的生成，离心除去上层清液，分别滴加过量的 6mol·L^{-1}的 NaOH 溶液和 6mol·L^{-1}的 HNO_3 溶液，水浴加热，观察实验现象，写出反应方程式。

3. 分步沉淀

在试管中加入 0.5mL 0.1mol·L^{-1}的 KCl 溶液和 0.5mL 0.05mol·L^{-1}的 K_2CrO_4 溶液，然后逐滴加入 0.1mol·L^{-1}的 $AgNO_3$ 溶液，边加边振荡，观察形成沉淀颜色的变化，试用溶度积原理加以解释。

4. 沉淀的转化

取 0.1mol·L^{-1}的 $AgNO_3$ 溶液 5 滴，加入 0.1mol·L^{-1}的 KCl 溶液 6 滴，观察实验现象，离心分离，弃去上层清液，往沉淀中滴加 0.1mol·L^{-1} Na_2S 溶液，有何现象，为什么？

5. 利用沉淀进行离子分离

溶液中含有 Zn^{2+} 和 Cu^{2+}，如何利用它们硫化物溶解度的不同进行分离。

思考题

(1) 举例说明影响配位平衡的因素有哪些？

(2) 加热对水解有何影响？为什么？

(3) 沉淀溶解和转化的条件各有哪些？

第四部分　无机化合物的制备实验

实验 17　转化法制硝酸钾

实验目的

（1）学习水溶液中利用离子相互反应制备硝酸钾的原理与步骤。

（2）掌握固体溶解、减压过滤、热过滤、加热蒸发的基本操作。

（3）学习结晶与重结晶的一般原理和操作方法。

实验原理

工业上常用转化法制备硝酸钾，反应式如下：

$$NaNO_3 + KCl \rightleftharpoons NaCl + KNO_3$$

该反应是可逆的，反应原理是利用反应物、生成物之间溶解度随温度变化的差异性，促使反应向右进行，从而得到目标产物。

在 $NaNO_3$ 和 KCl 的混合溶液中，存在 Na^+、K^+、Cl^- 和 NO_3^- 四种离子，由它们组成的四种盐随温度变化的溶解度如表Ⅳ-17-1 所示，由数据可知，在 20℃时，除硝酸钠以外，其他三种盐的溶解度相差不大，因此不能使硝酸钾晶体析出。但是随着温度的升高，氯化钠的溶解度变化不大，而硝酸钾的溶解度却大幅增加，因此只要将一定浓度的硝酸钠和氯化钾混合溶液加热浓缩，在高温时硝酸钾的溶解度很大，达不到饱和，不析出，而氯化钠的溶解度小，析出，趁热过滤滤除氯化钠，滤液冷却至室温，由于硝酸钾的溶解度急剧下降而大量析出。初次结晶的粗产品中混有少量的氯化钠，可采用重结晶的方法进行提纯。

表Ⅳ-17-1　硝酸钾等四种盐在不同温度（℃）下水中的溶解度　单位：g·(100g)$^{-1}$

盐	0	10	20	30	40	60	80	100
KNO_3	13.3	20.9	31.6	45.8	63.9	110	169	246
KCl	27.6	31.0	34.0	37.0	40.0	45.5	51.1	56.7
$NaNO_3$	73	80	88	96	104	124	148	180
NaCl	35.7	35.8	36.0	36.3	36.6	37.3	38.4	39.8

基本操作

（1）固体的溶解、过滤、蒸发、结晶和固液分离，参见第一部分八（一）、（二）、（三）、（四）。

（2）热过滤，参见第一部分八（四）2(3)。

（3）电热恒温水浴锅的使用，参见第一部分三（一）4。

实验用品

液体药品：HNO_3(5mol·L^{-1})、$AgNO_3$(0.1mol·L^{-1})。

固体药品：硝酸钠、氯化钾。

仪器：量筒、烧杯、三角架、石棉网、酒精灯、玻璃漏斗、热滤漏斗、布氏漏斗、吸滤瓶、循环水式多用真空泵、表面皿、电热恒温水浴锅、电子台秤、铁架台。

材料：滤纸。

实验内容

1. 溶解蒸发

(1) 称取 22g 硝酸钠和 15g 氯化钾放入 100mL 烧杯中，加 35mL 蒸馏水，酒精灯加热并不断搅拌，固体全部溶解后，继续加热蒸发，使溶液体积蒸发至原有体积的 2/3 时，有氯化钠晶体逐渐析出，趁热进行热过滤，滤液盛于烧杯中自然冷却至室温，析出硝酸钾晶体。

(2) 减压过滤后，水浴烘干粗产品，称重，计算理论产量与产率。

2. 粗产品的重结晶

(1) 除保留 0.1g 粗产品供纯度检验外，按 $m_{粗产品}:m_{水}=1:1$ 的比例，在加热、搅拌下将粗产品溶于蒸馏水中，待晶体全部溶解后停止加热。

(2) 溶液冷却至室温，析出硝酸钾晶体，减压过滤，水浴烘干，得到纯度较高的产品，称重。

3. 纯度定性检验

分别取 0.1g 粗产品和 0.1g 重结晶后的产品放入两只试管中，各加入 2mL 蒸馏水配成溶液。在溶液中分别滴加 1 滴 $5mol \cdot L^{-1}$ 的 HNO_3 酸化，再各滴入 $0.1mol \cdot L^{-1}$ 的 $AgNO_3$ 溶液 2 滴，观察两份溶液的变化，对比现象，得出结论。

纯度检验时，重结晶后的产品溶液应明显比粗产品澄清，若没有到达要求，应再次重结晶，直至合格。

思 考 题

(1) 热过滤时应注意什么？

(2) 什么是重结晶？

(3) 本实验中，影响硝酸钾产率的主要因素有哪些？

【附注】

1. 硝酸钾，英文名称 Potassium Nitrate；Nitre；Saltpetre，别名硝石，分子式 KNO_3，无色透明棱柱晶体或粉末，无味，密度为 $2.109g \cdot cm^{-3}$(16℃)，熔点 334℃，溶于水、稀乙醇、甘油，不溶于无水乙醇和乙醚。主要用于焰火、黑色火药、火柴、导火索、烛芯、烟草、彩电显像管、药物、分析试剂、催化剂、陶瓷釉彩、玻璃、肥料及花卉、蔬菜、果树等经济作物的叶面喷施肥料等。另外，冶金工业、食品工业等将硝酸钾用作辅料。

2. 中华人民共和国国家标准（GB 647—77）

见表Ⅳ-17-2。

表Ⅳ-17-2　化学试剂硝酸钾中杂质最高含量

名　称	优级纯	分析纯	化学纯
澄清度实验	合格	合格	合格
水不溶物	0.002	0.004	0.006
干燥失重	0.2	0.2	0.5
总氯量(以 Cl^- 计)	0.0015	0.003	0.007
硫酸盐(以 SO_4^{2-} 计)	0.002	0.005	0.01
亚硝酸盐及碘酸盐(以 NO_2 计)	0.0005	0.001	0.002

续表

名　称	优级纯	分析纯	化学纯
磷酸盐(以 PO_4^{3-} 计)	0.0005	0.001	0.001
钠(Na)	0.02	0.02	0.05
镁(Mg)	0.001	0.002	0.004
钙(Ca)	0.002	0.004	0.006
铁(Fe)	0.0001	0.0002	0.0005
重金属(以 Pb 计)	0.0003	0.0005	0.001

实验 18　硫酸铜晶体的制备、提纯及大晶体的培养

实验目的

(1) 了解由不活泼金属制备盐的一种方法。

(2) 掌握重结晶法提纯物质的原理与方法。

(3) 掌握蒸发、浓缩的基本操作。

实验原理

铜是不活泼金属，不能溶于非氧化性的酸中，但其氧化物在稀酸中却极易溶解，制备其盐类时，先使其氧化，然后再转化为相应的盐。本实验用 H_2SO_4 与 CuO 反应可以制取硫酸铜晶体：

$$CuO + H_2SO_4 \longrightarrow CuSO_4 + H_2O$$

硫酸铜的溶解度随温度升高而增大（表Ⅳ-18-1），所以当浓缩、冷却溶液时，就可以得到硫酸铜晶体。可用重结晶法提纯。

表Ⅳ-18-1　硫酸铜在不同温度下水中的溶解度　　单位：g·$(100g)^{-1}$

T/K	273	293	313	333	353	373
五水硫酸铜	23.1	32.0	44.6	61.8	83.8	114.0

基本操作

同实验九。

实验用品

液体药品：H_2SO_4($3mol\cdot L^{-1}$)。

固体药品：氧化铜。

仪器：量筒、蒸发皿、烧杯、酒精灯、玻璃漏斗、热滤漏斗、布氏漏斗、吸滤瓶、循环水式多用真空泵、电热恒温水浴锅、温度计、培养皿、镊子。

材料：滤纸、pH 试纸、细线。

实验内容

1. 硫酸铜晶体的制备与提纯

将 10mL $3mol\cdot L^{-1}$的 H_2SO_4 溶液倒进蒸发皿中，用小火加热，一边搅拌，一边用药匙慢慢地撒入 CuO 粉末，一直到 CuO 不能再反应为止。反应过程中如出现结晶，随时加入少量蒸馏水。反应完全后，溶液呈蓝色。

趁热过滤 $CuSO_4$ 溶液，用少量蒸馏水冲洗，将滤液转入蒸发皿中，水浴加热浓缩蒸发，并用玻璃棒不断搅动，当液面出现晶膜时，停止加热，室温冷却，析出蓝色的硫酸铜晶体，

减压抽滤，得粗产品。将硫酸铜粗产品按 1g 加 1.2mL 水的比例，溶于蒸馏水中，加热使之全部溶解，缓慢冷却至室温，析出纯度高的硫酸铜晶体，抽滤后，用滤纸吸干晶体表面的水分，称量，计算产率，产品、母液均回收。

2. 硫酸铜大晶体的培养

烧杯中加入 50mL 蒸馏水，再加入研细的硫酸铜粉末（根据溶解度计算用量配制饱和溶液）和 $3mol \cdot L^{-1}$ 的 H_2SO_4 1mL 左右，加热，使晶体完全溶解，控制溶液的 pH 为 2 左右，继续加热到 80℃，趁热过滤，把滤液置于洁净的培养皿中，盖好，静置一夜。挑选几颗晶型完整的小晶体，晶种的每一个面都必须光滑、整齐，用细线或头发丝将晶种捆好，固定在玻璃棒上。将捆有晶种的玻璃棒横放在烧杯口，晶种放入硫酸铜饱和溶液中。注意晶种不能与烧杯接触。每天向挂有晶体的溶液中添加高于室温约 20℃ 的硫酸铜饱和溶液，杯底如有晶体析出，应将其捞出。烧杯口用白纸盖住，静置、观察，直到得到满意的晶体为止。

思 考 题

(1) 实验室若用铜屑为原料如何制备硫酸铜？

(2) 为什么用水浴蒸发？

【附注】

硫酸铜，英文名称 Copper Sulphate，分子式：$CuSO_4$（纯品），$CuSO_4 \cdot 5H_2O$（水合物）。$CuSO_4$ 为白色粉末，密度 $3.603g \cdot cm^{-3}$，有极强的吸水性，吸水后呈蓝色。$CuSO_4 \cdot 5H_2O$ 俗称蓝矾、胆矾，深蓝色大颗粒状结晶体或蓝色颗粒状结晶粉末，有毒，无臭，带有金属涩味，密度 $2.2844g \cdot cm^{-3}$，干燥空气中会缓慢风化。溶于水，水溶液呈弱酸性，不溶于乙醇，150℃以上将失去全部水结晶成为白色粉末状无水硫酸铜。硫酸铜是较重要的铜盐之一，广泛应用于棉及丝织品印染的媒染剂，制造绿色及蓝色颜料，用作杀虫剂、水的杀菌剂、木材防腐剂、鞣革、铜的电镀、电池、雕刻及制造催化剂。同时大量用于有色金属选矿（浮选）工业、船舶油漆工业及其他化工原料的制造。

实验 19 碳酸钠的制备

实验目的

(1) 了解联合制碱法的反应原理。

(2) 学习利用盐类溶解度的差异，通过复分解反应制取化合物的方法。

实验原理

碳酸钠又名苏打，工业上叫纯碱，是一种重要的化工原料，应用广泛。工业上的联合制碱法是将二氧化碳和氨气通入氯化钠溶液中，先生成碳酸氢钠，再在高温下灼烧，转化为碳酸钠，反应如下：

$$NH_3 + CO_2 + H_2O + NaCl \longrightarrow NaHCO_3 \downarrow + NH_4Cl$$

$$2NaHCO_3 \xlongequal{} Na_2CO_3 + CO_2 \uparrow + H_2O$$

上述第一个反应中，实质上是碳酸氢铵与氯化钠在水溶液中的复分解反应，因此可直接用碳酸氢铵与氯化钠作用制取碳酸氢钠：

$$NH_4HCO_3 + NaCl \xlongequal{} NaHCO_3 \downarrow + NH_4Cl$$

NaCl、NH_4HCO_3、$NaHCO_3$ 和 NH_4Cl 四种盐在不同温度下溶解度数据见表Ⅳ-19-1，若反应体系的温度低于 30℃，原料 NH_4HCO_3 的溶解度较小而影响反应的进行，若高于 35℃，NH_4HCO_3 将会分解，而且在 30～35℃范围内，$NaHCO_3$ 的溶解度在四种盐中最低，因此在该条件下即可达到析出目标产物 $NaHCO_3$ 的目的。

表Ⅳ-19-1　四种盐在不同温度（℃）下水中的溶解度　单位：g·$(100g)^{-1}$

盐	0	10	20	30	40	50	60	70
NaCl	35.7	35.8	36.0	36.3	36.6	37.0	37.3	37.8
NH_4HCO_3	11.9	15.8	21.0	27.0	—	—	—	—
$NaHCO_3$	6.9	8.2	9.6	11.1	12.7	14.5	16.4	—
NH_4Cl	29.4	33.3	37.2	41.4	45.8	50.4	55.2	60.2

本实验就是通过碳酸氢铵与氯化钠的复分解反应，控制30～35℃的反应温度条件，将研细的 NH_4HCO_3 固体粉末，溶于浓的 NaCl 溶液中，在充分搅拌下制取 $NaHCO_3$ 晶体。再加热分解 $NaHCO_3$ 晶体可制得纯碱。

基本操作

（1）固体的溶解和固液分离，参见第一部分八（一）、（四）。

（2）电热恒温水浴锅的使用，参见第一部分三（一）4。

（3）固体加热，参见第一部分三（二）1(2)。

实验用品

液体药品：NaOH(3mol·L^{-1})、Na_2CO_3(3mol·L^{-1})、HCl(6mol·L^{-1})。

固体药品：碳酸氢铵、粗食盐。

仪器：量筒、烧杯、温度计、布氏漏斗、吸滤瓶、循环水式多用真空泵、电热恒温水浴锅、蒸发皿、电子台秤。

材料：滤纸、pH 试纸。

实验内容

1. 化盐与精制

150mL 烧杯中加入 50mL 25%的粗食盐水溶液，用 3mol·L^{-1} 的 NaOH 与等体积的 3mol·L^{-1} 的 Na_2CO_3 组成的混合溶液调溶液的 pH 约等于 11，得到大量胶状沉淀[$Mg_2(OH)_2CO_3 \cdot CaCO_3$]，加热至沸腾，减压抽滤，沉淀弃之，滤液用 6mol·L^{-1} 的 HCl 调 pH 等于 7。

2. 制备 $NaHCO_3$

将盛有滤液的烧杯用水浴加热，控制溶液温度在 30～35℃之间，持续搅拌下，分数次把 21g 研细的碳酸氢铵固体加到滤液中。加完后继续保持反应温度搅拌 30min，保证反应的充分进行。静置，抽滤，用少量水洗涤 $NaHCO_3$ 产品，称量。

3. 制备 Na_2CO_3

将 $NaHCO_3$ 转移至蒸发皿中，用酒精灯大火灼烧，使之分解转化为 Na_2CO_3，冷却至室温后，称量，计算产率，产品回收。

思　考　题

（1）粗盐为何要精制？

（2）本实验中影响 $NaHCO_3$ 产率的主要因素有哪些？

【附注】

（1）碳酸钠，英文名称 Sodium Carbonate，分子式：Na_2CO_3，俗名纯碱，又称苏打、碱灰，密度 2.532g·cm^{-3}，熔点 851℃，通常为白色粉末，易溶于水，微溶于无水乙醇，不溶于丙醇。暴露在空气中能吸收空气中的水分及二氧化碳，生成碳酸氢钠，并结成硬块。碳酸钠与水生成 $Na_2CO_3 \cdot 10H_2O$、$Na_2CO_3 \cdot 7H_2O$、$Na_2CO_3 \cdot H_2O$ 三种水合物，其中 $Na_2CO_3 \cdot 10H_2O$ 最为稳定，碳酸钠是一种强碱盐，溶于水后发生水解反应，使溶液显碱性，有一定的腐蚀性，能与酸进行中和反应，生成相应的盐并放出二氧化碳。碳酸钠是重要的化工原料之一，绝大部分用于工业，一小部分为民用。用于制化学品、清洗剂、洗涤剂，也用于照相术和制医药品。食用级纯碱用于生产味精、面食等。

(2) 碳酸氢钠，英文名称 Sodium Hydrogen Carbonate，分子式：$NaHCO_3$，俗称“小苏打”、“苏打粉”、“重曹”，白色晶体，或不透明单斜晶系细微结晶。密度 $2.159g \cdot cm^{-3}$，无臭、味咸，可溶于水，微溶于乙醇，在水中的溶解度小于碳酸钠。其水溶液因水解而呈微碱性，受热易分解，65℃以上迅速分解生成碳酸钠、二氧化碳和水，270℃时完全失去二氧化碳，在干燥空气中无变化，在潮湿空气中缓慢分解。碳酸氢钠用作食品工业的发酵剂、汽水和冷饮中二氧化碳的发生剂、黄油的保存剂、制药工业的原料，用于治疗胃酸过多，还可用于电影制片、鞣革、选矿、冶炼、金属热处理，以及用于纤维、橡胶工业等。同时用作羊毛的洗涤剂、泡沫灭火剂以及农业浸种等。

实验 20　硫代硫酸钠的制备

实验目的

(1) 了解硫代硫酸钠的制备方法。

(2) 掌握蒸发、减压过滤、结晶与干燥等基本操作。

(3) 学习气体制备与仪器连接操作。

实验原理

用硫化钠制备硫代硫酸钠的方法是，将含有硫化钠和碳酸钠的溶液，用二氧化硫气体饱和，反应完毕后过滤，将硫代硫酸钠滤液浓缩蒸发，冷却，常温下从溶液中结晶出来的硫代硫酸钠为 $Na_2S_2O_3 \cdot 5H_2O$ (海波)，干燥后即得产品。反应如下：

$$2Na_2S + Na_2CO_3 + 4SO_2 = 3Na_2S_2O_3 + CO_2 \uparrow$$

该反应主要分为三步进行。

碳酸钠与二氧化硫中和生成亚硫酸钠：

$$Na_2CO_3 + SO_2 = Na_2SO_3 + CO_2 \uparrow$$

硫化钠与二氧化硫反应生成亚硫酸钠和硫：

$$2Na_2S + 3SO_2 = 2Na_2SO_3 + 3S$$

亚硫酸钠溶液在沸腾温度下与硫粉化合生成硫代硫酸钠：

$$Na_2SO_3 + S \xlongequal{\triangle} Na_2S_2O_3$$

为了保证反应中析出的硫全部生成硫代硫酸钠，就要保证中间产物亚硫酸钠的量，因此碳酸钠的用量不可过少，以硫化钠和碳酸钠 2∶1 的摩尔比取量为宜。

基本操作

(1) 气体的制取，参见第一部分七 (一)3。

(2) 固体的溶解和固液分离，参见第一部分八 (一)、(四)。

(3) 电磁搅拌器的使用，参见第一部分十二 (四)。

实验用品

液体药品：H_2SO_4 (浓)、$NaOH(6mol \cdot L^{-1})$、乙醇。

固体药品：$Na_2S \cdot 9H_2O$、Na_2CO_3、Na_2SO_3 (无水)。

仪器：锥形瓶、蒸馏烧瓶、量筒、碱吸收瓶、酒精灯、分液漏斗、布氏漏斗、吸滤瓶、循环水式多用真空泵、蒸发皿、电磁搅拌器、电子台秤、铁架台。

材料：滤纸、pH 试纸、橡皮管、螺旋夹、橡皮塞。

实验内容

(1) 称取 21.4g $Na_2S \cdot 9H_2O$ 和 4.8g Na_2CO_3 放入 250mL 锥形瓶中，加入 120mL 蒸

馏水使其溶解（可微热）。

（2）按图Ⅳ-20-1组装仪器。

蒸馏烧瓶中加入13g Na_2SO_3（比理论值稍高），分液漏斗中加入25mL浓H_2SO_4以反应产生SO_2气体。碱吸收瓶中加入约1/3体积的6mol·L^{-1}的NaOH溶液以吸收多余的SO_2气体。

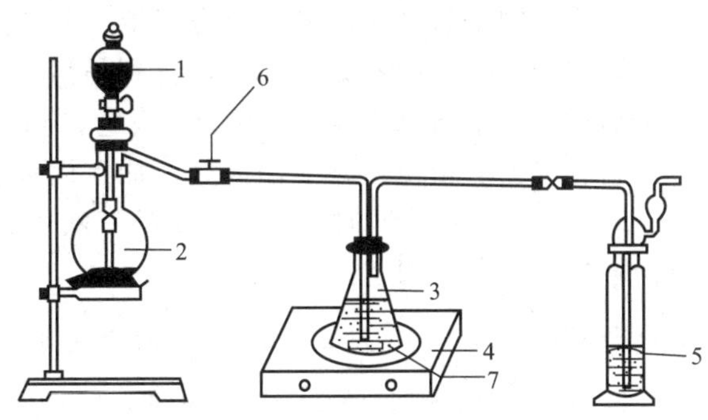

图Ⅳ-20-1　制备硫代硫酸钠的装置

1—分液漏斗（内装浓H_2SO_4）；2—蒸馏烧瓶（内装Na_2SO_3）；3—锥形瓶；4—电磁搅拌器；5—碱吸收瓶；6—螺旋夹；7—小磁铁

（3）先打开电磁搅拌，然后打开分液漏斗使浓硫酸缓慢滴落，使反应产生的SO_2气体均匀地通入盛有硫化钠-碳酸钠溶液的锥形瓶中，以均匀冒泡为准，反应过程中要认真观察反应溶液的变化并注意防止倒吸，反应进行约1h后，测定反应溶液的pH值，pH值约等于8即可停止反应。

（4）减压抽滤制得的$Na_2S_2O_3$溶液，滤液转移至蒸发皿中，浓缩到溶液中出现晶膜，停止加热，冷却后$Na_2S_2O_3 \cdot 5H_2O$析出，再减压抽滤，并用少量乙醇淋洗产品2～3次，最后放入烘箱，在40～50℃下干燥30min，冷却，称量，计算产率，产品回收。

思　考　题

（1）为了提高$Na_2S_2O_3 \cdot 5H_2O$的产率与纯度，实验中应注意哪些问题？

（2）减压抽滤产品时用什么溶剂洗涤晶体？与水相比有何优点？

（3）$Na_2S_2O_3 \cdot 5H_2O$晶体的干燥一般只能在40～60℃烘干，若温度高了，会发生什么现象？

（4）在停止通SO_2时，为什么必须控制溶液的pH不能小于7？

【附注】

（1）硫代硫酸钠，英文名称Sodium Thiosulfate(hypo)，又名大苏打、海波，分子式$Na_2S_2O_3 \cdot 5H_2O$，相对分子质量248.18，无色透明单斜晶体，无臭、味咸，密度1.729g·cm^{-3}，熔点48℃。加热至100℃，失去5个结晶水。易溶于水，不溶于醇，在酸性溶液中分解产生硫和二氧化硫，具有强烈的还原性。在33℃以上的干燥空气中易风化，在潮湿空气中有潮解性。硫代硫酸钠具有很大的实用价值，用作照相行业的定影剂，用于电镀、净化用水和鞣制皮革，还用作化工行业的还原剂，棉织品漂白后的脱氯剂，染毛织物的硫染剂，靛蓝染料的防白剂，纸浆脱氯剂，医药工业中用作洗涤剂、消毒剂和褪色剂，临床用于治疗皮肤瘙痒症、性荨麻疹、药疹、氰化物中毒、铊中毒和砷中毒等。

（2）实验结束后，烧瓶中生成的硫酸氢钠易结成硬块不易倒出，可将洗气瓶中的氢氧化钠溶液倒入其中进行中和，既利用了废弃的溶液，又使烧瓶易于洗涤。

（3）控制好蒸发浓缩的水量，若剩余水量太多，则产品太少，若剩余水量太少，则结晶时产品结块。

实验21　重铬酸钾的制备

实验目的

（1）学习固体碱熔氧化法分解铬铁矿粉的基本原理和操作方法，制备重铬酸钾。

（2）掌握熔融、浸取操作。

实验原理

铬铁矿是生产铬化合物的主要原料，其主要成分是亚铬酸铁［Fe$(CrO_2)_2$或FeO·Cr_2O_3］，Cr_2O_3的含量为35%～45%，除铁外还含有硅、铝等杂质。

由铬铁矿制备重铬酸钾主要分为三步，首先是从矿石中提取 Cr_2O_3 有效成分，在碱性介质中，将 Cr(Ⅲ) 氧化成 Cr(Ⅵ)，得到易溶于水的铬酸盐，然后将其酸化转变为重铬酸钠，最后重铬酸钠与氯化钾发生复分解反应得到重铬酸钾。

(1) 将铬铁矿精粉与碳酸钠混合，加入固体氢氧化钠做助熔剂，用氯酸钾为氧化剂将 Cr_2O_3 氧化成铬酸钠，同时，铬铁矿中的三氧化二铝、三氧化二铁和二氧化硅也转变为相应的可溶性钠盐，反应如下：

$$6FeO \cdot Cr_2O_3 + 12Na_2CO_3 + 7KClO_3 \xlongequal{\triangle} 12Na_2CrO_4 + 3Fe_2O_3 + 7KCl + 12CO_2\uparrow$$

$$6FeO \cdot Cr_2O_3 + 24NaOH + 7KClO_3 \xlongequal{\triangle} 12Na_2CrO_4 + 3Fe_2O_3 + 7KCl + 12H_2O$$

$$Al_2O_3 + Na_2CO_3 \xlongequal{} 2NaAlO_2 + CO_2\uparrow$$

$$Fe_2O_3 + Na_2CO_3 \xlongequal{} 2NaFeO_2 + CO_2\uparrow$$

$$SiO_2 + Na_2CO_3 \xlongequal{} Na_2SiO_3 + CO_2\uparrow$$

(2) 用水浸取熔物，由于铁（Ⅲ）酸钠的强烈水解作用，大部分铁以氢氧化铁沉淀的形式与未反应的铬铁矿、三氧化二铁等不溶性杂质留在残渣中，而铬酸钠、偏铝酸钠、硅酸钠进入溶液中，过滤后将滤液的 pH 值调至 7～8，使得偏铝酸钠、硅酸钠水解生成氢氧化铝和硅酸沉淀，过滤除去，而含有铬酸钠的滤液酸化后，即可得到重铬酸钠，反应如下：

$$NaAlO_2 + 2H_2O \xlongequal{} Al(OH)_3\downarrow + NaOH$$

$$Na_2SiO_3 + 2H_2O \xlongequal{} H_2SiO_3\downarrow + 2NaOH$$

$$2CrO_4^{2-} + 2H^+ \xlongequal{} Cr_2O_7^{2-} + H_2O$$

(3) 重铬酸钠与氯化钾发生复分解反应，由于重铬酸钾溶解度随温度变化明显（273K，4.6g；373K，94.1g），而氯化钠溶解度随温度变化很小（273K，35.7g；373K，39.8g），因此冷却浓缩液即可析出重铬酸钾，而氯化钠仍留在溶液中，反应如下：

$$Na_2Cr_2O_7 + 2KCl \xlongequal{} K_2Cr_2O_7 + NaCl$$

基本操作

(1) 固体的溶解、蒸发、结晶和固液分离，参见第一部分八（一）、(二)、(三)、(四)。

(2) 固体的熔融，参见第一部分八（一)。

(3) 电热恒温水浴锅的使用，参见第一部分三（一)4。

实验用品

液体药品：H_2SO_4(3mol·L^{-1}、6mol·L^{-1})。

固体药品：铬铁矿粉、无水碳酸钠、氢氧化钠、氯酸钾、氯化钾。

仪器：铁坩埚、坩埚钳、水浴锅、蒸发皿、布氏漏斗、吸滤瓶、循环水式多用真空泵、烧杯、研钵、泥三角、电子台秤。

材料：滤纸、pH 试纸。

实验内容

1. 氧化焙烧

称取 6g 铬铁矿粉与 4g 氯酸钾在研钵中混匀。称取碳酸钠和氢氧化钠各 4.5g 于铁坩埚中混匀后，用小火加热至熔融，为防止迸溅，要在不断搅拌下将矿粉分 4 次加入坩埚中，待矿粉加完后，大火灼烧约 30min。为便于浸取，略冷几分钟后，将坩埚置于冷水中骤冷一下。

2. 浸取

坩埚中加入少量去离子水加热沸腾后，将溶液倒入 100mL 烧杯中，重复此操作直至熔物全部被取出，将烧杯中的混合物加热煮沸，并不断搅拌促使熔物中的可溶物的溶解，约20min后，抽滤，用少量去离子水洗涤残渣，控制滤液总体积在40mL左右，弃去残渣。

3. 除铝、硅后酸化

用$3mol \cdot L^{-1}$的硫酸将滤液的pH值调至7～8，加热煮沸约3min，使得偏铝酸钠、硅酸钠水解生成氢氧化铝和硅酸沉淀，趁热过滤，残渣用少量去离子水洗涤后弃去，滤液转移至蒸发皿中，用$6mol \cdot L^{-1}$硫酸调pH至强酸性（注意溶液颜色的变化），得到重铬酸钠溶液。

4. 复分解结晶与重结晶

重铬酸钠溶液中加入1g氯化钾，在水浴上浓缩至表面有晶膜出现，冷却析出重铬酸钾晶体，抽滤，称量。按质量比$m(K_2Cr_2O_7):m(H_2O)=1:1.5$的比例进行重结晶，水浴加热使晶体溶解后浓缩，冷却结晶，可获得纯度较高的重铬酸钾晶体，抽滤，在50℃下烘干，称量，计算产率，产品回收。

思　考　题

(1) 碱熔过程中还可以用什么物质作为氧化剂？

(2) 酸化过程中若用醋酸酸化，新的杂质醋酸钠如何除去？

【附注】

重铬酸钾，英文名称 Potassium Bichromate 或 Potassium Dichromate，分子式$K_2Cr_2O_7$，俗名红矾钾，橙红色三斜晶体或针状晶体（图Ⅳ-21-1），相对分子质量294.18，密度$2.676g \cdot cm^{-3}$(25℃)，熔点398℃，溶于水，不溶于乙醇。高毒性物质，被国际癌症研究机构（IARC）划归为第一类致癌物质。具有强氧化作用，在实验室和工业中都有很广泛的应用：实验室中常用它配制铬酸洗液（饱和重铬酸钾溶液和浓硫酸的混合物），来洗涤化学玻璃器皿，以除去器壁上的还原性污物，使用后，洗液由暗红色变为绿色，洗液即失效；用作分析中的基准物，定量测定还原性的氢硫酸、亚硫酸、亚铁离子等；用于工业上的铬酸盐、重铬酸盐制造、有机合成，电镀、防腐剂、颜料、媒染剂、照相、印刷、电池、安全火柴、化学研磨剂等。

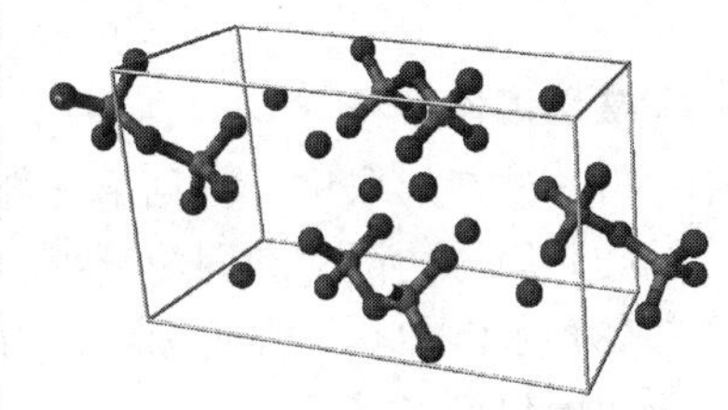

图Ⅳ-21-1　$K_2Cr_2O_7$，三斜晶系，Cr原子为四面体配位构型

实验22　一种钴（Ⅲ）配合物的制备

实验目的

(1) 掌握利用水溶液中的取代反应和氧化还原反应制备金属配合物的常用方法。

(2) 学习对配合物组成进行初步推断。

实验原理

水溶液中的取代反应与氧化还原反应是制备金属配合物的常用方法。金属离子在水溶液中基本都是以水合离子的形式存在，制备配合物时运用水溶液中配体的取代反应，即水合金属离子的配位水分子被其他配体取代而形成目标配合物。利用氧化或还原作用可以从一种氧化态制备不同氧化态的金属配合物。

Co(Ⅱ)的水合离子与配体之间的取代反应是活性的，可以快速反应生成Co(Ⅱ)的配合物，而Co(Ⅲ)的水合离子与配体之间的取代反应是惰性的，反应很慢，因此制备Co(Ⅲ)配合物时，首先利用取代反应获得Co(Ⅱ)的配合物，然后通过氧化剂的氧化作用生成相应的 Co(Ⅲ) 配合物。如下列反应方程式：

$$[Co(H_2O)_6]^{2+} + 6NH_3 \longrightarrow [Co(NH_3)_6]^{2+} + 6H_2O$$

$$[Co(H_2O)_6]^{2+} + 5NH_3 \longrightarrow [Co(NH_3)_5(H_2O)]^{2+} + 5H_2O$$

$$[Co(H_2O)_6]^{2+} + 5NH_3 + Cl^- \longrightarrow [Co(NH_3)_5Cl]^{+} + 6H_2O$$

$$[Co(NH_3)_6]^{2+} + H_2O_2 + 2H^+ \longrightarrow [Co(NH_3)_6]^{3+} + 2H_2O$$

$$[Co(NH_3)_5(H_2O)]^{2+} + H_2O_2 + 2H^+ \longrightarrow [Co(NH_3)_5(H_2O)]^{3+} + 2H_2O$$

$$[Co(NH_3)_5Cl]^{+} + H_2O_2 + 2H^+ \longrightarrow [Co(NH_3)_5Cl]^{2+} + 2H_2O$$

如下所示，配合物的结构组成包括内界与外界两部分，外界结合松弛，在溶液中易于解离，便于分析，而内界在溶液中可以稳定存在，用化学分析的方法推断组成时，需要利用加热或改变溶液的酸碱性等方法破坏其结构后再进行分析。

$$\underbrace{[Co(NH_3)_5Cl]}_{\text{内界}}\underbrace{Cl_2}_{\text{外界}}$$

本实验是用化学分析法定性或者半定量地初步推断配合物的组成，将配合物溶于水中，加入 $AgNO_3$ 若有沉淀生成，使外界的氯离子沉淀。过滤后在滤液中加浓硝酸破坏内界，再加入 $AgNO_3$，若有沉淀生成，则表明内界含有配位的氯离子；加入奈氏试剂，检验溶液中 NH_4^+ 的存在；加入 $SnCl_2$ 溶液、硫氰化钾、戊醇和乙醚检验 Co(Ⅱ) 离子的存在，相关的反应如下，

$$Co^{3+} + Sn^{2+} = Co^{2+} + Sn^{4+}$$

$$Co^{2+} + 4SCN^- \longrightarrow [Co(SCN)_4]^{2-}\text{（蓝色）}$$

$$\underset{\text{（奈氏试剂）}}{NH_4^{+} + 2[HgI_4]^{2-}} + 4OH^- \longrightarrow \underset{\text{（红棕色）}}{[O(Hg)_2NH_2]I}\downarrow + 7I^- + 3H_2O$$

基本操作

(1) 试剂的取用，参见第一部分五（一）、（二）。

(2) 固体的溶解和固液分离，参见第一部分八（一）、（四）。

(3) 水浴加热，参见第一部分三（二）2(1)。

实验用品

液体药品：氨水（浓）、硝酸（浓）、HCl（浓，$6mol \cdot L^{-1}$）、H_2O_2（30%）、$AgNO_3$（$2mol \cdot L^{-1}$）、$SnCl_2$（$0.5mol \cdot L^{-1}$）、奈氏试剂、乙醚、戊醇。

固体药品：硫氰酸钾、氯化钴、氯化铵。

仪器：量筒、锥形瓶、布氏漏斗、吸滤瓶、循环水式多用真空泵、试管、研钵、普通温度计、玻璃漏斗、烧杯、电热恒温水浴锅、电子台秤、漏斗架。

材料：pH 试纸、滤纸。

实验内容

1. 钴（Ⅲ）配合物的合成

称取 1.0g 氯化铵放入 100mL 锥形瓶中，加入 6mL 浓氨水，摇动锥形瓶至氯化铵完全溶解。摇动下分多次加入 2g 研好的氯化钴粉末，并继续摇动至溶液成为棕色稀浆，向反应体系中滴加 2～3mL 30%双氧水，边滴加边摇动，直至固体完全溶解停止冒泡，一边摇动一边缓慢加入 6mL 浓盐酸，在温度不超过 85℃的水浴中摇动，加热约 15min，然后室温下边摇动边冷却混合物，冷却至室温后减压抽滤，分别用少量冷水以及 $6mol \cdot L^{-1}$ 的盐酸洗涤沉淀，产物在 105℃左右烘干 15min，冷却至室温，称重，计算产率。

2. 配合物组成的初步推断

(1) 用烧杯将 0.3g 产品溶于 35mL 蒸馏水，用 pH 试纸测定溶液的酸碱性。

（2）用烧杯取 15mL 上述实验（1）的溶液，搅拌下慢慢滴加 $2mol \cdot L^{-1}$ 的 $AgNO_3$ 直至没有沉淀再生成；过滤后，一边搅拌一边向滤液中加入 1～2mL 浓硝酸，然后再向溶液中滴加 $2mol \cdot L^{-1}$ 的 $AgNO_3$ 溶液，观察有无沉淀生成，若有沉淀，与前面的沉淀量进行对比。

（3）用试管取 3mL 上述实验（1）的溶液，加入 10 滴 $0.5mol \cdot L^{-1}$ 的 $SnCl_2$ 溶液，振荡后加入绿豆大小的硫氰化钾固体，振荡后再加入戊醇及乙醚各 1mL，振荡后观察溶液现象。

（4）用试管取 2mL 上述实验（1）的溶液，加入少量蒸馏水得到清亮的溶液，加热后再加入 2 滴奈氏试剂，观察现象。

通过上述实验推断出该配合物的组成并写出其可能的化学式。

思　考　题

（1）试总结制备 Co(Ⅲ) 配合物的化学原理及制备的几个步骤。
（2）如何检验配合物内界氯离子的存在？
（3）该合成实验的关键是什么，影响产率的主要因素有哪些？

【附注】

1. 常见的钴（Ⅲ）配合物及其颜色见表Ⅳ-22-1。

表Ⅳ-22-1　常见的钴（Ⅲ）配合物及其颜色

钴(Ⅲ)配合物	颜　色	钴(Ⅲ)配合物	颜　色
$[Co(NH_3)_6]^{3+}$	橙黄色	$[Co(NH_3)_5(H_2O)]^{3+}$	粉红色
$[CoCl(NH_3)_5]^{2+}$	紫红色	顺-$[CoCl_2(NH_3)_4]^{+}$	蓝紫色
反-$[CoCl_2(NH_3)_4]^{+}$	绿　色	$[Co(NH_3)_3(NO_2)_3]$	黄　色
$[Co(CN)_6]^{3-}$	紫　色	$[Co(NO_2)_6]^{3-}$	黄　色

2. 金属钴离子与氨生成配阳离子后，体积大为增加，可与大阴离子发生沉淀反应，在元素的分离分析中用作沉淀剂。例如，$[Co(NH_3)_6]^{3+}$ 可使偏钒酸根离子在酸性溶液中析出黄色沉淀 $[Co(NH_3)_6]_4(V_6O_{17})$，使钒与磷酸盐、砷酸盐、铁（Ⅲ）、铜（Ⅱ）及钙（Ⅱ）分离。$[Co(NH_3)_5NO_3]^{2+}$ 是半微量测定磷酸根的沉淀剂。

实验 23　醋酸铬（Ⅱ）水合物的制备

实验目的

（1）学习在无氧条件下制备易氧化的不稳定化合物的原理与方法。

（2）巩固沉淀的洗涤、减压过滤等基本操作。

实验原理

Cr(Ⅱ) 化合物对空气非常敏感，极容易被空气中的氧氧化为 Cr(Ⅲ) 化合物而观察到显著的颜色变化。在惰性气氛中，Cr(Ⅱ) 的醋酸盐、碳酸盐、磷酸盐以及卤素化合物可以存在。

容易被空气氧化的化合物的制备需要在惰性气体如氮气、氩气等气氛，或者在还原性气体如氢气气氛下操作。

本实验在封闭体系中利用锌粒与浓盐酸反应生成的氢气起到隔绝空气的作用，同时起到了保持反应体系还原性气氛的作用，而且通过氢气的生成增大反应体系的压强使得 Cr(Ⅱ)

溶液被压入醋酸钠溶液中，主要反应如下：

$$Zn + 2HCl \xlongequal{} ZnCl_2 + H_2\uparrow$$

$$2CrCl_3(绿色) + Zn \xlongequal{} 2CrCl_2(蓝色) + ZnCl_2$$

$$2Cr^{2+} + 4CH_3COO^- + 2H_2O \xlongequal{} [Cr(CH_3COO)_2]_2 \cdot 2H_2O(深红色)$$

基本操作

（1）固体的溶解、固液分离，参见第一部分八（一）、（四）。

（2）气体的制取，参见第一部分七（一）3。

实验用品

液体药品：HCl（浓）、去氧水。

固体药品：$CrCl_3 \cdot 6H_2O$、锌粒、无水醋酸钠。

仪器：锥形瓶、具支试管、量筒、烧杯、分液漏斗、布氏漏斗、吸滤瓶、循环水式多用真空泵、表面皿、电子台秤。

材料：滤纸、橡皮管、螺旋夹、两孔橡皮塞。

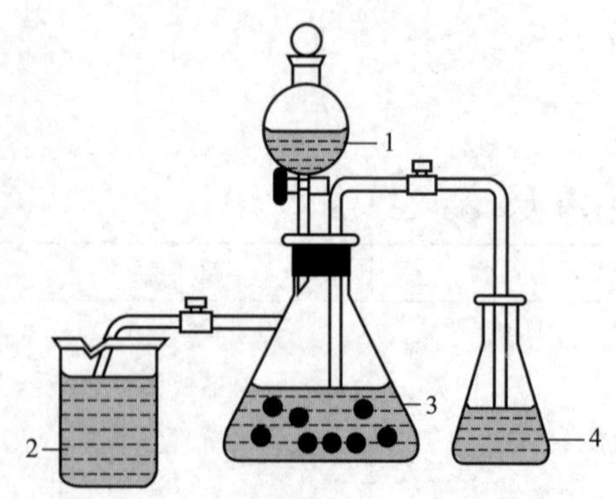

图Ⅳ-23-1 制备醋酸铬（Ⅱ）装置图

1—滴液漏斗内装浓盐酸；2—水封；3—抽滤瓶内装 Zn 粒、$CrCl_3$ 和去氧水；4—锥形瓶内装醋酸钠水溶液

实验内容

（1）制备去氧水，用锥形瓶将 100mL 蒸馏水煮沸 10min 后塞上塞子备用。

（2）称取 10g 无水醋酸钠置于锥形瓶中，用 24mL 去氧水溶解得到溶液。

（3）称取 16g 锌粒与 10g 三氯化铬晶体于具支试管中，加入 12mL 去氧水，塞紧双孔塞，摇动溶液成深绿色混合物。按图Ⅳ-23-1 组装好仪器，分液漏斗中加入 15mL 浓盐酸，烧杯中放入自来水。

（4）首先夹住通往醋酸钠溶液的橡皮管，松开通入水封的橡皮管，缓慢滴加浓盐酸，并不停地摇动具支试管，观察溶液的颜色变化，由深绿色过渡到蓝绿色，最后形成亮蓝色溶液，此时仍然继续保持氢气的较快放出，松开通往醋酸钠溶液橡皮管的夹子，夹紧通往水封橡皮管的夹子，利用氢气将二氯化铬溶液压入醋酸钠溶液的锥形瓶中，可立刻观察到暗红色醋酸亚铬沉淀的生成，铺双层滤纸减压抽滤，用少量去氧水和乙醚洗涤沉淀。将沉淀平铺于表面皿上，在室温下使其干燥。称量，计算产率。

思 考 题

（1）醋酸亚铬的制备为什么要在封闭体系中进行？

（2）为什么在该反应中锌粒要过量？

（3）产物为什么要用去氧水和乙醚洗涤？

【附注】

（1）乙酸亚铬，英文名称 Chromium(Ⅱ) Acetate，IUPAC 名称为乙酸铬（Ⅱ），深红色晶体，密度 $1.79g \cdot cm^{-3}$，极易被氧化，溶于热水及大多数酸，微溶于醇，不溶于醚。乙酸亚铬是常见的铬（Ⅱ）化合物之一，通常情况下为深红色的反磁性固体，常以二水合物 $[Cr_2(OAc)_4(H_2O)_2]$ 和无水物 $[Cr(OAc)_2]$ 的形式存在，对空气敏感，容易被氧化为 Cr(Ⅲ) 化合物而发生颜色变化。

（2）$Cr_2(OAc)_4(H_2O)_2$ 是有羧桥结构的双核分子，如图Ⅳ-23-2 所示，铬中心为六配位八面体构型，每个乙酸根通过其两个氧原子把两个铬中心桥连在一起。每个铬中心分别与来自四个乙酸根的四个氧原子在同一平面配位，并与另一个铬原子形成了金属-金属四重键。两个水分子占上下，分别与一个铬中心配位。Cr(Ⅱ) 为 d^4 构型，因金属-金属键而完全成对，所以乙酸亚铬在室温时为反磁性的。

乙酸亚铬是亚铬化合物中相对较稳定的一个，因此常作为其他铬(Ⅱ)化合物的制备原料。比如它与氯化氢反应可以得到氯化亚铬，与乙酰丙酮反应可以得到 $Cr(acac)_2$ 等。此外乙酸亚铬也用作有机试剂(对 α-溴代酮和 α-氯代醇进行脱卤)、氧气吸收剂及聚合物工业上的试剂。

(3) 乙酸铬 (Chromic Acetate)，灰绿色粉末或蓝色糊状物结晶，密度 $1.79g \cdot cm^{-3}$，微溶于水，溶于热水，不溶于醇。

(4) 实验过程要不停地摇动具支试管。滴加盐酸的速度不宜太快，反应时间约为 1h 左右。

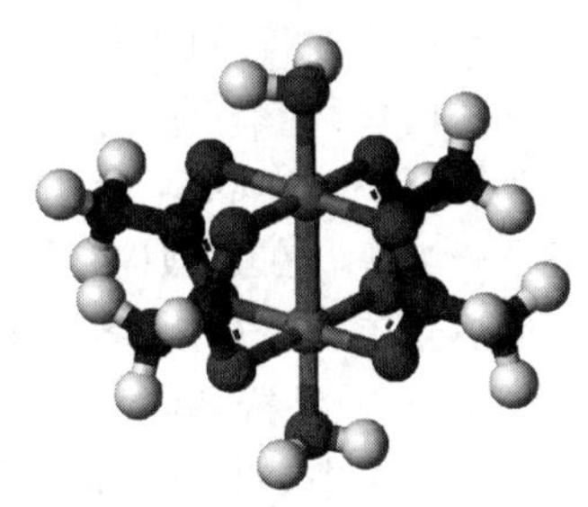

图Ⅳ-23-2　$Cr_2(OAc)_4(H_2O)_2$，单斜晶系，Cr 为八面体配位构型

实验 24　十二钨硅酸的制备

实验目的

(1) 掌握利用乙醚萃取制备 Keggin 型十二钨硅酸的方法。

(2) 进一步练习萃取分离操作。

实验原理

钨和钼在化学性质上的显著特点之一是在一定条件下，易自聚或与其他元素聚合，形成多酸或多酸盐。多酸（即多金属氧酸盐，Polyoxometalates，简写为 POMs）是一类多核配合物，从发现至今经历了近 200 年的发展，到目前为止，已经发现元素周期表中半数以上的元素都可以参与到多酸化合物的组成中。20 世纪 30 年代英国化学家凯格恩 (Keggin) 采用 X 射线粉末衍射方法，成功地测定了十二钨磷酸的分子结构，这类结构现在即称为 Keggin 结构，$[SiW_{12}O_{40}]^{4-}$ 就是 Keggin 结构的典型代表之一。

由简单的钨、钼含氧酸根阴离子和含有杂原子物种的水溶液在酸化的条件下进行缩合反应是制备 POMs 的常规方法。多酸化合物对 pH 值十分敏感，pH 值的微小差别就会导致不同结构的产生，因此在酸化过程中要严格调控 pH 值以获得目标产物。

本实验采用乙醚萃取法制备 α-Keggin 型十二钨硅酸，一定温度下用浓盐酸调节钨酸钠和硅酸钠混合溶液的 pH 值，在此过程中，H^+ 与 WO_4^{2-} 中的氧结合形成 H_2O 分子，钨原子之间通过共享氧原子形成多核簇状结构的杂多钨硅酸阴离子，然后用无水乙醚和1∶1 的硫酸萃取，从而使阴离子与抗衡阳离子 H^+ 结合，得到 $H_4SiW_{12}O_{40} \cdot xH_2O$，并以醚合物的形式分离出来，除去乙醚后，即可析出 Keggin 型十二钨硅酸产物，反应如下：

$$12Na_2WO_4 + Na_2SiO_3 + 26HCl \longrightarrow H_4SiW_{12}O_{40} \cdot xH_2O + 26NaCl + (11-x)H_2O$$

基本操作

(1) 萃取操作，参见第一部分八（五）1。

(2) 电磁搅拌器的使用，参见第一部分十二（四）。

实验用品

液体药品：盐酸（浓）、乙醚、$H_2O_2(3\%)$。

固体药品：$Na_2SiO_3 \cdot 9H_2O$、$Na_2WO_4 \cdot 2H_2O$。

仪器：烧杯、电磁加热搅拌器、滴液漏斗、分液漏斗、布氏漏斗、吸滤瓶、循环水式多用真空泵、蒸发皿、电热恒温水浴锅、电子台秤、表面皿。

材料：滤纸、pH 试纸。

实验内容

在烧杯中，称取 25.0g $Na_2WO_4 \cdot 2H_2O$ 加入 50mL 蒸馏水置于电磁加热搅拌器上，搅拌至完全溶解，在强烈搅拌下缓慢加入 1.9g 的 $Na_2SiO_3 \cdot 9H_2O$ 使其充分溶解，盖上表面皿，加热至沸腾，打开滴液漏斗缓慢地向溶液中以 1～2 滴/s 的速度滴加浓盐酸至体系的 pH 值等于 2，保持 0.5h，常压过滤析出的硅酸沉淀，并将混合液冷却至室温。

在通风橱中，将冷却后的溶液都转移到分液漏斗中，加入约为混合物溶液体积 1/2 的乙醚，分 4 次加入 10mL 浓盐酸，充分振荡（每次振荡均要解超压，避免乙醚蒸气膨胀引起危险），此时溶液呈乳白色。振荡完成后将分液漏斗静置于铁环上，待溶液静止后分层。此时溶液分为三层，上层是澄清的溶有少量杂多酸的乙醚；中间是乳白色的氯化钠、盐酸和其他物质的水溶液；下层是澄清的油状十二钨硅酸醚合物。分出下层溶液，放入蒸发皿中。反复萃取直至下层不再有油状物分出。

向蒸发皿中加入约 3mL 蒸馏水（约为萃取所得液体体积的 1/4），将蒸发皿置于水浴锅上加热，直至液体表面出现晶膜（此时可用玻璃棒小心搅拌，因为形成的晶膜可能会妨碍乙醚的挥发），继续蒸醚但注意不要让液体蒸干，随后将蒸发皿放在通风橱里，剩余的少量乙醚会继续挥发完全，最后得到白色十二钨硅酸固体粉末，减压抽滤，称重，计算产率，产品回收。

思考题

（1）影响十二钨硅酸产率的因素有哪些？

（2）乙醚萃取时需要注意哪些问题？

【附注】

（1）Keggin 结构的杂多阴离子结构通式为 $[XM_{12}O_{40}]^{n-}$（X＝P、Si、Ge、As 等，M＝Mo、W）。$[SiW_{12}O_{40}]^{4-}$ 的结构见图Ⅳ-24-1。四面体的 XO_4 位于分子结构的中心，相互共用角氧和边氧的 12 个八面体 MO_6 包围着 XO_4。Keggin 结构杂多阴离子共有 α、β、γ、δ 和 ε 型 5 种异构体。

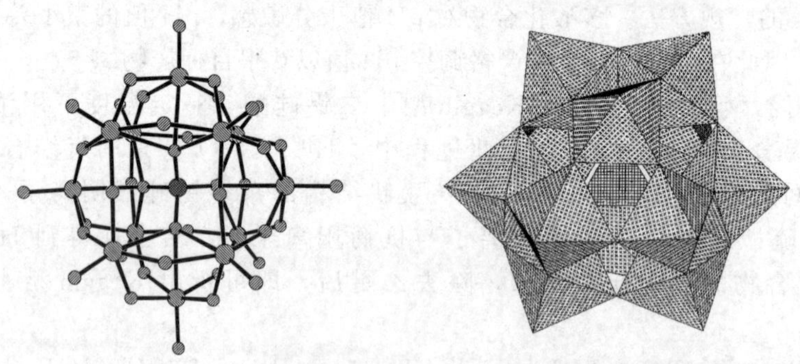

图Ⅳ-24-1　α-Keggin 结构阴离子 $[SiW_{12}O_{40}]^{4-}$ 的结构

（2）钨硅酸，英文名称 Tungstosilicic Acid，分子式 $H_4SiW_{12}O_{40} \cdot xH_2O$，$x$ 通常为 7，也有 24 和 30 水合物生成。具有金属光泽的无色八面体晶体。熔点 50℃，受热溶于本身的结晶水。溶于水、乙醚和乙醇。

（3）Keggin 结构的杂多阴离子中氧有以下 4 种。

① O_a：XO_4 即四面体氧，共 4 个。

② O_b：$M—O_b$ 即桥氧，属不同三金属簇角顶共用氧，共 12 个。

③ O_c：$M—O_c$ 即桥氧，属同一三金属簇共用氧，共 12 个。

④ O_d：$M=O_d$ 即端氧，每个八面体的非共用氧，共 12 个。

十二钨硅酸的特征峰出现在 IR 的指纹区 700～1100cm^{-1}，一般认为各键的反对称振动伸缩频率分别为：Si—O_a，1018cm^{-1}；W═O_d，980cm^{-1}；W—O_a，924cm^{-1}；W—O_b—W，880cm^{-1}；W—O_c—W，781cm^{-1}。

（4）十二钨硅酸容易被还原，与橡胶、塑料、纸张等有机物接触，甚至与空气中灰尘接触时，均易被还原为“杂多蓝”。因此在水浴蒸醚的过程中，若液体变蓝，需加入少许3%的过氧化氢至颜色退去。

（5）制备十二钨硅酸时，有时由于原料钨酸钠中含有钼而使得到的产物为黄色，因此应尽量选取纯度较高的钨酸钠作为原料。

实验25 四氨合铜（Ⅱ）硫酸盐的制备

实验目的

（1）了解硫酸四氨合铜（Ⅱ）的制备方法。

（2）巩固固体溶解、结晶、固液分离基本操作。

实验原理

硫酸四氨合铜（Ⅱ）制备的主要原理是：

$$CuSO_4 + 4NH_3 + H_2O \xlongequal{} [Cu(NH_3)_4]SO_4 \cdot H_2O$$

由于硫酸四氨合铜（Ⅱ）在加热时容易失去氨，因此不宜选用蒸发浓缩等方法制备其晶体。可以利用硫酸四氨合铜（Ⅱ）在乙醇中的溶解度远远小于在水中的溶解度的性质，向硫酸铜溶液中加入浓氨水，再加入浓乙醇溶液使硫酸四氨合铜（Ⅱ）晶体析出。

基本操作

固体的溶解、结晶和固液分离，参见第一部分八（一）、（三）、（四）。

实验用品

液体药品：乙醇（95%）、氨水（浓）、乙醚。

固体药品：$CuSO_4 \cdot 5H_2O$。

仪器：烧杯、布氏漏斗、吸滤瓶、循环水式多用真空泵、电子台秤、表面皿。

材料：滤纸。

实验内容

在烧杯中加入14mL蒸馏水，加入10g $CuSO_4 \cdot 5H_2O$，搅拌使其溶解生成蓝色溶液，接着边搅拌边加入20mL浓氨水，溶液变为深蓝色。然后慢慢滴加35mL 95%的乙醇，盖上表面皿。静置后析出深蓝色晶体，减压抽滤，依次用1∶2的乙醇和浓氨水的混合溶液以及乙醇和乙醚的混合溶液洗涤晶体，约60℃下烘干，称重，按 $CuSO_4 \cdot 5H_2O$ 的量计算 $[Cu(NH_3)_4]SO_4 \cdot H_2O$ 的产率。评价产品的质和量，并分析原因。

思 考 题

（1）依次用1∶2的乙醇和浓氨水的混合溶液以及乙醇和乙醚的混合溶液洗涤晶体的目的是什么？

（2）如何分析制备的硫酸四氨合铜（Ⅱ）的组成？

【附注】

硫酸四氨合铜（Ⅱ），英文名称 Tetraamine Copper Sulfate，分子式：$[Cu(NH_3)_4]SO_4 \cdot H_2O$，蓝色正交晶体，相对密度1.81g·$cm^{-3}$（水中，4℃），熔点150℃（分解），不溶于乙醇，溶于水，在热水中分解。常温下在空气中易与水和二氧化碳反应，生成铜的碱式盐，使晶体变成绿色的粉末。硫酸四氨合铜在工业上用途广泛，常用作杀虫剂、媒染剂，在碱性镀铜中用作电镀液的主要成分。

第五部分　元素性质实验

实验26　p区非金属元素（一）（卤素、氧、硫）

实验目的

（1）了解卤素单质氧化性和卤素离子还原性强弱的变化规律。

（2）掌握次氯酸盐和氯酸盐氧化性的区别。

（3）掌握 H_2O_2 的某些重要性质。

（4）掌握不同氧化态硫的化合物的主要性质。

基本操作

（1）试管操作，参见第一部分三（二）1 和五（一）、（二）。

（2）离心分离，参见第一部分八（四）3。

实验用品

液体药品：H_2SO_4（浓，1mol·L^{-1}，3mol·L^{-1}）、HCl（浓）、KBr（0.2mol·L^{-1}）、KI（0.2mol·L^{-1}）、$MnSO_4$（0.2mol·L^{-1}）、$Pb(NO_3)_2$（0.1mol·L^{-1}）、Na_2S（0.5mol·L^{-1}）、$KMnO_4$（0.1mol·L^{-1}）、$K_2Cr_2O_7$（0.5mol·L^{-1}）、$FeCl_3$（0.2mol·L^{-1}）、Na_2SO_3（0.5mol·L^{-1}）、$Na_2S_2O_3$（0.2mol·L^{-1}）、$AgNO_3$（0.2mol·L^{-1}）、$BaCl_2$（0.2mol·L^{-1}）、NaClO（活性氯 8%）、硫代乙酰胺溶液（5%）、H_2O_2（3%）、淀粉溶液（0.2%）、氯水、溴水、碘水、四氯化碳、乙醚、品红。

固体药品：碘化钾、溴化钾、氯化钠、氯酸钾、二氧化锰、过二硫酸钾。

仪器：试管、离心试管、离心机。

材料：淀粉-碘化钾试纸、醋酸铅试纸、pH 试纸。

实验内容

一、卤素单质氧化性及卤素离子还原性的比较

1. 卤素单质氧化性的比较

（1）取几滴 0.2mol·L^{-1} KBr 溶液，加入 0.5mL CCl_4，滴加氯水，充分振荡，仔细观察 CCl_4 层颜色变化。

（2）取几滴 0.2mol·L^{-1} KI 溶液，加入 0.5mL CCl_4，滴加氯水，充分振荡，仔细观察 CCl_4 层颜色变化。

（3）取几滴 0.2mol·L^{-1} KI 溶液，加入 0.5mL CCl_4，滴加溴水，充分振荡，仔细观察 CCl_4 层颜色变化。

2. 卤素离子还原性的比较

（1）将少量 KI 固体加入干燥的试管中，加入 1mL 浓 H_2SO_4，观察现象，选择试纸检验气体产物。

（2）将少量 KBr 固体加入干燥的试管中，加入 1mL 浓 H_2SO_4，观察现象，选择试纸检

验气体产物。

（3）将少量 NaCl 固体加入干燥的试管中，加入 1mL 浓 H_2SO_4，观察现象并设计检验方法。

写出以上两组实验的化学反应方程式，并根据实验结果和电极电势说明卤素的氧化性及卤素离子还原性强弱的变化规律。

二、卤素含氧酸盐的性质

1. 次氯酸钠的氧化性

取四支试管分别加入 0.5mL 次氯酸钠溶液。

第一支试管中加入 4～5 滴 0.2mol・L^{-1}的 KI 溶液、2 滴 1mol・L^{-1}的 H_2SO_4 溶液。

第二只试管中加入 4～5 滴 0.2mol・L^{-1}的 $MnSO_4$ 溶液。

第三只试管中加入 4～5 滴浓盐酸，用湿润的淀粉-碘化钾试纸检验逸出气体。

第四支试管中加入 2 滴品红溶液。

观察以上实验现象，写出有关的反应方程式。

2. 氯酸钾的氧化性

取少量 $KClO_3$ 晶体，加水溶解后分别加入三支试管中。

第一支试管中加入 4～5 滴 0.2mol・L^{-1} KI 溶液，观察现象，然后用 3mol・L^{-1}的 H_2SO_4 溶液酸化，观察颜色有无变化。

第二只试管中加入 4～5 滴 0.2mol・L^{-1}的 $MnSO_4$ 溶液。

第三支试管中加入 2 滴品红溶液。

观察现象，写出有关的反应方程式。并根据以上实验结果，比较次氯酸盐和氯酸盐氧化性的强弱，说明氯酸盐氧化性与酸度的关系。

三、过氧化氢的性质

1. 过氧化氢的不稳定性

取两支试管分别加入 2mL 3%的 H_2O_2 溶液，其中一只置水浴上加热，观察现象，验证产物。另一支加入少量 MnO_2 固体，有何现象，验证产物。解释原因并写出反应方程式。

2. 过氧化氢的氧化性

向试管中加入几滴 0.2mol・L^{-1}的 KI 溶液和 1mol・L^{-1}的 H_2SO_4 溶液数滴，然后滴加 H_2O_2 溶液，观察现象，写出反应方程式。

向另一支离心试管中加入 3 滴 0.1mol・L^{-1}的 $Pb(NO_3)_2$ 溶液，加入 2 滴 0.5mol・L^{-1}的 Na_2S 溶液，观察现象。离心分离，弃去溶液，用少量蒸馏水洗涤沉淀 2～3 次，然后向沉淀中加入 3%的 H_2O_2 溶液至沉淀颜色发生变化。写出反应方程式。

3. 过氧化氢的还原性

向试管中依次加入 0.1mol・L^{-1}的 $KMnO_4$ 溶液 4～5 滴和 2 滴 1mol・L^{-1}的 H_2SO_4 溶液，然后滴加 3%的 H_2O_2 溶液，观察现象，写出反应方程式。

4. 过氧化氢的鉴定反应

向试管中加入 1mL 3%的 H_2O_2 溶液、0.5mL 乙醚、0.5mL 1mol・L^{-1}的 H_2SO_4 溶液和 3 滴 0.5mol・L^{-1}的 $K_2Cr_2O_7$ 溶液，充分振荡，观察溶液和乙醚层的颜色变化。

$Cr_2O_7^{2-}$ 与 H_2O_2 作用生成过氧化铬 $CrO_5[Cr(O_2)_2O]$，CrO_5 在水溶液中稳定性差，很快分解为 Cr^{3+} 并放出 O_2。若 H_2SO_4 的浓度较大时，CrO_5 分解速度更快，萃取到乙醚中分解较慢。乙醚层为深蓝色，水层逐渐变为绿色（Cr^{3+} 浓度较大）。

$$Cr_2O_7^{2-} + 4H_2O_2 + 2H^+ \longrightarrow 2CrO_5 + 5H_2O$$

$$4CrO_5 + 12H^+ \longrightarrow 4Cr^{3+} + 7O_2\uparrow + 6H_2O$$

四、硫的化合物的性质

1. 硫化氢的还原性

向试管中加入硫代乙酰胺溶液和 1mol·L^{-1}的 H_2SO_4 各 5 滴（硫代乙酰胺在酸中水解生成 H_2S），滴加 0.1mol·L^{-1}的 $KMnO_4$ 溶液，观察现象，写出反应方程式。

用 $FeCl_3$、$K_2Cr_2O_7$ 分别代替 $KMnO_4$ 重复上述实验，观察现象，写出反应方程式。

2. 亚硫酸盐的性质

向试管中加入 2mL 0.5mol·L^{-1}的 Na_2SO_3 溶液，用 1mol·L^{-1}的 H_2SO_4 酸化，用湿润的 pH 试纸移近管口检验所逸出气体。然后将溶液分别加入两支试管中，一支试管中滴加硫代乙酰胺溶液，另一只试管中滴加 0.5mol·L^{-1}的 $K_2Cr_2O_7$ 溶液，观察现象，总结亚硫酸盐的性质，写出有关的反应方程式。

3. 硫代硫酸盐的性质

(1) 硫代硫酸盐的不稳定性　向试管中加入 0.2mol·L^{-1}的 $Na_2S_2O_3$ 溶液 0.5mL，滴加 3mol·L^{-1}的 H_2SO_4 溶液，观察溶液现象，用湿润的 pH 试纸检验逸出气体，写出反应方程式。

(2) 硫代硫酸盐的还原性　向试管中加入 0.2mol·L^{-1}的 $Na_2S_2O_3$ 溶液和 0.2%的淀粉溶液各 2 滴，滴加碘水，观察溶液颜色变化，写出反应方程式。

向另一支试管中加入 0.5mL 0.2mol·L^{-1} 的 $Na_2S_2O_3$ 溶液和 1mL 的氯水，用 0.2mol·L^{-1}的 $BaCl_2$ 溶液检验有无 SO_4^{2-} 的生成，写出反应方程式。

(3) 硫代硫酸盐的配位性　向试管中加入 0.5mL 0.2mol·L^{-1}的 $AgNO_3$ 溶液，滴加 0.2mol·L^{-1}的 $Na_2S_2O_3$ 溶液，边滴加边振荡，观察该反应颜色的变化。

开始生成白色的 $Ag_2S_2O_3$ 沉淀，该沉淀很快分解，颜色由白变黄再变棕色，最后生成黑色的硫化银。

$$Ag_2S_2O_3 + H_2O \longrightarrow Ag_2S\downarrow + 2H^+ + SO_4^{2-}$$

向另一支试管中加入 0.5mL 0.2mol·L^{-1} 的 $Na_2S_2O_3$ 溶液和几滴 0.2mol·L^{-1} 的 $AgNO_3$溶液，观察现象。$Ag_2S_2O_3$ 溶于过量的 $Na_2S_2O_3$ 溶液中，形成 $[Ag(S_2O_3)_2]^{3-}$ 配离子。

4. 过二硫酸盐的氧化性

向试管中加入 2mL 1mol·L^{-1}的 H_2SO_4 溶液、2mL 蒸馏水、2 滴 0.2mol·L^{-1}的 $MnSO_4$溶液和少量过二硫酸钾固体，混合均匀后分别加入两支试管中，一支试管中加入 1 滴 0.2mol·L^{-1}的 $AgNO_3$ 溶液，将两只试管同时放入热水浴中加热，比较二者溶液颜色变化快慢和深浅程度并加以解释，写出有关的反应方程式。

思　考　题

(1) 用氯水与 KI 溶液反应时，如果氯水过量，CCl_4 层的紫色会消失，向碘水中滴加 $Na_2S_2O_3$ 溶液，淀粉的蓝色也会消失。两个反应有什么不同？说明碘的什么性质？

(2) 用淀粉-碘化钾试纸检验氯气时，试纸先变蓝色，但时间较长时蓝色又褪去，为什么？

(3) 长时间放置 H_2S、Na_2S 和 Na_2SO_3 溶液会发生什么变化？如何判断溶液是否失效？

(4) 向 $Na_2S_2O_3$ 溶液中滴加 $AgNO_3$ 和向 $AgNO_3$ 溶液中滴加 $Na_2S_2O_3$ 的反应现象有何不同？为什么？

(5) 用最简单的方法区别下列几种白色固体：Na_2S、Na_2SO_3、$Na_2S_2O_3$、Na_2SO_4。

实验 27　p 区非金属元素（二）（氮、磷、硅、硼）

实验目的

（1）掌握不同氧化态氮的化合物的主要性质。

（2）了解磷酸盐的主要性质。

（3）掌握硅酸盐及硼酸的主要性质。

基本操作

硼砂珠试验，参见本文有关内容。

实验用品

液体药品：H_2SO_4（浓，$1mol \cdot L^{-1}$，$3mol \cdot L^{-1}$）、HCl（$2mol \cdot L^{-1}$，$6mol \cdot L^{-1}$）、$NaNO_2$（饱和，$0.5mol \cdot L^{-1}$）、KI（$0.2mol \cdot L^{-1}$）、$KMnO_4$（$0.1mol \cdot L^{-1}$）、HNO_3（浓，$0.5mol \cdot L^{-1}$）、$NaOH$（$6mol \cdot L^{-1}$）、Na_3PO_4（$0.1mol \cdot L^{-1}$）、Na_2HPO_4（$0.1mol \cdot L^{-1}$）、NaH_2PO_4（$0.1mol \cdot L^{-1}$）、$AgNO_3$（$0.2mol \cdot L^{-1}$）、$CaCl_2$（$0.5mol \cdot L^{-1}$）、$NH_3 \cdot H_2O$（$2mol \cdot L^{-1}$）、$CuSO_4$（$0.2mol \cdot L^{-1}$）、$Na_4P_2O_7$（$0.1mol \cdot L^{-1}$）、Na_2SiO_3（20%）、甘油、饱和硼酸溶液、甲基橙指示剂、无水乙醇。

固体药品：氯化铵、硫酸铵、硝酸铵、锌粒、硫粉、硝酸钠、硝酸铜、硝酸银、氯化钙、硫酸铜、硫酸锌、硫酸锰、硫酸镍、硫酸亚铁、三氯化铁、硝酸钴、硼砂。

仪器：试管、烧杯、酒精灯、表面皿、蒸发皿。

材料：酚酞试纸、pH 试纸、冰、镍铬丝。

实验内容

一、铵盐的热分解

向干燥的试管中放入黄豆大小的氯化铵固体，将试管垂直固定、加热，用湿润的 pH 试纸检验逸出气体，观察试纸颜色的变化。观察试管壁上部白霜的出现，解释现象，写出反应方程式。

分别用硫酸铵和硝酸铵代替氯化铵重复上述实验，观察并比较它们的热分解产物，总结铵盐的热分解产物与阴离子的关系，写出反应方程式。

二、亚硝酸和亚硝酸盐

1. 亚硝酸的生成和分解

向试管中加入 0.5mL 饱和 $NaNO_2$ 溶液，用冰水冷却后加入同体积 $1mol \cdot L^{-1}$ 的 H_2SO_4 溶液，观察该反应溶液颜色的变化。然后将试管从冰水中取出，放置片刻又有什么变化？写出有关的反应方程式。

2. 亚硝酸的氧化性和还原性

（1）向试管中加入 2 滴 $0.2mol \cdot L^{-1}$ 的 KI 溶液，用 $3mol \cdot L^{-1}$ 的 H_2SO_4 酸化，然后滴加 $0.5mol \cdot L^{-1}$ 的 $NaNO_2$ 溶液，观察现象，写出反应方程式。

（2）向试管中加入 2 滴 $0.1mol \cdot L^{-1}$ 的 $KMnO_4$ 溶液，用 $3mol \cdot L^{-1}$ 的 H_2SO_4 酸化，然后滴加 $0.5mol \cdot L^{-1}$ 的 $NaNO_2$ 溶液，观察现象，写出反应方程式。

根据上述反应总结亚硝酸的性质。

三、硝酸和硝酸盐

1. 硝酸的氧化性

（1）向两支试管中各加一粒锌粒，其中第一支试管加入 1mL 浓 HNO_3，第二支试管加入 1mL 0.5mol·L^{-1}的 HNO_3 溶液，比较二者反应速率和反应现象有何不同。反应一段时间后，将第二支试管中的上层清液滴到一只表面皿上，再滴入 3 滴 6mol·L^{-1}的 NaOH 溶液，迅速将湿润的酚酞试纸贴到另一只表面皿凹处，扣到一起并在水浴上加热，观察酚酞试纸是否变为红色。此方法称为气室法检验 NH_4^+。

(2) 向试管中加入绿豆大小的硫粉，加入 1.5mL 浓硝酸，在通风橱中加热直至硫粉反应完全，观察反应现象。冷却后检验反应产物。

写出上述反应的反应方程式。

2. 硝酸盐的热分解

向试管中加入少量硝酸钠固体，加热至熔化分解，观察产物的颜色、状态，检查所产生气体，写出反应方程式。用同样的方法加热分解硝酸铜固体和硝酸银固体。总结硝酸盐热分解的规律。

四、磷酸盐的性质

1. 酸碱性

分别向三支试管中加入 0.5mL 0.1mol·L^{-1}的 Na_3PO_4、Na_2HPO_4 和 NaH_2PO_4 溶液，分别检测溶液的 pH。然后各加入适量的 0.2mol·L^{-1}的 $AgNO_3$ 溶液，观察现象，再次检测溶液的 pH，写出反应方程式并加以解释。

2. 溶解性

分别向三支试管中加入 0.5mL 0.1mol·L^{-1}的 Na_3PO_4、Na_2HPO_4 和 NaH_2PO_4 溶液，各加入等量的 0.5mol·L^{-1}的 $CaCl_2$ 溶液，观察有无沉淀生成。各滴加 2mol·L^{-1}的氨水后有何变化？再滴加 2mol·L^{-1}的 HCl 又有何变化？比较磷酸钙、磷酸氢钙、磷酸二氢钙的溶解性，说明它们之间相互转化的条件，写出反应方程式。

磷酸盐的性质见表Ⅴ-27-1。

表Ⅴ-27-1 磷酸盐的性质

磷酸盐	pH 值	加 $AgNO_3$		加 $CaCl_2$			
		现象	pH 值	现象	pH 值	加 $NH_3\cdot H_2O$	再加 HCl
Na_3PO_4							
Na_2HPO_4							
NaH_2PO_4							

3. 配位性

向试管中加入 0.5mL 0.2mol·L^{-1}的 $CuSO_4$ 溶液，逐滴加入 0.1mol·L^{-1}的 $Na_4P_2O_7$ 溶液，观察沉淀的生成和颜色。继续滴加 $Na_4P_2O_7$ 溶液，沉淀是否溶解？写出相应的反应方程式。

五、硅酸与硅酸盐

1. 硅酸凝胶的生成

向试管中加入 1mL 20%的 Na_2SiO_3 溶液，然后逐滴加入 6mol·L^{-1}的 HCl，观察现象，写出反应方程式。

2. 微溶性硅酸盐的生成——“水中花园”

向 100mL 的烧杯中加入 50mL 20%的 Na_2SiO_3 溶液，在杯底撒一薄层粉状的硫酸铜晶体，然后向烧杯中各投一粒氯化钙、硫酸锌、硫酸锰、硫酸镍、硫酸亚铁、三氯化铁、硝酸钴固体，放置一段时间后观察各种微溶性硅酸盐的生成。

六、硼酸及硼酸的焰色鉴定反应

1. 硼酸的酸性

向试管中加入 2mL 饱和硼酸溶液，向溶液中加一滴甲基橙指示剂，观察溶液的颜色变化。把溶液分到两支试管中，在一支试管中加几滴甘油[$C_3H_5(OH)_3$]，混匀，比较两支试管的颜色并加以解释。

2. 硼酸的鉴定

向蒸发皿中放入少量硼酸晶体，加入 5 滴浓硫酸和 1mL 乙醇，混合后点燃，观察火焰的特征颜色，写出反应方程式。

七、硼砂珠试验

硼砂（$Na_2B_4O_7$）组成可看成是由 2 个 $NaBO_2$ 和 1 个 B_2O_3 的复合物。B_2O_3 有酸性，能与许多金属氧化物生成偏硼酸盐。许多偏硼酸盐具有特征颜色。利用这类反应鉴定某些金属离子，称为硼砂珠试验。

用 $6mol \cdot L^{-1}$ 的盐酸清洗镍铬丝，在氧化焰中灼烧，反复几次以除去杂质。然后蘸取一些硼砂固体，在氧化焰上烧成白色的圆珠。

用烧热的硼砂珠蘸取硝酸钴固体熔融后冷却，观察硼砂珠的颜色变化，写出相应的反应方程式。用同样的方法可以鉴定铜盐、镍盐等。

思　考　题

(1) 现有硝酸钠和亚硝酸钠两瓶无色溶液，试设计三种区别它们的方法。

(2) 为什么装有水玻璃的试剂瓶长期敞开瓶口后水玻璃会变浑浊？

(3) 试用最简单的方法鉴别以下七种固体：Na_2SO_4、$NaHSO_4$、Na_2CO_3、$NaHCO_3$、Na_3PO_4、Na_2HPO_4、NaH_2PO_4。

(4) 总结铵盐热分解产物与其阴离子的关系，硝酸盐热分解产物与其阳离子的关系。

实验 28　常见非金属阴离子的分离与鉴定

实验目的

(1) 熟悉常见阴离子的有关特性。

(2) 掌握阴离子的分离、鉴定原理和方法。

实验原理

在元素周期表中，形成阴离子的元素虽然不多，但是同一元素常常不止形成一种阴离子。阴离子多数是由两种或两种以上元素构成的酸根离子或配离子，同一元素原子能形成多种阴离子，例如：由 S 可以形成 S^{2-}、SO_3^{2-}、SO_4^{2-}、$S_2O_3^{2-}$、$S_2O_8^{2-}$ 等常见的阴离子；由 N 可以形成 NO_3^-、NO_2^- 等阴离子。非金属元素在溶液中形成的阴离子最常见的有如下 11 种：Cl^-、Br^-、I^-、S^{2-}、SO_4^{2-}、SO_3^{2-}、$S_2O_3^{2-}$、NO_3^-、NO_2^-、PO_4^{3-}、CO_3^{2-}。其中，与酸作用生成挥发性物质的有 S^{2-}、SO_3^{2-}、$S_2O_3^{2-}$、NO_2^-、CO_3^{2-}；在中性或弱碱性溶液中与 $BaCl_2$ 作用生成沉淀的有 SO_4^{2-}、SO_3^{2-}、$S_2O_3^{2-}$、PO_4^{3-}、CO_3^{2-}；与 $AgNO_3$ 和稀 HNO_3 作用生成沉淀的有 Cl^-、Br^-、I^-、S^{2-}、$S_2O_3^{2-}$；在酸性介质中主要表现氧化性的是 NO_3^-；主要表现还原性的有 Cl^-、Br^-、I^-、S^{2-}；既有还原性又有氧化性的有 SO_3^{2-}、$S_2O_3^{2-}$、NO_2^-；而 SO_4^{2-}、PO_4^{3-}、CO_3^{2-} 既无氧化性又无还原性。由于酸碱性、氧化还原性

等限制，许多阴离子不能共存于同一溶液中，共存于溶液中的各离子彼此干扰较少，且许多阴离子有特征反应，故可通过生成气体的反应、沉淀反应、氧化还原反应对试液进行一系列实验，初步判断可能存在的阴离子，然后根据离子性质的差异和特征反应进行分离鉴定。

常见非金属阴离子的定性鉴定方法见附录14。

实验用品

液体药品：HCl(6mol·L^{-1})、H_2SO_4（浓，1mol·L^{-1}）、HNO_3(6mol·L^{-1})、HAc(2mol·L^{-1})、$NaNO_3$(0.1mol·L^{-1})、$NaNO_2$(0.1mol·L^{-1})、Na_3PO_4(0.1mol·L^{-1})、Na_2CO_3(0.1mol·L^{-1})、$AgNO_3$(0.2mol·L^{-1})、NaCl(0.1mol·L^{-1})、NaBr(0.1mol·L^{-1})、KI(0.1mol·L^{-1})、NaOH(2mol·L^{-1})、$Ba(OH)_2$（饱和）或新配制的石灰水、$NH_3·H_2O$(6mol·L^{-1})、$(NH_4)_2MoO_4$(0.1mol·L^{-1})、Na_2S(0.1mol·L^{-1})、Na_2SO_3(0.1mol·L^{-1})、$Na_2S_2O_3$(0.1mol·L^{-1})、$ZnSO_4$（饱和）、$K_4[Fe(CN)_6]$(0.5mol·L^{-1})、对氨基苯磺酸（9%）、α-萘胺（0.4%）、亚硝酰铁氰化钠(9%)、氯水、四氯化碳。

固体药品：锌粉、碳酸镉、硫酸亚铁。

仪器：试管、离心试管、离心机。

材料：pH试纸。

实验内容

一、常见阴离子的鉴定

1. NO_3^- 的鉴定

取2滴 NO_3^- 试液于点滴板上，在溶液的中央放一小粒 $FeSO_4$ 晶体，然后在晶体上加一滴浓硫酸。如晶体周围有棕色出现，示有 NO_3^- 存在。

2. NO_2^- 的鉴定

取2滴 NO_2^- 试液于点滴板上，加1滴2mol·L^{-1}的HAc溶液酸化，再加1滴对氨基苯磺酸和1滴α-萘胺。如有玫瑰红色出现，示有 NO_2^- 存在。

3. PO_4^{3-} 的鉴定

向试管中加入3滴 PO_4^{3-} 试液、5滴6mol·L^{-1}的 HNO_3 溶液，8～10滴钼酸铵 $(NH_4)_2MoO_4$ 试剂，水浴温热，如有黄色沉淀生成，示有 PO_4^{3-} 存在。

4. CO_3^{2-} 的鉴定

向试管中加入10滴 CO_3^{2-} 试液，用pH试纸测其pH值，然后加10滴6mol·L^{-1}的HCl溶液，并立即将沾有新配制的石灰水或饱和 $Ba(OH)_2$ 溶液的玻璃棒置于试管口上，如玻璃棒上的溶液立刻变为白色浑浊状，结合试液的pH值，可以判断有 CO_3^{2-} 存在。

二、混合离子的分离与鉴定

1. Cl^-、Br^-、I^-混合物的分离与鉴定

向离心试管中加入0.5mL的Cl^-、Br^-、I^-混合溶液，用2～3滴6mol·L^{-1}的 HNO_3 酸化，再加入0.2mol·L^{-1}的 $AgNO_3$ 溶液至沉淀完全，离心分离，弃去上层溶液，用蒸馏水洗涤沉淀2次。往卤化银沉淀上滴加6mol·L^{-1}的氨水，搅拌后离心分离，将上层清液倒入另一支试管，加入6mol·L^{-1}的 HNO_3 酸化，有白色沉淀产生，表示有Cl^-存在。

将上面所得沉淀用蒸馏水再次洗涤，弃去洗涤液，然后往沉淀上加0.1mol·L^{-1}的 $Na_2S_2O_3$ 溶液，充分搅拌后离心分离，将上层清液倒入另一支试管，加入0.5mL的 CCl_4，再逐滴加入氯水，CCl_4 层出现棕黄色，表示有Br^-存在。

向上述沉淀中加入5滴蒸馏水和少许锌粉，充分搅拌，加5滴1mol·L^{-1}的 H_2SO_4，

充分反应至无气体逸出时，离心分离，弃去残渣。向清液中加入 0.5mL 的 CCl_4，再逐滴加入氯水，振荡，观察 CCl_4 层颜色，出现紫色表示有 I^- 存在，继续加氯水，CCl_4 层紫色消失至无色。

实验过程如下：

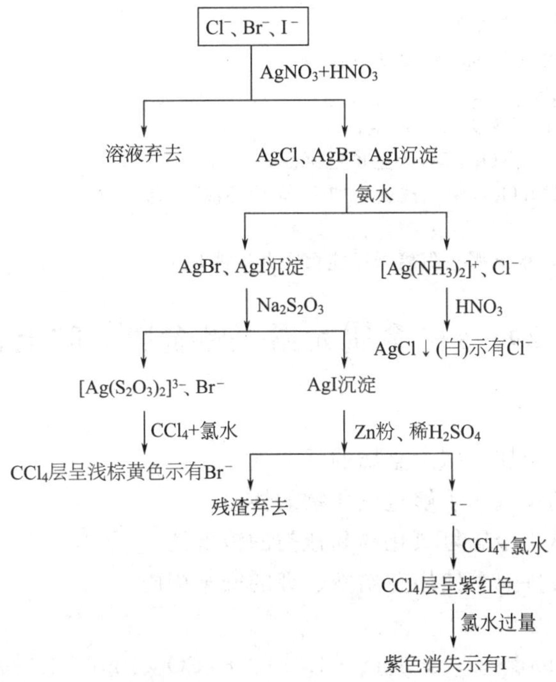

2. S^{2-}、SO_3^{2-}、$S_2O_3^{2-}$ 混合物的分离与鉴定

分别向两支试管中各加入 0.5mL 的 S^{2-}、SO_3^{2-}、$S_2O_3^{2-}$ 混合溶液，其中一份加入几滴 $2mol \cdot L^{-1}$ 的 NaOH 溶液，再加入亚硝酰铁氰化钠溶液，若有红紫色出现，表示有 S^{2-} 存在。向另一支试管加入绿豆大小的 $CdCO_3$ 固体除去 S^{2-}。将滤液分成两份，一份加入亚硝酰铁氰化钠、饱和 $ZnSO_4$ 溶液及 $K_4[Fe(CN)_6]$ 溶液，出现红色沉淀，表示有 SO_3^{2-} 存在。向另一份滴加 $AgNO_3$ 溶液，若有沉淀由白→黄→棕→黑色变化，表示有 $S_2O_3^{2-}$ 存在。

实验过程如下：

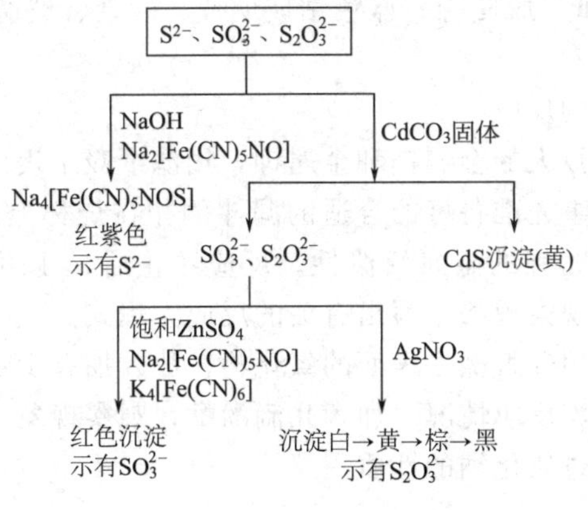

思　考　题

(1) 取下列盐中的两种混合，加水溶解时有沉淀产生。将沉淀分成两份，一份溶于 HCl 溶液，另一份

溶于 HNO_3 溶液。试指出下列哪两种盐混合时可能有此现象？

$BaCl_2$、$AgNO_3$、Na_2SO_4、$(NH_4)_2CO_3$、KCl

(2) 一个能溶于水的混合物，已检出含有 Ag^+ 和 Ba^{2+}，下列哪几种阴离子可不必鉴定？

SO_3^{2-}、Cl^-、NO_3^-、SO_4^{2-}、CO_3^{2-}、I^-

(3) 鉴定 SO_4^{2-} 时，怎样除去 $SO_3{}^{2-}$、$S_2O_3^{2-}$、CO_3^{2-} 的干扰？

(4) 鉴定 NO_3^- 时，怎样除去 NO_2^-、Br^-、I^- 的干扰？

(5) 某阴离子未知液经初步试验结果如下：

① 试液呈酸性时无气体产生；

② 酸性溶液中加 $BaCl_2$ 溶液无沉淀产生；

③ 加入稀硝酸溶液和 $AgNO_3$ 溶液产生黄色沉淀；

④ 酸性溶液中加入 $KMnO_4$，紫色褪去，加 I_2-淀粉溶液，蓝色不褪去；

⑤ 与 KI 无反应；

由以上初步试验结果，推测哪些阴离子可能存在并说明理由。

实验 29 s区金属元素（碱金属、碱土金属）

实验目的

(1) 实验并比较碱金属、碱土金属的活泼性。

(2) 实验钠与氧的反应，了解过氧化物的性质。

(3) 实验并比较碱土金属氢氧化物和盐类的溶解性。

(4) 练习焰色反应并熟悉使用金属钠、钾的安全措施。

实验用品

液体药品：HCl($2mol\cdot L^{-1}$，$6mol\cdot L^{-1}$)、H_2SO_4($1mol\cdot L^{-1}$)、NaOH($2mol\cdot L^{-1}$，$6mol\cdot L^{-1}$)、HAc($2mol\cdot L^{-1}$)、$NH_3\cdot H_2O$($6mol\cdot L^{-1}$)、$KMnO_4$($0.1mol\cdot L^{-1}$)、$MgCl_2$($0.5mol\cdot L^{-1}$)、$CaCl_2$($0.5mol\cdot L^{-1}$)、$BaCl_2$($0.5mol\cdot L^{-1}$)、$SrCl_2$($0.5mol\cdot L^{-1}$)、K_2CrO_4($0.5mol\cdot L^{-1}$)、NaCl($1mol\cdot L^{-1}$)、KCl($1mol\cdot L^{-1}$)、LiCl($1mol\cdot L^{-1}$)、NH_4Cl（饱和）、$(NH_4)_2C_2O_4$（饱和）、六羟基锑酸钾（饱和）、酒石酸锑钾（饱和）、酒石酸氢钠（饱和）、酚酞试剂（0.1%）、乙醇（95%）。

固体药品：钠、钾、镁条。

仪器：试管、烧杯、漏斗、酒精灯、蒸发皿、镊子、小刀。

材料：pH 试纸、滤纸、脱脂棉、蓝色钴玻璃片、砂纸、玻璃棒。

实验内容

一、钠、钾、镁与水的反应

(1) 用镊子分别取绿豆大的金属钠和金属钾，用滤纸吸干表面的煤油，立即将它们分别放入盛水的烧杯中（可将事先准备好的合适的漏斗倒扣在烧杯上，以确保安全）。观察两者与水反应的情况，比较钠、钾的金属活泼性。反应终止后，往两只烧杯中各加一滴酚酞试剂，检验溶液的酸碱性，观察现象，写出有关的反应方程式。

(2) 取一小段镁条，用砂纸擦去表面的氧化物，放入加有少量冷水的试管中，观察有无反应。然后加热试管，观察反应情况。加入几滴酚酞，观察现象，写出反应方程式。

二、钠与氧的反应和过氧化钠的性质

1. 钠与氧的反应

用镊子取绿豆大的金属钠，迅速用滤纸吸干表面的煤油，切出新鲜表面，立即置于蒸发皿中加热。当钠开始燃烧时停止加热以免发生更剧烈的燃烧或爆炸反应。观察反应情况和产物的颜色、状态，写出反应方程式。

2. 过氧化钠的性质

(1) 过氧化钠的碱性　将上面钠与空气中的氧反应产生的固体少许加入一支干燥的试管中，加入 2mL 蒸馏水后将试管放入冷水中冷却并加以搅拌，待完全溶解后用 pH 试纸检验溶液的酸碱性。用 $1mol \cdot L^{-1}$ 的 H_2SO_4 将溶液酸化，然后加入 1～2 滴 $0.1mol \cdot L^{-1}$ 的 $KMnO_4$ 溶液，观察紫色是否褪去，由此说明水溶液中是否有 H_2O_2 存在，从而推知钠在空气中燃烧是否有 Na_2O_2 生成。写出有关的反应方程式。

(2) 过氧化钠的水解　取少量 Na_2O_2 固体，加入 2mL 微热的蒸馏水中，观察是否有气体放出，检验该气体是否是氧气，写出反应方程式。

三、镁、钙、钡的氢氧化物的溶解性

(1) 在三支试管中，分别加入 $0.5mol \cdot L^{-1}$ 的 $MgCl_2$、$CaCl_2$、$BaCl_2$ 溶液各 0.5mL，再加入等体积新配制的 $2mol \cdot L^{-1}$ 的 NaOH 溶液，观察沉淀的生成。然后把沉淀分成两份，分别加入 $6mol \cdot L^{-1}$ 的 HCl 溶液和 $6mol \cdot L^{-1}$ 的 NaOH 溶液，观察沉淀是否溶解，写出有关的反应方程式。

(2) 在试管中加入 5 滴 $0.5mol \cdot L^{-1}$ 的 $MgCl_2$ 溶液，再加入 5 滴 $6mol \cdot L^{-1}$ 的 $NH_3 \cdot H_2O$，观察反应生成物的颜色和状态。向其中再加入饱和 NH_4Cl 溶液，又有何现象？为什么？写出有关的反应方程式。

四、碱金属、碱土金属元素的焰色反应

原理：当碱金属和碱土金属中的钙、锶、钡的挥发性化合物在高温火焰上灼烧时，原子中的电子吸收了能量，从能量较低的轨道跃迁到能量较高的轨道，但处于能量较高轨道上的电子是不稳定的，很快跃迁回能量较低的轨道，这时就将多余的能量以光的形式放出。而放出的光的波长在可见光范围内（波长为 400～760nm），因而能使火焰呈现颜色。不同的元素具有不同的特征光谱，因此根据焰色可以判断某种元素的存在。

操作：取一根玻璃棒，在顶端裹上少量脱脂棉使之呈球状。向上滴 2～3 滴 95%的乙醇，然后滴 2～3 滴 $1mol \cdot L^{-1}$ 的 NaCl 溶液，在氧化焰中燃烧，观察其火焰的颜色。观察完毕取下脱脂棉，用同样的方法观察 KCl、LiCl、$SrCl_2$、$CaCl_2$、$BaCl_2$ 溶液的焰色。一些常见金属焰色反应的特征颜色见表Ⅴ-29-1。

表Ⅴ-29-1　一些常见金属焰色反应的特征颜色

离子	锂	钠	钾	铷	铯	钙	锶	钡	铜	铊
焰色	红	黄	紫	紫红	紫红	橙红	洋红	黄绿	绿	绿

五、碱金属微溶盐的生成

1. 微溶性钠盐

向试管中加入 5 滴 $1mol \cdot L^{-1}$ 的 NaCl 溶液，再加入 5 滴饱和的六羟基锑酸钾 [$KSb(OH)_6$] 溶液，如果无晶体析出，可用玻璃棒摩擦试管内壁，然后将试管置于冷水中，观察产物的颜色和状态。用饱和酒石酸锑钾 $\left(KSbC_4H_4O_7 \cdot \frac{1}{2}H_2O\right)$ 代替六羟基锑酸钾重复上述实验，观察现象，写出有关的反应方程式。

2. 微溶性钾盐

向试管中加入 5 滴 $1mol \cdot L^{-1}$ 的 KCl 溶液，再加入 5 滴饱和的酒石酸氢钠（$NaHC_4H_4O_6$）溶液，如果无晶体析出，可用玻璃棒摩擦试管内壁。观察产物的颜色和状态，写出反应方程式。

六、碱土金属难溶盐的生成和性质

1. 铬酸盐的生成和性质

取三支试管分别加入 5 滴 0.5mol·L^{-1} 的 $MgCl_2$、$CaCl_2$、$BaCl_2$ 溶液，然后各滴入 0.5mol·L^{-1} 的 K_2CrO_4 溶液，观察产物的颜色和状态。分别实验沉淀与 2mol·L^{-1} 的 HAc 和 2mol·L^{-1}的 HCl 溶液的反应，写出有关的反应方程式。

2. 草酸盐的生成和性质

取三支试管分别加入 5 滴 0.5mol·L^{-1}的 $MgCl_2$、$CaCl_2$、$BaCl_2$ 溶液，然后各滴入饱和的 $(NH_4)_2C_2O_4$ 溶液，观察产物的颜色和状态。分别实验沉淀与 2mol·L^{-1}的 HAc 和 2mol·L^{-1}的 HCl 溶液的反应，写出有关的反应方程式。

思 考 题

(1) 若实验室中发生镁燃烧的事故，能否用水或二氧化碳来灭火？如果不能，应该用何种方法灭火？

(2) 往 $MgCl_2$ 溶液中加入 $NH_3 \cdot H_2O$ 时会生成 $Mg(OH)_2$ 沉淀和 NH_4Cl，而 $Mg(OH)_2$ 沉淀又能溶于饱和 NH_4Cl 溶液中，这两者有无矛盾，为什么？

(3) 试设计实验方案，分离并鉴别 NH_4^+、K^+、Na^+、Ca^{2+}、Mg^{2+}、Ba^{2+} 混合离子。

(4) 焰色是由金属离子引起的，与非金属离子有关吗？

【附注】

(1) 金属钠、钾在空气中会立即氧化，遇水有可能会引起爆炸，通常将它们保存在煤油或液体石蜡中，并置于阴凉处。取用时要用镊子夹取，取用量要严格控制，不能与皮肤接触，未用完的不能乱丢，要回收保存。

(2) 玻璃棒摩擦试管壁易生成沉淀的原因：以玻璃棒摩擦试管内壁时，摩擦处会形成“毛刺”，同时会有细微的内壁附着物和玻璃屑落下，就像播了许多晶种，以“玻璃屑”和“毛刺”为晶核，溶液中构晶离子向晶核表面扩散进入晶格，晶粒逐渐长大，直至得到沉淀。

实验 30 p 区金属元素（铝、锡、铅、锑、铋）

实验目的

(1) 掌握铝、锡、铅、锑、铋的氢氧化物的溶解性，锡、铅、锑、铋的难溶物的生成及其转化。

(2) 掌握锑盐和铋盐的水解性。

(3) 了解二价锡的还原性和四价铅的氧化性。

(4) 了解锑和铋的硫化物生成和性质。

实验用品

液体药品：$AlCl_3$(0.2mol·L^{-1})、$SnCl_2$(0.2mol·L^{-1})、$SbCl_3$(0.2mol·L^{-1})、$HgCl_2$(0.2mol·L^{-1})、$Pb(NO_3)_2$(0.2mol·L^{-1})、$Bi(NO_3)_3$(0.2mol·L^{-1})、$MnSO_4$(0.2mol·L^{-1})、Na_2SO_4 (0.2mol·L^{-1})、K_2CrO_4 (0.2mol·L^{-1})、NaClO (0.5mol·L^{-1})、Na_2S(1mol·L^{-1})、$NaHCO_3$(1mol·L^{-1})、HCl(浓，2mol·L^{-1}，6mol·L^{-1})、H_2SO_4(1mol·L^{-1})、KI(0.2mol·L^{-1})、HNO_3(浓，6mol·L^{-1})、HAc(2mol·L^{-1})、NaOH(2mol·L^{-1}，6mol·L^{-1})、$NH_3 \cdot H_2O$(0.5mol·L^{-1})、NH_4Cl (饱和)、$(NH_4)_2S$ (新制 0.1mol·L^{-1})、$(NH_4)_2S_x$(0.1mol·L^{-1})、硫代乙酰胺溶液、碘水、氯水（新制，饱和)。

固体药品：$Pb(Ac)_2 \cdot 3H_2O$、$SbCl_3$、$Bi(NO_3)_3 \cdot 5H_2O$、$NaBiO_3$、NaAc。

仪器：试管、烧杯、滴管、酒精灯、离心机、离心试管。

材料：碘化钾淀粉试纸、pH 试纸。

实验内容

一、铝、锡、铅、锑、铋的氢氧化物的生成和溶解性

(1) 在 5 支试管中，分别加入 0.5mL 浓度均为 0.2mol・L^{-1} 的 $AlCl_3$、$SnCl_2$、$Pb(NO_3)_2$、$SbCl_3$、$Bi(NO_3)_3$ 溶液，均滴加等体积新配制的 2mol・L^{-1}的 NaOH 溶液，观察实验现象并写出有关的反应方程式。

将以上沉淀分为两份，分别加入 6mol・L^{-1}的 NaOH 和 6mol・L^{-1}的 HCl 溶液，观察沉淀的溶解性，写出反应方程式。

由实验结果比较上述金属氢氧化物的酸碱性及变化规律。

(2) $AlCl_3$ 在氨水中的溶解性

向盛有 0.5mL 0.2mol・L^{-1} 的 $AlCl_3$溶液中，滴加 0.5mol・L^{-1}的 $NH_3 \cdot H_2O$，观察反应生成物的颜色和状态。向生成的沉淀中加入饱和 NH_4Cl 溶液，沉淀是否溶解？写出反应方程式。

二、铅、锑和铋的难溶盐

1. 铅、锑和铋的硫化物的生成和性质

(1) 向三支试管中分别加入 0.5mL 0.2mol・L^{-1}的 $Pb(NO_3)_2$、$SbCl_3$、$Bi(NO_3)_3$ 溶液，各加入几滴硫代乙酰胺溶液，微热，观察沉淀的颜色 [将自制的 Sb_2S_3、Bi_2S_3 沉淀分为两份，其中一份留作实验 (2)用]。

分别实验沉淀与浓 HCl、2mol・L^{-1} 的 NaOH 及 0.1mol・L^{-1} 的 $(NH_4)_2S$ 和 $(NH_4)_2S_x$溶液的反应。写出反应方程式。

PbS 可溶于浓盐酸中，反应如下：

$$PbS + 4HCl = H_2S\uparrow + H_2[PbCl_4]$$

注：有关硫化物的实验均在通风橱中进行。

(2) 锑和铋的硫化物　取少量实验 (1) 中留下的 Sb_2S_3、Bi_2S_3 沉淀，分别加入少量 1mol・L^{-1}的 Na_2S 溶液，搅拌，观察硫化物是否溶解。溶解的再加入 2mol・L^{-1}的 HCl 溶液又有什么变化？写出反应式。

2. 铅的难溶盐

(1) 氯化铅和碘化铅　向 0.5mL 蒸馏水中滴入 5 滴 0.2mol・L^{-1}的 $Pb(NO_3)_2$溶液，再滴加 2mol・L^{-1}的 HCl 溶液 3～5 滴，观察产物的颜色和状态。将试管加热，再冷却，有什么变化？说明 $PbCl_2$ 的溶解度与温度的关系。

向 0.5mL 蒸馏水中滴入 2 滴 0.2mol・L^{-1}的 $Pb(NO_3)_2$溶液，再加 2 滴 0.2mol・L^{-1}的 KI 溶液，观察产物的颜色和状态。试验它在沸水和冷水中的溶解情况。

(2) 硫酸铅　向少量 0.2mol・L^{-1}的 $Pb(NO_3)_2$ 溶液中，滴加 0.2mol・L^{-1}的 Na_2SO_4 溶液，观察沉淀的生成，加入少许 NaAc 固体，微热，并不断搅拌，观察沉淀是否溶解，观察现象并写出反应方程式。

(3) 铬酸铅　向少量 0.2mol・L^{-1}的 $Pb(NO_3)_2$溶液中滴加 0.2mol・L^{-1}的 K_2CrO_4溶液，观察沉淀的颜色，分别实验沉淀在 6mol・L^{-1} 的 HNO_3、2mol・L^{-1} 的 HAc 和 6mol・L^{-1}的 NaOH 溶液中溶解情况，写出反应方程式。

三、三价锑盐、铋盐的水解性

1. $SbCl_3$ 的水解

取少量 $SbCl_3$ 固体于试管中，加入少量蒸馏水，观察白色沉淀的生成，实验溶液的 pH

值。滴加 6mol·L^{-1}的 HCl 溶液至沉淀刚好溶解为止。再加水稀释又有什么变化？写出水解反应方程式。

2. $Bi(NO_3)_3$ 的水解

取少量 $Bi(NO_3)_3 \cdot 5H_2O$ 固体于试管中，加入蒸馏水，观察白色沉淀的生成。再滴加 6mol·L^{-1}的 HNO_3 并微热之，至沉淀刚好溶解，再将其倒入盛水的小烧杯中，是否又有沉淀生成？写出水解反应方程式。

用平衡移动原理对水解反应加以解释。

四、锡、铅、锑和铋化合物的氧化还原性

1. 二价锡的还原性

(1) 向少量 0.2mol·L^{-1}的 $HgCl_2$ 溶液中，缓慢滴加 0.2mol·L^{-1}的 $SnCl_2$ 溶液并搅拌，观察沉淀的生成和颜色变化，写出反应方程式。本反应可以鉴定 Sn^{2+} 和 Hg^{2+}。

(2) 向少量 0.2mol·L^{-1}的 $SnCl_2$ 溶液中，滴加 2mol·L^{-1}的 NaOH 溶液使生成的沉淀溶解，然后滴加 0.2mol·L^{-1}的 Bi $(NO_3)_3$ 溶液，立即有黑色的金属铋生成。此反应可鉴定 Bi^{3+}。

$$3Sn(OH)_4^{2-} + 2Bi^{3+} + 6OH^- = 3Sn(OH)_6^{2-} + 2Bi\downarrow$$

2. 四价铅的氧化性

(1) 二氧化铅的制备　取少量 $Pb(Ac)_2 \cdot 3H_2O$ 固体于试管中，加少许水溶解后加入 1mL 0.5mol·L^{-1}的 NaClO 溶液，水浴加热，观察沉淀的生成和颜色，写出反应方程式。离心分离并用水洗净沉淀。

(2) 四价铅的氧化性　取少量自制的 PbO_2 于试管中，滴加浓 HCl(在通风橱中进行)，观察现象，并以湿润的碘化钾-淀粉试纸检验气体产物。

取少量自制的 PbO_2 于试管中，加入 1mL 1mol·L^{-1}的 H_2SO_4 和 2 滴 0.2mol·L^{-1}的 $MnSO_4$ 溶液，水浴加热，观察现象，写出反应方程式。

根据电极电势说明上述几个反应为什么能够进行。

注：以上实验最终反应产物要回收。

3. 三价锑的还原性

取少量 0.2mol·L^{-1}的 $SbCl_3$ 溶液，用 1mol·L^{-1}的 $NaHCO_3$ 溶液调 pH 值 8～9，加入碘水，观察实验现象，再用浓 HCl 酸化，有何变化？写出反应方程式。

4. 五价铋的氧化性

(1) 五价铋化合物的生成　向试管中加入 5 滴 0.2mol·L^{-1}的 $Bi(NO_3)_3$ 溶液，再加入几滴 6mol·L^{-1}的 NaOH 溶液和氯水少许，水浴加热，观察沉淀的颜色，写出反应方程式。

(2) 五价铋的氧化性　向盛有少量固体 $NaBiO_3$ 的试管中加入浓 HCl，检查 Cl_2 气体的生成。写出反应方程式。

向盛有少量固体 $NaBiO_3$ 的试管中加入 1mol·L^{-1} 的 H_2SO_4 酸化后，加 2 滴 0.2mol·L^{-1}的 $MnSO_4$溶液，水浴加热，观察现象。根据实验现象判断所生成的产物，写出反应式。

根据电极电势对以上反应加以解释。

思考题

(1) 指出下列反应能否发生并说明原因。

$$Na_3SbO_4 + MnSO_4 + H_2SO_4 \longrightarrow$$
$$NaBiO_3 + MnSO_4 + H_2SO_4 \longrightarrow$$

(2) 用实验结果说明溶液的酸碱性对氧化还原反应方向的影响。

(3) 实验室配制 $SnCl_2$ 溶液时，为什么既要加盐酸又要加锡粒？

(4) 结合实验说明锡、铅氧化还原性变化不同的原因。

(5) PbO_2 将 Mn^{2+} 氧化为 MnO_4^- 时，溶液酸化可选用 HNO_3 和 H_2SO_4，哪个更好？为什么？

实验 31　ds 区金属元素（铜、银、锌、镉、汞）

实验目的

(1) 了解铜、银、锌、镉、汞的氧化物、氢氧化物及硫化物的生成和性质。

(2) 了解铜、银、锌、镉、汞的配合物的形成和性质。

(3) 熟悉铜、银、汞化合物的氧化还原性。

(4) 掌握 Cu(Ⅰ)、Cu(Ⅱ) 重要化合物的性质及相互转化的条件。

(5) 熟悉 Hg(Ⅰ) 与 Hg(Ⅱ) 的互相转化。

实验用品

液体药品：HCl（浓，$2mol \cdot L^{-1}$）、H_2SO_4（$2mol \cdot L^{-1}$）、HNO_3（浓，$2mol \cdot L^{-1}$）、NaOH（$2mol \cdot L^{-1}$，$6mol \cdot L^{-1}$）、KOH（$6mol \cdot L^{-1}$）、$NH_3 \cdot H_2O$（浓，$2mol \cdot L^{-1}$）、$CuSO_4$（$0.2mol \cdot L^{-1}$）、$ZnSO_4$（$0.2mol \cdot L^{-1}$）、$CdSO_4$（$0.2mol \cdot L^{-1}$）、$CuCl_2$（$0.5mol \cdot L^{-1}$）、$Hg(NO_3)_2$（$0.2mol \cdot L^{-1}$）、$HgCl_2$（$0.2mol \cdot L^{-1}$）、$Hg_2(NO_3)_2$（$0.2mol \cdot L^{-1}$）、$SnCl_2$（$0.2mol \cdot L^{-1}$）、$CoCl_2$（$0.2mol \cdot L^{-1}$）、$AgNO_3$（$0.2mol \cdot L^{-1}$）、KI（$0.2mol \cdot L^{-1}$）、Na_2S（$0.1mol \cdot L^{-1}$）、$Na_2S_2O_3$（$0.5mol \cdot L^{-1}$）、KSCN（$0.1mol \cdot L^{-1}$）、NaCl（$0.2mol \cdot L^{-1}$）、葡萄糖溶液（10%）。

固体药品：铜屑。

仪器：试管、烧杯(100mL)、滴管、玻璃棒、酒精灯、离心机、离心试管。

实验内容

一、铜、银、锌、镉、汞氢氧化物或氧化物的生成与性质

1. 铜、锌、镉氢氧化物的生成和性质

向三支分别盛有 0.5mL $0.2mol \cdot L^{-1}$ 的 $CuSO_4$、$ZnSO_4$、$CdSO_4$ 溶液的试管中滴加新制 $2mol \cdot L^{-1}$ 的 NaOH 溶液，观察所得沉淀的颜色和状态。

将每支试管中的沉淀分为两份，向其中一支试管中滴加 $2mol \cdot L^{-1}$ 的 H_2SO_4，向另一支试管中滴加 $2mol \cdot L^{-1}$ 的 NaOH 溶液，观察现象，写出反应方程式。

总结铜、锌、镉氢氧化物对酸和碱的溶解性规律。

2. 银、汞氧化物的生成和性质

AgOH 在常温下极易脱水而转化为棕褐色的 Ag_2O，Hg(Ⅰ，Ⅱ)的氢氧化物极易脱水而转变为黄色的 HgO(Ⅱ)和黑色的 Hg_2O(Ⅰ)。

(1) Ag_2O 的生成和性质　向盛有 0.5mL $0.2mol \cdot L^{-1}$ 的 $AgNO_3$ 溶液中，滴加新制的 $2mol \cdot L^{-1}$ NaOH 溶液，观察 Ag_2O 的颜色和状态。

离心分离并洗涤沉淀，将沉淀分为两份，一份加入 $2mol \cdot L^{-1}$ 的 HNO_3，另一份加入 $2mol \cdot L^{-1}$ 的 $NH_3 \cdot H_2O$。观察现象，写出反应方程式。

(2) HgO 的生成和性质　向盛有 0.5mL $0.2mol \cdot L^{-1}$ 的 $Hg(NO_3)_2$ 溶液中，滴加新制

的 2mol·L^{-1}的 NaOH 溶液，观察沉淀的颜色和状态。

将沉淀分为两份，一份加入 2mol·L^{-1} HNO_3（或 2mol·L^{-1} HCl 溶液），另一份加入 6mol·L^{-1}的 NaOH 溶液。观察现象，写出反应方程式。

二、锌、镉、汞硫化物的生成与性质

分别向盛有 0.5mL 0.2mol·L^{-1}的 $ZnSO_4$、$CdSO_4$ 和 $Hg(NO_3)_2$ 溶液的离心试管中滴加少量 0.1mol·L^{-1}的 Na_2S 溶液，观察沉淀的颜色和状态（若沉淀生成得较慢，可微热）。

将沉淀离心分离、洗涤，并将每种沉淀分为三份，一份滴加 2mol·L^{-1}的 HCl，第二份滴加浓盐酸，第三份滴加王水(自制)。分别水浴加热，观察沉淀溶解情况并填写表Ⅴ-31-1，写出反应方程式。

表Ⅴ-31-1　锌、镉、汞硫化物的性质

现象及性质＼硫化物	沉淀颜色及状态	溶解性			K_{sp}
		2mol·L^{-1}HCl	浓盐酸	王水	
ZnS					
CdS					
HgS					

注：在通风橱中进行。

三、铜、银、锌、镉、汞的配合物

易形成配合物是这两个副族元素的特性，Cu^{2+}、Ag^{+}、Zn^{2+}、Cd^{2+}与过量的氨水反应时分别生成 $[Cu(NH_3)_4]^{2+}$、$[Ag(NH_3)_2]^{+}$、$[Zn(NH_3)_4]^{2+}$、$[Cd(NH_3)_4]^{2+}$；用氨水处理 Hg_2Cl_2时，首先歧化为 $HgCl_2$ 和 Hg，然后 $HgCl_2$ 与氨生成 $Hg(NH_2)Cl$ 白色沉淀，成为鉴定 Hg_2Cl_2的特征反应。

1. 氨合物的生成

分别实验 0.2mol·L^{-1}的 $CuSO_4$、$AgNO_3$、$ZnSO_4$、$CdSO_4$ 和 $Hg(NO_3)_2$ 溶液与适量 2mol·L^{-1}的氨水和过量 $NH_3\cdot H_2O$ 的作用，并将实验结果填入表Ⅴ-31-2。

表Ⅴ-31-2　铜、银、锌、镉、汞氨合物的生成

现象及产物＼溶液	滴入适量氨水至沉淀产生		继续滴入过量氨水	
	现象	主要产物	现象	主要产物
0.2mol·$L^{-1}CuSO_4$,5 滴				
0.2mol·$L^{-1}AgNO_3$,5 滴				
0.2mol·$L^{-1}ZnSO_4$,5 滴				
0.2mol·$L^{-1}CdSO_4$,5 滴				
0.2mol·$L^{-1}Hg(NO_3)_2$,5 滴				

2. Hg 配合物的生成和应用

(1) HgI_4^{2-} 的生成和性质　向少量 0.2mol·L^{-1}的 $Hg(NO_3)_2$溶液中滴加0.2mol·L^{-1}的 KI 溶液，观察沉淀的生成和颜色，当 KI 过量时生成配合物 HgI_4^{2-}，此时溶液显何种颜色？写出反应方程式。

向 HgI_4^{2-} 溶液中滴加少量 6mol·L^{-1} 的 KOH 至溶液微黄色而又无明显的沉淀析出，即得奈斯勒试剂，可用来检验 NH_4^+ 或 NH_3。向该奈斯勒试剂中加 1 滴 NH_4Cl（或稀氨水），观察沉淀的颜色，写出反应式。

以 $HgCl_2$ 代替 $Hg(NO_3)_2$ 进行实验，观察实验现象。

（2）$Hg(SCN)_4^{2-}$ 的生成与性质　向少量 0.2mol·L^{-1} 的 $Hg(NO_3)_2$ 溶液中滴加 0.1mol·L^{-1} 的 KSCN 溶液，观察白色沉淀的生成，KSCN 过量时沉淀溶解生成 $Hg(SCN)_4^{2-}$。

在 $Hg(SCN)_4^{2-}$ 溶液中滴加 0.2mol·L^{-1} 的 $ZnSO_4$ 溶液，观察白色 $Zn[Hg(SCN)_4]$ 沉淀的生成，此反应可用来鉴定 Zn^{2+}。

在 $Hg(SCN)_4^{2-}$ 溶液中滴加 0.2mol·L^{-1} 的 $CoCl_2$ 溶液，观察蓝色 $Co[Hg(SCN)_4]$ 沉淀的缓慢生成（若反应慢，可微热），此反应可用来鉴定 Co^{2+}。

四、铜、银、汞的氧化还原性

1. 氧化亚铜的生成和性质

向少量 0.2mol·L^{-1} 的 $CuSO_4$ 溶液中加入过量 6mol·L^{-1} 的 NaOH 溶液，再滴加 10% 的葡萄糖溶液，水浴加热，有黄色沉淀生成进而转变成红色沉淀，写出有关反应式。

将沉淀离心分离、洗涤，然后将沉淀分成三份。

向第一份沉淀中滴加浓 HCl，观察现象。

向第二份沉淀中滴加 2mol·L^{-1} 的 H_2SO_4 溶液，静置，观察现象。加热至沸，观察现象。

向第三份沉淀中加入 1mL 浓氨水，振荡，静置，观察溶液的颜色。静置一段时间后，溶液变成蓝色，为什么？

写出上述的反应方程式。

2. 氯化亚铜的生成和性质

（1）由单质铜做还原剂制备 CuCl　向 100mL 烧杯中加入 10mL 0.5mol·L^{-1} 的 $CuCl_2$ 溶液、3mL 浓 HCl 和少量铜屑（或铜片）。加热沸腾至溶液绿色消失，变为深棕色。取 1 滴该溶液滴在除氧的蒸馏水中，如有白色沉淀生成，则将溶液全部倒入 60mL 除氧蒸馏水中，得白色 CuCl 沉淀。写出反应方程式。

（2）CuCl 的性质　将上述沉淀分成两份，分别实验 CuCl 与浓盐酸和浓氨水的反应，观察实验现象，写出反应式并加以解释。

3. 碘化亚铜的生成和性质

取少量 0.2mol·L^{-1} 的 $CuSO_4$ 溶液与 0.2mol·L^{-1} 的 KI 溶液作用，观察产物的颜色和状态。滴加 0.5mol·L^{-1} 的 $Na_2S_2O_3$ 溶液除去 I_2，得到的沉淀是什么颜色？写出方程式并说明原因。

4. 银镜的制作

向洁净的试管中加约 1mL 0.2mol·L^{-1} 的 $AgNO_3$ 溶液，滴加 2mol·L^{-1} 的氨水至生成的沉淀刚好溶解为止。加入几滴 10% 的葡萄糖溶液，水浴加热，观察试管壁银镜的生成：

$$2Ag(NH_3)_2^+ + C_5H_{11}O_5CHO + 2\,OH^- = 2Ag + C_5H_{11}O_5COO^- + NH_4^+ + 3NH_3 + H_2O$$

5. Hg(Ⅰ) 与 Hg(Ⅱ) 的互相转化

（1）Hg_2^{2+} 的歧化分解　向两支盛有 0.5mL 0.2mol·L^{-1} 的 $Hg_2(NO_3)_2$ 溶液的试

管中分别加入 0.2mol·L^{-1} 的 NaCl 溶液和 2mol·L^{-1} 的氨水，观察现象，写出反应式。

(2) Hg^{2+} 的氧化性　向少量 0.2mol·L^{-1} 的 $Hg(NO_3)_2$ 溶液中逐滴加入 0.2mol·L^{-1} 的 $SnCl_2$ 溶液，观察现象，写出反应式。

思　考　题

(1) Cu(Ⅰ) 和 Cu(Ⅱ) 稳定存在和转化的条件是什么？

(2) 在 $AgNO_3$ 中加入 NaOH 为什么得不到 AgOH？

(3) 锌盐与汞盐生成氨配合物的条件有何不同？

(4) $CuSO_4$ 溶液与适量氨水作用时，生成的沉淀是什么物质？此沉淀溶于过量氨水后生成的产物是什么？写出相应的反应方程式。

(5) 用平衡移动原理说明在 $Hg_2(NO_3)_2$ 溶液中通入 H_2S 气体会生成什么沉淀？

【附注】

(1) 在 Cu(Ⅰ) 和 Cu(Ⅱ) 互相转化实验中，$[Cu(NH_3)_2]^+$ 的无色溶液不稳定，很容易被氧化为蓝色的 $[Cu(NH_3)_4]^{2+}$。

(2) 实验中所有的汞溶液要回收。

实验 32　常见阳离子的分离与鉴定（一）

实验目的

(1) 熟悉常见阳离子的有关分析特性。

(2) 掌握阳离子的分离、鉴定原理和方法。

(3) 了解常见阳离子混合液的分离和检出方法，巩固检出离子的操作。

实验原理

阳离子的分离和鉴定的方法主要有系统分析法和分别分析法。系统分析法是将可能共存的阳离子按一定的顺序，用“组试剂”将性质相近的离子逐组分离，然后将各组离子进行分离和鉴定，常见的方法有硫化氢系统分析法、两酸两碱系统分析法。分别分析法是分别取一定的试液，设法排除干扰离子的影响，加入适当的试剂，直接进行鉴定的方法。

离子鉴定反应大都是在水溶液中进行的离子反应，是以各种离子对试剂的不同反应为依据的。即选择那些变化迅速而明显的反应，如沉淀的生成和溶解，溶液颜色的改变，气体的产生等，各种离子对试剂作用的相似性和差异性是构成离子分离与鉴定方法的基础。因而必须熟悉离子的基本性质和特征反应。

离子的分离与鉴定还要考虑反应的灵敏性和选择性。所谓灵敏性，就是待测离子的量很小就能发生显著的反应，则这种反应就是灵敏反应。所谓反应的选择性是指与一种试剂作用的离子种类而言的。能与加入的试剂起反应的离子种类越少，此反应的选择性就越高。若只与一种离子起反应，该反应称为此离子的特效反应。

离子的分离与鉴定是在一定条件下进行的。须考虑溶液的酸度、反应物的浓度、反应温度、是否存在促进或抑制此反应的物质等因素。为了设计准确有效的分离和鉴定方法，除了熟悉离子的有关性质外，还要学习运用离子平衡（酸碱、沉淀、氧化还原、配位等平衡）的规律控制反应条件。

常见金属阳离子的定性鉴定方法见附录 13。

实验用品

液体药品：$SnCl_2$、$CaCl_2$、$BaCl_2$、$AlCl_3$、$SbCl_3$、$Bi(NO_3)_3$、$Pb(NO_3)_2$、$CuCl_2$、$Cd(NO_3)_2$、KNO_3、Na_2S、NaCl、$MgCl_2$、K_2CrO_4（均为 $0.5mol \cdot L^{-1}$）、$AgNO_3$($0.1mol \cdot L^{-1}$)、$HgCl_2$($0.2mol \cdot L^{-1}$)、NaOH($2mol \cdot L^{-1}$，$6mol \cdot L^{-1}$)、Na_2CO_3（饱和）、$NH_3 \cdot H_2O$($6mol \cdot L^{-1}$)、HCl($2mol \cdot L^{-1}$，$6mol \cdot L^{-1}$，浓)、H_2SO_4($6mol \cdot L^{-1}$)、HNO_3($6mol \cdot L^{-1}$)、HAc($2mol \cdot L^{-1}$，$6mol \cdot L^{-1}$)、NaAc($2mol \cdot L^{-1}$)、酒石酸氢钠（饱和)、酒石酸锑钾（饱和)、$(NH_4)_2C_2O_4$（饱和)、六羟基锑(Ⅴ）酸钾（饱和)、$K_4[Fe(CN)_6]$($0.5mol \cdot L^{-1}$)、镁试剂、铝试剂（0.1%)、硫脲（2.5%)、苯、罗丹明 B 溶液。

固体药品：亚硝酸钠。

仪器：试管、玻璃棒、离心试管、离心机。

材料：pH 试纸。

实验内容

一、碱金属、碱土金属离子的鉴定

1. K^+ 的鉴定

向试管中加入 0.5mL $0.5mol \cdot L^{-1}$ 的 KNO_3 溶液，再加入 0.5mL 饱和酒石酸氢钠($NaHC_4H_4O_6$)溶液，如有白色结晶状沉淀生成，示有 K^+ 存在。如无沉淀产生，可用玻璃棒摩擦试管内壁，再观察现象。

$$K^+ + NaHC_4H_4O_6 \longrightarrow KHC_4H_4O_6\downarrow（白色浑浊）+ Na^+$$

(或者向 KNO_3 溶液中加入饱和钴亚硝酸钠 $Na_3[Co(NO_2)_6]$ 溶液，放置，观察钴亚硝酸钠钾亮黄色沉淀的生成，示有 K^+ 存在。)

2. Na^+ 的鉴定

向试管中加入 0.5mL $0.5mol \cdot L^{-1}$ 的 NaCl 溶液，再加入 10 滴饱和六羟基锑(Ⅴ）酸钾 $[KSb(OH)_6]$ 溶液，用玻璃棒摩擦试管内壁，观察六羟基锑(Ⅴ）酸钠白色结晶状沉淀的生成，示有 Na^+ 存在。写出反应方程式。

(或者向 NaCl 溶液中加入 10 滴饱和醋酸双氧铀酰锌溶液，观察醋酸双氧铀酰锌钠黄绿色沉淀的生成，示有 Na^+ 存在。)

3. Mg^{2+} 的鉴定

向试管中加入 4 滴 $0.5mol \cdot L^{-1}$ 的 $MgCl_2$ 溶液，再滴加 $6mol \cdot L^{-1}$ 的 NaOH，直到生成白色絮状沉淀为止；然后加入 1 滴镁试剂，搅拌，沉淀呈蓝色，示有 Mg^{2+} 存在。

4. Ca^{2+} 的鉴定

向盛有 0.5mL $0.5mol \cdot L^{-1}$ 的 $CaCl_2$ 溶液的离心试管中，加入 0.5mL 饱和草酸铵 $[(NH_4)_2C_2O_4]$ 溶液，有白色沉淀生成。离心分离，弃去清液，若白色沉淀不溶于 $6mol \cdot L^{-1}$ 的 HAc 溶液而溶于 $2mol \cdot L^{-1}$ 的 HCl，示有 Ca^{2+} 存在。写出反应方程式。

5. Ba^{2+} 的鉴定

向试管中加入 4 滴 $0.5mol \cdot L^{-1}$ 的 $BaCl_2$ 溶液，加入 $2mol \cdot L^{-1}$ 的 HAc 和 $2mol \cdot L^{-1}$ 的 NaAc 溶液各 4 滴，然后加入 2 滴 $0.5mol \cdot L^{-1}$ 的 K_2CrO_4 溶液，生成黄色沉淀，示有 Ba^{2+} 存在。写出反应式。

二、p 区和 ds 区部分金属离子的鉴定

1. Al^{3+} 的鉴定

向试管中加入 4 滴 $0.5mol \cdot L^{-1}$ 的 $AlCl_3$ 溶液，加入 2～3 滴水稀释，再加入 2 滴 $2mol \cdot L^{-1}$ 的 HAc 和 2 滴 0.1% 的铝试剂，振荡后，置水浴上加热片刻，再滴加 1～2 滴

$6mol\cdot L^{-1}$的$NH_3\cdot H_2O$至碱性，生成红色絮状沉淀示有Al^{3+}存在。

2. Sn^{2+}的鉴定

向试管中加入4滴$0.5mol\cdot L^{-1}$的$SnCl_2$溶液，再滴加$0.2mol\cdot L^{-1}$的$HgCl_2$溶液，同时振荡，若有白色沉淀生成并逐渐变成灰色，然后变为黑色，示有Sn^{2+}存在。

3. Pb^{2+}的鉴定

向试管中加入4滴$0.5mol\cdot L^{-1}$的$Pb(NO_3)_2$溶液，再加入4滴$0.5mol\cdot L^{-1}$的K_2CrO_4溶液，生成黄色沉淀，向沉淀上滴加2滴$2mol\cdot L^{-1}$的NaOH溶液，沉淀溶解示有Pb^{2+}存在。

4. Sb^{3+}的鉴定

向试管中加入5滴$0.5mol\cdot L^{-1}$的$SbCl_3$溶液，再加入3滴浓盐酸及数粒亚硝酸钠，将Sb(Ⅲ)转化为Sb(Ⅴ)，反应至没有气体放出时，加入数滴苯及罗丹明B溶液，苯层显紫色，示有Sb^{3+}存在。

5. Bi^{3+}的鉴定

向试管中加入1滴$0.5mol\cdot L^{-1}$的$Bi(NO_3)_3$溶液，再加入1滴2.5%的硫脲，生成鲜黄色配合物，示有Bi^{3+}存在。

6. Cu^{2+}的鉴定

向试管中加入1滴$0.5mol\cdot L^{-1}$的$CuCl_2$溶液，再加入1滴$6mol\cdot L^{-1}$的HAc溶液酸化，再加1滴$0.5mol\cdot L^{-1}$的亚铁氰化钾($K_4[Fe(CN)_6]$)溶液，生成红棕色沉淀，示有Cu^{2+}存在。

7. Cd^{2+}的鉴定

向试管中加入3滴$0.5mol\cdot L^{-1}$的$Cd(NO_3)_2$溶液，加入2滴$0.5mol\cdot L^{-1}$的Na_2S溶液，生成亮黄色沉淀，示有Cd^{2+}存在。

三、部分混合离子的分离和鉴定(混合离子由相应的硝酸盐溶液配制)

向离心试管中加入2滴Ag^+和Cd^{2+}、Al^{3+}、Ba^{2+}、Na^+溶液各5滴，混合均匀后，按以下步骤进行分离和鉴定。

1. Ag^+的分离和鉴定

向混合试液中加入1滴$6mol\cdot L^{-1}$的盐酸，剧烈振荡，当沉淀生成时再滴加1滴$6mol\cdot L^{-1}$的盐酸至沉淀完全，搅拌片刻，离心分离，将上层清液转移到另一支离心试管中，记为溶液A，按实验2处理。

将上述沉淀用1滴$6mol\cdot L^{-1}$的盐酸和10滴蒸馏水洗涤，离心分离。向沉淀上加入2～3滴$6mol\cdot L^{-1}$的氨水，搅拌使其溶解，向所得的清液中加入1滴$6mol\cdot L^{-1}$的硝酸酸化，有白色沉淀析出，示有Ag^+存在。

2. Ba^{2+}的分离和鉴定

向第一步操作得到的清液A中滴加$6mol\cdot L^{-1}$的硫酸溶液至产生白色沉淀，再过量2滴，振荡片刻，离心分离，将清液转移到另一支试管中，记为溶液B，按实验3处理。

将以上沉淀用0.5mL热蒸馏水洗涤，离心分离，清液并入溶液B中。向沉淀中加入饱和Na_2CO_3溶液3～4滴，振荡片刻，再加入$2mol\cdot L^{-1}$的HAc溶液和$2mol\cdot L^{-1}$的NaAc溶液各3滴，振荡片刻，再加入1～2滴$0.5mol\cdot L^{-1}$的K_2CrO_4溶液，产生黄色沉淀，示有Ba^{2+}存在。

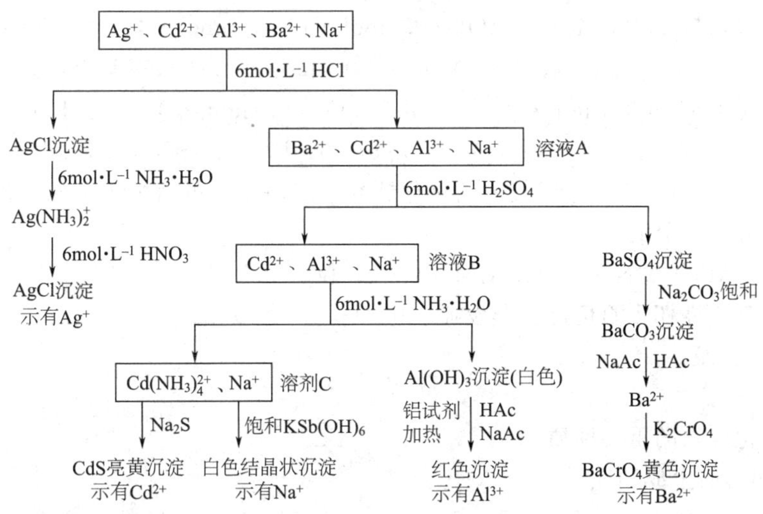

3. Al^{3+}的分离和鉴定

向第二步操作中得到的溶液 B 中滴加 6mol·L^{-1}的氨水至溶液显碱性，振荡片刻，离心分离，将清液转移到另一支离心试管中，记为溶液 C，按实验 4 处理。

向以上白色沉淀中加入 2mol·L^{-1}的 HAc 溶液和 2mol·L^{-1}的 NaAc 溶液各 2 滴，再加入 2 滴铝试剂，振荡后微热，产生红色沉淀，示有 Al^{3+}存在。

4. Cd^{2+}、Na^{+}的分离和鉴定

向盛有少量溶液 C 的试管中，加入 2～3 滴 0.5mol·L^{-1}的 Na_2S 溶液，生成亮黄色沉淀，示有 Cd^{2+}存在。

向盛有少量溶液 C 的另一支试管中，加入几滴饱和酒石酸锑钾溶液，产生白色结晶状沉淀，示有 Na^{+}存在。

思　考　题

(1) 洗涤 AgCl、Hg_2Cl_2沉淀时为什么要用热的 HCl 水溶液？

(2) 如何配制 $SnCl_2$ 和 $BiCl_3$ 溶液？

(3) 选用一种试剂区别下列四种溶液。

KCl、$AgNO_3$、$ZnSO_4$、$Cd(NO_3)_2$

(4) 选用一种试剂区别下列四种离子。

Cd^{2+}、Hg^{2+}、Zn^{2+}、Cu^{2+}

(5) 如何将 $BaSO_4$ 沉淀转化为 $BaCO_3$ 沉淀？

实验 33　d 区金属元素 (一)(钛、钒、铬、锰)

实验目的

(1) 掌握钛、钒、铬、锰主要氧化态的化合物的性质。

(2) 掌握钛、钒、铬、锰各氧化态之间相互转化的条件。

(3) 了解钛、钒、铬、锰的氧化物和含氧酸盐的生成与性质。

实验用品

液体药品：氨水 (6mol·L^{-1})、$CuCl_2$(0.2mol·L^{-1})、KI(0.2mol·L^{-1})、$KMnO_4$(0.1mol·L^{-1})、H_2O_2(3%)、NH_4Cl(2mol·L^{-1})、NH_4VO_3(饱和溶液)、HCl

(6mol·L^{-1}，2mol·L^{-1}，浓)、NaOH(0.2mol·L^{-1}，6mol·L^{-1})、$AgNO_3$(0.1mol·L^{-1})、$BaCl_2$(0.1mol·L^{-1})、$Pb(NO_3)_2$(0.1mol·L^{-1})、$MnSO_4$(0.2mol·L^{-1}，0.5mol·L^{-1})、$CrCl_3$(0.1mol·L^{-1})、$K_2Cr_2O_7$(0.1mol·L^{-1})、K_2CrO_4(0.1mol·L^{-1})、Na_2S(0.5mol·L^{-1})、Na_2CO_3(0.5mol·L^{-1})、Na_2SO_3(0.1mol·L^{-1})、H_2SO_4(2mol·L^{-1}，浓)、$TiOSO_4$［用液体四氯化钛和1mol·L^{-1}的$(NH_4)_2SO_4$溶液按1∶1的比例配制成硫酸氧钛溶液］。

固体药品：MnO_2、NH_4VO_3、$KMnO_4$、Zn粒。

仪器：试管、烧杯、酒精灯、蒸发皿、电炉。

材料：pH试纸。

实验内容

一、钛的化合物的重要性质

1. $Ti(OH)_4$的生成和性质

在试管中加入0.5mL的$TiOSO_4$溶液，滴加6mol·L^{-1}的$NH_3 \cdot H_2O$，观察白色沉淀的生成。将沉淀分装两支试管，向两支试管中分别加入2mol·L^{-1}的H_2SO_4和6mol·L^{-1}的NaOH，观察现象并写出反应方程式。

2. 三价钛化合物的生成和还原性

向盛有0.5mL的$TiOSO_4$溶液中，加入两粒锌粒，静置几分钟后观察颜色变化。

向上述清液中滴加0.2mol·L^{-1}的$CuCl_2$溶液，观察现象并写出反应式。

根据以上现象说明三价钛的还原性。

3. Ti(Ⅳ)的鉴定

向少量$TiOSO_4$溶液中滴加3%的H_2O_2溶液，观察溶液的颜色变化并写出反应式。该反应可用于Ti(Ⅳ)的鉴定。

二、钒的化合物的重要性质

1. 五氧化二钒的生成与性质

(1) 取0.5g偏钒酸铵(NH_4VO_3)固体放入蒸发皿中，在沙浴上(或用电炉加石棉网加热)小火加热并不断搅拌，观察固体的颜色变化。写出NH_4VO_3的分解反应式。

(2) 将上述产物分成四份，分别进行如下实验。

向第一份固体中加入1mL浓H_2SO_4，振荡，静置，观察V_2O_5溶解情况和溶液的颜色。写出反应式。

再取上层清液于水中稀释，观察稀释前后的颜色变化并加以解释(稀释时应把含浓硫酸的溶液加入水中)。

向第二份固体中加入1mL 6mol·L^{-1}的NaOH溶液并水浴加热，观察V_2O_5的溶解情况及溶液的颜色(此溶液保留)。反应式为：

$$V_2O_5 + 2NaOH \longrightarrow 2NaVO_3 + H_2O$$

向第三份固体中加入少量蒸馏水并煮沸，观察V_2O_5是否溶解，冷却后检查溶液的pH值。

向第四份固体中加入1mL浓HCl，观察V_2O_5的溶解情况和溶液的颜色。微沸，检查Cl_2的生成。然后加入少量蒸馏水稀释，观察颜色有何变化？

$$V_2O_5 + 6HCl(浓) \longrightarrow 2VOCl + 2Cl_2\uparrow + 3H_2O$$

根据以上反应总结五氧化二钒的特性。

2. 低价钒化合物的生成和性质

（1）低价钒化合物的生成　向 2mL 饱和 NH_4VO_3 溶液中加 1mL 6mol·L^{-1}的 HCl 溶液，加入 2 粒锌粒，放置一会儿，观察溶液的颜色变化，至溶液变成紫色后，取出锌粒(此溶液保留)。写出反应式。

（2）低价钒化合物的还原性　向前面得到的紫色 V^{2+} 溶液中逐滴加入 0.1mol·L^{-1}的 $KMnO_4$ 溶液，观察溶液的颜色变化，写出反应式。

三、铬的化合物的重要性质

1. 三价铬的生成和性质

（1）$Cr(OH)_3$ 的生成和性质　向盛有 2mL 0.1mol·L^{-1} $CrCl_3$ 的溶液中滴加 6mol·L^{-1} NaOH 溶液，观察沉淀的生成和颜色。

将所得沉淀分为两份，分别滴加 NaOH 溶液［留至实验(2) 用］和 HCl 溶液，观察沉淀溶解情况及溶液的颜色。写出反应式。

（2）三价铬的还原性　向实验（1)保留的 CrO_2^- 溶液中，滴加少量 3%的 H_2O_2 溶液，观察实验现象，写出反应式。

（3）三价铬的水解　用少量 0.1mol·L^{-1}的 $CrCl_3$ 溶液分别与 0.5mol·L^{-1}的 Na_2S 溶液、0.5mol·L^{-1}的 Na_2CO_3 溶液作用，观察产物的颜色与状态，写出反应式。

2. 六价铬化合物的性质

（1）氧化性　在硫酸酸化条件下，向 0.1mol·L^{-1}的 $K_2Cr_2O_7$ 溶液中加入合适的还原剂，观察实验现象，写出反应式。

（2）CrO_4^{2-} 与 $Cr_2O_7^{2-}$ 的互相转化　选择合适的试剂改变溶液的 pH 值，实验 CrO_4^{2-} 和 $Cr_2O_7^{2-}$ 的互相转化，写出颜色变化和平衡关系式。

总结 CrO_4^{2-} 和 $Cr_2O_7^{2-}$ 互相转化的条件。

（3）铬的难溶盐　分别在 0.1mol·L^{-1} 的 CrO_4^{2-} 和 $Cr_2O_7^{2-}$ 溶液中，各加入少量 0.1mol·L^{-1}的 $AgNO_3$、$BaCl_2$、$Pb(NO_3)_2$ 溶液，观察和比较沉淀的颜色，解释实验现象，写出相应的反应方程式。

四、锰的化合物的重要性质

1. $Mn(OH)_2$ 的生成和性质

取四支试管，每支加 1mL 0.2mol·L^{-1}的 $MnSO_4$ 溶液。

第一支：滴加 0.2mol·L^{-1}的 NaOH 溶液，观察沉淀的颜色。振荡试管，有何变化？

第二支：滴加 0.2mol·L^{-1}的 NaOH 溶液，产生沉淀后继续加入过量的 NaOH 溶液，沉淀是否溶解？

第三支：滴加 0.2mol·L^{-1}的 NaOH 溶液，迅速加入 2mol·L^{-1}的 HCl 溶液，有何现象发生？

第四支：滴加 0.2mol·L^{-1}的 NaOH 溶液，迅速加入 2mol·L^{-1} NH_4Cl 溶液，沉淀是否溶解？

写出上述反应的反应方程式。总结 $Mn(OH)_2$ 的性质。

根据电极电势说明在空气中 Mn^{2+} 能稳定存在而 $Mn(OH)_2$ 易被氧化的原因。

2. 二氧化锰的性质

（1）向试管中加入少量 MnO_2 粉末(米粒大小)，再加入少量浓 HCl，振荡试管，观察所得溶液的颜色。将试管加热，检验所生成的气体。

（2）向盛有少量 0.1mol·L^{-1}的 $KMnO_4$ 溶液的试管中，滴加 0.5mol·L^{-1}的 $MnSO_4$

溶液，观察沉淀的颜色。向沉淀中加入 2mol·L^{-1}的 H_2SO_4溶液和 0.1mol·L^{-1}的 Na_2SO_3溶液，沉淀是否溶解，写出有关反应方程式。

3. 高锰酸钾的性质

取少量 $KMnO_4$固体于干燥的试管中，小心加热，观察现象，检查产生的气体。设法验证分解后的固体产物。写出反应方程式。

思 考 题

(1) 比较 TiO_2 和 V_2O_5在酸中的溶解性。

(2) 总结钒和钛的化合物的性质。

(3) 根据实验结果，总结铬和锰各种氧化态的转化关系。

(4) 结合实验讨论 Cr^{3+} 与 $Cr_2O_7^{2-}$ 互相转化的条件，并说明在转化过程中用 H_2O_2 作氧化剂时应注意什么？

(5) 现有 Mn^{2+}、Cr^{3+}、Al^{3+}混合溶液，试用 NaOH、H_2O_2 和 NH_4Cl 固体进行分离，设法进行鉴定。写出实验方案、实验现象和反应式。

实验 34 d 区金属元素（二）（铁、钴、镍）

实验目的

(1) 实验并掌握铁、钴、镍氢氧化物的生成和氧化还原稳定性。

(2) 实验并掌握铁、钴、镍的配位化合物的生成。

(3) 掌握 Fe^{3+}、Co^{2+}、Ni^{2+}的鉴定反应。

实验用品

液体药品：H_2SO_4(2mol·L^{-1})、HCl（浓）、NaOH(2mol·L^{-1})、氨水（6mol·L^{-1}，浓）、$CoCl_2$(0.1mol·L^{-1})、$NiSO_4$(0.1mol·L^{-1})、$FeCl_3$(0.1mol·L^{-1})、$K_4[Fe(CN)_6]$(0.1mol·L^{-1})、NH_4Cl(1mol·L^{-1})、KSCN(0.1mol·L^{-1})、H_2O_2(3%)、氯水、丙酮、戊醇、乙醚、丁二酮肟（1%酒精溶液）。

固体药品：硫酸亚铁铵晶体、硫氰酸钾。

仪器：离心机、试管、滴管、酒精灯。

材料：碘化钾-淀粉试纸。

实验内容

一、铁（Ⅱ）、钴（Ⅱ）、镍（Ⅱ）的还原性与氢氧化物的制备

1. 铁（Ⅱ）的还原性与 $Fe(OH)_3$的生成

(1) 酸性介质　向试管中加 2mL 蒸馏水和 1～2 滴 2mol·L^{-1}的 H_2SO_4 酸化，煮沸片刻（为什么?），然后在其中溶解几粒硫酸亚铁铵晶体。

向盛有 0.5mL 氯水的试管中加入几滴 2mol·L^{-1} 的 H_2SO_4 溶液，然后滴加 $(NH_4)_2Fe(SO_4)_2$ 溶液，观察现象，写出反应式（若现象不明显，可滴加一滴 KSCN 溶液，出现红色，表明有 Fe^{3+}生成）。

$$Cl_2 + H_2SO_4 + 2(NH_4)_2Fe(SO_4)_2 \longrightarrow Fe_2(SO_4)_3 + 2(NH_4)_2SO_4 + 2HCl$$

(2) 碱性介质　在另一支试管中煮沸 1mL 2mol·L^{-1}的 NaOH 溶液，迅速用吸管吸入 NaOH 溶液，并将吸管插入到$(NH_4)_2Fe(SO_4)_2$ 溶液底部，慢慢放出 NaOH 溶液(注意避免搅动溶液而带入空气，为什么?)，不摇动试管，观察 $Fe(OH)_2$沉淀的颜色。然后边摇边观察沉淀颜色的变化，写出 $Fe(OH)_2$在空气中被氧化的反应式(产物保留)。

2. 钴（Ⅱ)的还原性与 $Co(OH)_3$的生成

（1）向盛有少量 0.1mol・L^{-1}的 $CoCl_2$溶液的试管中加入氯水，观察现象并加以解释。

（2）将少量 0.1mol・L^{-1}的 $CoCl_2$溶液加热至沸，然后滴加 2mol・L^{-1}的 NaOH 溶液，观察沉淀的生成。所得沉淀分成两份，一份置于空气中，一份滴加氯水，观察沉淀颜色的改变（产物保留）。

3. 镍（Ⅱ）的还原性与 $Ni(OH)_3$的生成

（1）向盛有少量 0.1mol・L^{-1}的 $NiSO_4$ 溶液的试管中加入氯水，观察现象并加以解释。

（2）向少量 0.1mol・L^{-1}的 $NiSO_4$ 溶液中滴加 2mol・L^{-1}的 NaOH 溶液，观察 $Ni(OH)_2$沉淀的生成。所得沉淀分成两份，一份置于空气中，一份滴加氯水，观察沉淀颜色的改变（产物保留）。

二、铁(Ⅲ)、钴(Ⅲ)、镍(Ⅲ) 的氧化性

向上述实验保留的 $Fe(OH)_3$、$Co(OH)_3$、$Ni(OH)_3$ 沉淀中分别加入浓盐酸，振荡后各有何变化，并用湿润的 KI-淀粉试纸检查逸出的气体。解释现象，写出有关反应式。

根据上述实验观察到的现象，总结＋2 氧化态的铁、钴、镍化合物的还原性和＋3 氧化态的铁、钴、镍化合物的氧化性的变化规律。

三、铁、钴、镍的配位化合物

1. 铁的配合物

（1）向盛有 1mL 0.1mol・L^{-1}的亚铁氰化钾［六氰合铁(Ⅱ）酸钾］溶液的试管中加入 0.5mL 的碘水，摇动试管后，滴加数滴硫酸亚铁铵溶液，观察现象。本反应可用于 Fe^{2+}的鉴定。

（2）向两支试管中各加入 0.5mL 新配制的硫酸亚铁铵溶液，各滴加数滴 0.1mol・L^{-1}的 KSCN 溶液，然后向其中一支试管中加入约 0.5mL 3%的 H_2O_2 溶液，观察现象，本反应可用于 Fe^{3+}的鉴定。

（3）向 0.1mol・L^{-1}的 $FeCl_3$ 溶液中加入 $K_4[Fe(CN)_6]$ 溶液，观察现象，写出化学方程式。本反应也常用于鉴定 Fe^{3+}。

（4）向盛有 0.5mL $FeCl_3$ 溶液的试管中，滴加浓氨水直至过量，观察沉淀是否溶解。

2. 钴的配合物及其鉴定

（1）向 0.1mol・L^{-1}的 $CoCl_2$溶液中，滴加浓氨水，观察沉淀的生成和颜色，再滴加浓氨水至沉淀溶解，观察溶液的颜色有何变化？写出各步反应的化学方程式。

（2）向试管中加入少量 0.1mol・L^{-1}的 $CoCl_2$溶液和少量 KSNC 固体，再加入 0.5mL 的丙酮(或加入 0.5mL 的戊醇和 0.5mL 的乙醚)，摇匀，观察现象，解释并写出反应方程式(本反应用来鉴定 Co^{2+}，但如混有 Fe^{3+}时，则需加入 NH_4F 溶液进行掩蔽，使其生成无色的 $[FeF_6]^{3-}$以消除其干扰)。

3. 镍的配合物及其鉴定

（1）向 0.1mol・L^{-1}的 $NiSO_4$溶液中，滴加 6mol・L^{-1}的氨水，观察沉淀的颜色，再加入数滴 1mol・L^{-1}的 NH_4Cl 溶液和过量的 6mol・L^{-1}的氨水，观察沉淀的溶解和溶液的颜色，写出反应方程式。

（2）把上述溶液分成三份：一份加入 2mol・L^{-1}的 NaOH 溶液，一份加入 2mol・L^{-1}的 H_2SO_4 溶液，一份煮沸，观察三支试管中的现象。

$$[Ni(NH_3)_6]^{2+} + 2OH^- = Ni(OH)_2\downarrow + 6NH_3\uparrow$$

$$[Ni(NH_3)_6]^{2+} + 6H^+ = Ni^{2+} + 6NH_4^+$$

$$2[Ni(NH_3)_6]SO_4 + 2H_2O = Ni_2(OH)_2SO_4\downarrow + 10NH_3\uparrow + (NH_4)_2SO_4$$

(3) 向少量 0.1mol·L^{-1}的 $NiSO_4$溶液中，加入数滴 6mol·L^{-1}的 $NH_3 \cdot H_2O$，再加入 1 滴 1%的丁二酮肟，观察现象（本反应可用来鉴定 Ni^{2+}）。

思 考 题

(1) 如何制备+2 价和+3 价铁、钴、镍的氢氧化物？本实验检验了它们的哪些性质？

(2) 在碱性介质中，氯水（或溴水）能把二价钴氧化成三价钴，而在酸性介质中，三价钴又能把氯离子氧化成氯气，二者有无矛盾？为什么？

(3) 铁、钴、镍能否与 $NH_3 \cdot H_2O$ 生成+2 和+3 价的氨配合物？

(4) 怎样鉴定 Fe^{3+}、Co^{2+}、Ni^{2+}？

(5) 总结 Fe^{2+}、Co^{2+}、Ni^{2+} 的还原性以及 Fe^{3+}、Co^{3+}、Ni^{3+} 的氧化性变化规律；总结它们所形成主要化合物的性质。

实验 35 常见阳离子的分离与鉴定（二）

实验目的

(1) 将混合液中 Ag^+，Cu^{2+}，Cr^{3+}，Ni^{2+}，Ca^{2+} 进行分离和检出，了解它们的分离和检出条件。

(2) 熟练运用常见阳离子的化学性质进行分离和鉴定，巩固阳离子鉴定的条件和方法，巩固有关分离鉴定操作。

实验原理

离子混合液中各组分如果对鉴定不产生干扰，则可利用各离子的特效反应直接进行分离和鉴定。在实际鉴定中，共存离子往往彼此干扰，通常需要将组分进行分离或用掩蔽剂来掩蔽干扰离子。掩蔽剂一般是指能与干扰离子形成稳定配合物的试剂。采用掩蔽剂消除干扰的方法比较简单、有效，但在很多情况下，没有合适的掩蔽剂，就需要将相互干扰的组分进行分离。混合离子分离常用的方法是沉淀分离法。此方法主要是根据溶度积规则，向混合溶液中加入适当的沉淀剂，利用所生成的化合物溶解度的差异性，使被鉴定离子与干扰组分分离。常用的沉淀剂有 H_2SO_4、HCl、NaOH、$NH_3 \cdot H_2O$、$(NH_4)_2CO_3$、$(NH_4)_2S$、Na_2S 等溶液。

实验用品

液体药品：Ag^+、Cu^{2+}、Cr^{3+}、Ni^{2+}、Ca^{2+} 混合溶液（五种盐都是硝酸盐，浓度均为 0.1mg·L^{-1}）、HCl(2mol·L^{-1}，6mol·L^{-1})、HNO_3(6mol·L^{-1})、NH_4Cl(0.3mol·L^{-1}，3mol·L^{-1})、HAc(6mol·L^{-1})、NaAc(1mol·L^{-1})、NaOH(6mol·L^{-1})、$NH_3 \cdot H_2O$(2mol·L^{-1}，6mol·L^{-1})、$(NH_4)_2CO_3$(2mol·L^{-1})、硫代乙酰胺（1mol·L^{-1}）、H_2O_2(3%)、丁二酮肟（1%乙醇溶液）、$K_4[Fe(CN)_6]$(0.1mol·L^{-1})、$Pb(NO_3)_2$（0.1mol·L^{-1}）、$(NH_4)_2C_2O_4$（饱和）、对氨基苯磺酸（0.5g 溶于 150mL 2mol·L^{-1} 的 HAc 溶液中）、α-萘胺(0.4%)。

固体药品：锌粉。

仪器：试管、离心试管、离心机、玻璃棒、白色点滴板。

材料：pH 试纸。

实验内容

将 Ag^+，Cu^{2+}，Cr^{3+}，Ni^{2+}，Ca^{2+} 的混合溶液按以下步骤进行分离和检出。

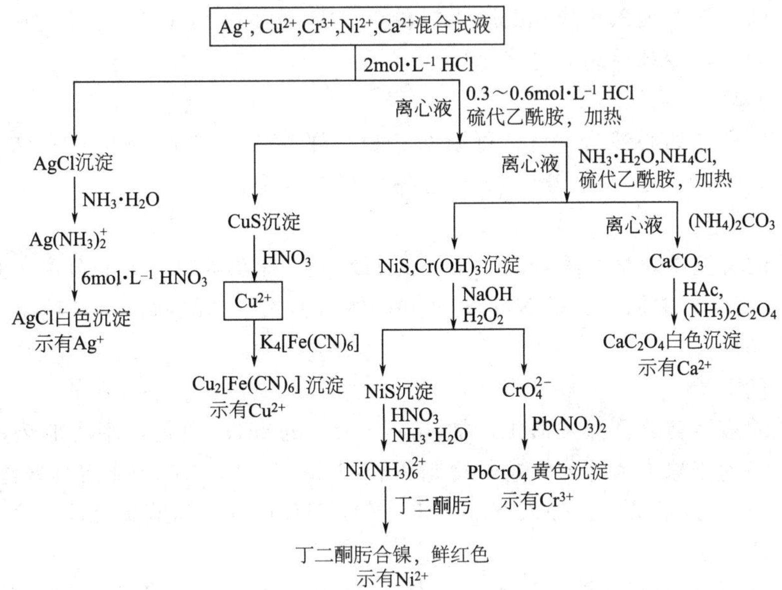

1. NO_3^- 的鉴定

取 3 滴混合溶液，加入 6mol·L^{-1}的 HAc 酸化后，用玻璃棒蘸取少量锌粉加入试液，搅拌均匀，使溶液中的 NO_3^- 还原为 NO_2^-。加入对氨基苯磺酸和 α-萘胺溶液各一滴，观察现象。

2. Ag^+ 与其他离子的分离

取 1mL 混合试液，滴加 2mol·L^{-1} HCl 溶液 6 滴，水浴微热至沉淀完全，离心分离，用 2mol·L^{-1} HCl 洗涤沉淀，洗涤液并入离心液中。

3. Ag^+ 的鉴定

向步骤 2 的沉淀上加入 2～3 滴 6mol·L^{-1}的氨水，搅拌使其溶解，向所得的清液中加入 1 滴 6mol·L^{-1}的硝酸酸化，有白色沉淀析出，示有 Ag^+ 存在。

4. Cu^{2+} 与其他离子的分离

取步骤 2 的离心液，用 2mol·L^{-1}的 $NH_3·H_2O$ 将试液调至碱性，再用 6mol·L^{-1}的 HCl 溶液使试液刚好变为酸性，加入等于溶液总体积 1/5 的 2mol·L^{-1}的 HCl 溶液，此时溶液的酸度约为 0.3～0.6mol·L^{-1}。加入 5 滴 TAA（硫代乙酰胺）溶液，搅匀，沸水浴加热 5min，离心沉淀，再滴加几滴 TAA，加热，直至沉淀完全。离心分离，用 2mol·L^{-1}的 HCl 洗涤沉淀，弃去洗液，离心液按步骤 6 处理。

5. Cu^{2+} 的鉴定

将步骤 4 的沉淀用水洗 2 次后，加 6 滴 6mol·L^{-1}的 HNO_3 溶液，水浴加热，从溶液的颜色可初步判断 Cu^{2+} 的存在。取 1 滴溶液于白色点滴板上，加 1mol·L^{-1}的 NaAc 溶液和 0.1mol·L^{-1}的 $K_4[Fe(CN)_6]$ 溶液各 1 滴，观察现象。

6. Cr^{3+}，Ni^{2+} 与 Ca^{2+} 的分离

在步骤 4 的离心液中，加 6mol·L^{-1}的 $NH_3·H_2O$ 至碱性后再多加 2 滴，加 2 滴 3mol·L^{-1}的 NH_4Cl 及 5 滴 TAA 溶液，水浴加热 5min，离心沉降。在离心液中再加 2 滴 TAA，加热，直至沉淀完全。离心分离，沉淀用 0.3mol·L^{-1}的 NH_4Cl 洗涤 1～2 次，洗涤液并入离心液中，离心液按步骤 10 处理。

7. Ni^{2+} 与 Cr^{3+} 的分离

在步骤 6 的沉淀中加入 6 滴 6mol·L^{-1}的 NaOH 及 4 滴 H_2O_2，搅动后水浴加热，直至多余的 H_2O_2 分解，冷却后离心分离。

8. Cr^{3+}的鉴定

从步骤 7 所得的离心液为黄色，可预见 CrO_4^{2-} 的存在。滴加 6mol·L^{-1}的 HAc 溶液酸化，加入几滴 0.1mol·L^{-1}的 $Pb(NO_3)_2$ 溶液，观察现象。

9. Ni^{2+}的鉴定

在步骤 7 的沉淀中，加 2 滴 6mol·L^{-1}的 HNO_3，加热溶解，离心分离，弃去硫，离心液鉴定 Ni^{2+}，离心液中加入少量 $NH_3·H_2O$，然后加入丁二酮肟，有红色丁二酮肟合镍生成，证明 Ni^{2+}的存在。

10. Ca^{2+}的沉淀

将步骤 6 的溶液转移到蒸发皿中，加 6mol·L^{-1}的 HAc 酸化，水浴加热，将离心液蒸干，改用酒精灯灼烧除去大部分铵盐，冷却后滴加 2mol·L^{-1}的 HCl 溶解残渣，加 6mol·L^{-1}的 $NH_3·H_2O$ 使呈碱性，加入 2mol·L^{-1}的$(NH_4)_2CO_3$ 溶液至沉淀完全，离心分离。

11. Ca^{2+}的鉴定

将步骤 10 中分离所得沉淀，用水洗 1 次，滴加 6mol·L^{-1}的 HAc 溶液使沉淀溶解，再加饱和$(NH_4)_2C_2O_4$ 溶液，有白色沉淀析出，证明 Ca^{2+}的存在。

思 考 题

(1) 从离子混合液中沉淀 Cu^{2+}时，为什么要控制溶液的酸度为 0.3～0.6mol·L^{-1}？如何控制？控制酸度用 HCl 还是 HNO_3？为什么？

(2) 在做 Ca^{2+}的鉴定实验之前，能否用 HCl 代替 HAc 溶解碳酸钙？

(3) 请选用一种试剂区别以下 5 种溶液：

$NaNO_3$，Na_2S，NaCl，$Na_2S_2O_3$，Na_2HPO_4。

第六部分　综合及设计实验

实验 36　硫酸亚铁铵的制备——设计实验

实验目的

(1) 了解复盐的特性，制备复盐硫酸亚铁铵。

(2) 进一步掌握水浴加热、过滤、蒸发、浓缩等基本操作。

(3) 了解检验产品中杂质含量的一种方法——目视比色法。

实验原理

硫酸亚铁铵又称摩尔盐，是浅蓝绿色单斜晶体，能溶于水，难溶于乙醇。在空气中不易被氧化，比硫酸亚铁稳定，所以在化学分析中可作为基准物质，用来直接配制标准溶液或标定未知溶液浓度。

过量的铁溶于稀硫酸可制得硫酸亚铁溶液。

$$Fe + H_2SO_4 = FeSO_4 + H_2 \uparrow$$

然后加入等物质的量的硫酸铵制得混合溶液，加热浓缩，冷至室温，便析出硫酸亚铁铵复盐。

$$FeSO_4 + (NH_4)_2SO_4 + 6H_2O \longrightarrow FeSO_4 \cdot (NH_4)_2SO_4 \cdot 6H_2O$$

三种盐的溶解度（单位为 $100g \cdot 100g^{-1}$ 水）数据见表Ⅵ-36-1。

表Ⅵ-36-1　三种盐的溶解度

温度/℃ ＼ 盐的相对分子质量	$M_{(NH_4)_2SO_4}$	$M_{FeSO_4 \cdot 7H_2O}$	$M_{FeSO_4 \cdot (NH_4)_2SO_4 \cdot 6H_2O}$
	132.1	277.9	392.1
10	73.0	37.0	
20	75.4	48.0	36.5
30	78.0	60.0	45.0
40	81.0	73.3	53.0

基本操作

(1) 固体的溶解、过滤、蒸发结晶和固液分离，参见第一部分八（一）、（二）、（三）、（四）。

(2) 目视比色法。

实验内容

(1) 根据上述原理，设计出制备复盐硫酸亚铁铵的方法。

(2) 列出实验所需的仪器、药品和材料。

(3) 硫酸亚铁的生成。

(4) 硫酸亚铁铵复盐的制备。

(5) Fe^{3+} 的限量分析，目视比色，确定产品等级。

思 考 题

(1) 制备硫酸亚铁时，为什么必须保持溶液呈酸性？

(2) 本实验在计算硫酸亚铁铵的产率时，应以硫酸的量为准，为什么？

(3) 怎样确定所需的硫酸铵用量？

(4) 抽滤得到硫酸亚铁铵晶体后，如何除去晶体表面上附着的水分？

(5) 在配制硫酸亚铁铵溶液时为什么必须用去氧蒸馏水？

实验 37 离子鉴定和未知物的鉴别——设计实验

实验目的

(1) 运用所学的元素及化合物的知识，进行常见物质的鉴定或鉴别。

(2) 掌握常见阳离子和阴离子的分离和鉴定的原理和方法。

(3) 培养综合应用基础知识的能力。

实验原理

当一个试样需要鉴定或一组未知物需要鉴别时，通常可根据以下几个方面进行判断。

1. 物态

(1) 观察试样在常温时的状态，如果是固体，则观察晶型。

(2) 观察试样的颜色。溶液试样可根据离子的颜色，固体试样可根据化合物的颜色以及配成溶液后离子的颜色，预测哪些离子可能存在，哪些离子不可能存在。

(3) 嗅、闻试样的气味。

2. 溶解性

固体试样的溶解性也是判断的一个重要因素。首先实验是否溶于水，在冷水和热水中的溶解性如何？不溶于水的再依次用盐酸（稀、浓）、硝酸（稀、浓）或王水实验其溶解性。

3. 酸碱性

物质的酸碱性可以用酸碱指示剂或 pH 试纸加以检验，也可以根据试液的酸碱性来排除某些离子存在的可能性。

4. 热稳定性

物质的热稳定性是有差别的，有的物质常温时就不稳定，有的物质灼热时易分解，还有的物质受热时易挥发或升华。

5. 鉴定或鉴别反应

试样经过上述观察和初步实验，再进行相应的鉴定或鉴别反应，就能给出更准确的判断。在基础无机化学实验中鉴定反应大致采用以下几种方式。

(1) 沉淀的生成或溶解　如：$Ag^+ + Cl^- \rightleftharpoons AgCl\downarrow$，有白色沉淀生成，则可能有 Ag^+ 存在。

$AgCl + 2NH_3 \rightleftharpoons [Ag(NH_3)_2]^+ + Cl^-$，沉淀溶解，加 HNO_3 酸化，沉淀又出现，证明有 Ag^+ 存在。

(2) 溶液颜色的改变　如：$Fe^{3+} + n SCN^- \rightleftharpoons [Fe(SCN)_n]^{3-n}$，出现血红色，示有 Fe^{3+} 存在。

$Cu^{2+} + 4NH_3 \rightleftharpoons [Cu(NH_3)_4]^{2+}$，出现深蓝色，示有 Cu^{2+} 存在。

(3) 气体逸出　如：$CO_3^{2-} + 2H^+ \rightleftharpoons H_2O + CO_2\uparrow$，有气泡产生，可能有 CO_3^{2-} 存在。

$CO_2 + Ca(OH)_2 \rightleftharpoons CaCO_3 \downarrow + H_2O$，有白色沉淀析出，示有 CO_3^{2-} 存在。

为了提高分析结果的准确性，可以进行“空白实验”和“对照实验”。“空白实验”是以去离子水代替试液，而“对照实验”是用已知含有被检验离子的溶液代替试液。

（4）焰色反应。

（5）硼砂珠试验。

（6）其他特征反应。

实验内容（可选作）

（1）根据以下实验内容，设计分离、鉴别步骤，写出相关的反应方程式。

（2）列出实验所需的仪器、药品和材料。

（3）鉴别四种黑色和近于黑色的氧化物：CuO、Co_2O_3、PbO_2、MnO_2。

（4）盛有以下十种硝酸盐溶液的试剂瓶标签被腐蚀，试加以鉴别。

$AgNO_3$、$Hg(NO_3)_2$、$Hg_2(NO_3)_2$、$Pb(NO_3)_2$、$NaNO_3$、$Cd(NO_3)_2$、$Zn(NO_3)_2$、$Al(NO_3)_3$、KNO_3、$Mn(NO_3)_2$

（5）盛有以下十种固体钠盐的试剂瓶标签脱落，试加以鉴别。

$NaNO_3$、Na_2S、Na_2SO_3、Na_2SO_4、$Na_2S_2O_3$、Na_3PO_4、$NaCl$、Na_2CO_3、$NaHCO_3$、$NaBr$

（6）确定自选的未知液属于下列哪一组。

① Ag^+、Fe^{3+}、Cr^{3+}、Co^{2+}

② Zn^{2+}、Cd^{2+}、Hg^{2+}、Cu^{2+}

③ Al^{3+}、Pb^{2+}、Bi^{3+}、Cr^{3+}

④ Co^{2+}、Mn^{2+}、Al^{3+}、Zn^{2+}

⑤ Ni^{2+}、Cr^{3+}、Mn^{2+}、Ba^{2+}

⑥ Mg^{2+}、Al^{3+}、Zn^{2+}、Pb^{2+}

⑦ K^+、Mg^{2+}、Ca^{2+}、Ba^{2+}

⑧ Pb^{2+}、Ba^{2+}、Bi^{3+}、Sn^{4+}

⑨ Ag^+、Pb^{2+}、Hg^{2+}、Cu^{2+}

⑩ Mg^{2+}、Ba^{2+}、Zn^{2+}、Cd^{2+}

思　考　题

（1）如果自选的未知液呈碱性，哪些离子可能不存在？

（2）哪些离子可与 NH_3 形成配离子，形成的配离子是什么颜色？

（3）用最简单的方法鉴别下列失去标签的物质：碳酸钠、碳酸氢钠、磷酸钠、磷酸氢钠、磷酸二氢钠、硫酸钠、硫酸氢钠。

（4）现有 Mn^{2+}、Cr^{3+}、Al^{3+} 的混合溶液，用 $NaOH$、H_2O_2 和 NH_4Cl 固体进行分离鉴定，写出实验方案、实验现象和相关反应式。

实验 38　海带中提取碘

实验目的

（1）掌握用离子交换法从海带中提取 I_2 的原理和方法。

（2）熟悉微型交换柱的安装和操作。

（3）巩固氧化还原反应基本理论。

实验原理

海带中所含的碘一般以 I^- 状态存在，用水浸泡海带，I^- 及其可溶性有机质如褐藻糖胶等都进入浸泡液中，褐藻糖胶妨碍碘的提取，一般采取加碱的方法使其生成褐藻酸钠沉淀而除去。由于强碱性阴离子交换树脂对多碘离子 I_3^- 及 I_5^- 的交换吸附量（700～800g·L^{-1}树脂）远大于对 I^- 的吸附量（150～170g·L^{-1}树脂），因此常将海带浸泡液中的 I^- 部分氧化，使其生成 I_3^- 或 I_5^- 后，再用树脂交换吸附。通常采用在酸性条件下加入适量氧化剂（如 Cl_2、NaClO、H_2O_2、$NaNO_2$ 等）的方法使 I^- 氧化成多碘离子，反应方程式为：

$$2I^- + 2NO_2 + 4H^+ \longrightarrow I_2 + 2NO + 2H_2O$$

$$I_2 + I^- \longrightarrow I_3^-$$

$$R—OH + I_3^- \longrightarrow R—I_3 + OH^-$$

吸附碘达饱和的树脂呈黑红色，用适当的溶液处理树脂可以将碘洗脱下来。

本实验所用的 717 型强碱性阴离子交换树脂对不同阴离子交换选择性大小的顺序如下：

$$I_3^- > I^- > HSO_4^- > NO_3^- > Br^- > NO_2^- > Cl^- > HCO_3^- > OH^-$$

所以采取首先用 Na_2SO_3 将 I_3^- 还原为 I^-，再用高浓度的 $NaNO_3$ 溶液处理的方法，将被树脂吸附的碘洗脱下来。

$$I_3^- + SO_3^{2-} + H_2O \longrightarrow 3I^- + SO_4^{2-} + 2H^+$$

$$R—I_3 + NO_3^- \longrightarrow R—NO_3 + I_3^-$$

I^- 经氧化而得 I_2。粗碘可用升华法或浓 H_2SO_4 熔融法精制。

由于强碱性阴离子交换树脂对 I_3^- 吸附能力远大于 NO_3^-，树脂不用再生即可反复使用。

基本操作

参见实验 8。

实验用品

液体药品：NaOH（40%）、H_2SO_4（6mol·L^{-1}）、HAc（1mol·L^{-1}）、$NaNO_3$（4mol·L^{-1}）、$NaNO_2$（10%）、Na_2SO_3（0.1 mol·L^{-1}）、KI（0.1 mol·L^{-1}）、$Na_2S_2O_3$（待标定）、淀粉溶液（0.5%）。

固体药品：717 型强碱性阴离子交换树脂。

仪器：微型离子交换柱、螺旋夹、烧杯、量筒、玻璃滴管、多用滴管、井穴板、离心试管、玻璃棒。

材料：pH 试纸、脱脂棉。

实验内容

1. 微型交换柱的制作

参见实验 8。

2. 海带浸泡液的制备

（1）浸泡　取海带适量，加入 13～15 倍的水浸泡 24h，浸泡液碘含量约为 0.3g·L^{-1}。

（2）除褐藻胶　在海带浸泡液中加入 40%的 NaOH 溶液，充分搅拌，控制 pH 值在 12 左右，用倾析法分离，清液备用。

（3）部分氧化　取澄清的海带浸泡液 100mL，用 6 mol·L^{-1}的 H_2SO_4 调节溶液的 pH 值至 1.5～2，用滴管逐滴加入 10% 的 $NaNO_2$ 溶液，搅拌，溶液颜色由浅黄色逐渐变为棕红色即表明 I^- 已转化为多碘离子（过量氧化剂的加入有什么影响?）。

3. 交换吸附

用滴管将处理好的海带浸泡液注入交换液中，调节螺旋夹，控制流速在 10～

15 滴・min^{-1}，用 100mL 烧杯承接流出液。流出液颜色应为淡黄色或接近无色，若流出液颜色较深，说明吸附不完全（如何检验?），应调节流速或再循环吸附。交换吸附后的溶液可回收用以提取甘露醇。

4. 洗脱

逐滴加入 0.1 mol・L^{-1}的 Na_2SO_3溶液于交换柱中，控制流速 5～8 滴・min^{-1}，至树脂颜色由棕红色变为无色停止。再取 4 mol・L^{-1}的 $NaNO_3$ 溶液 20mL，用多用滴管滴入交换柱中，控制流速 5～8 滴・min^{-1}，此 $NaNO_3$ 洗脱液可收集于 50mL 烧杯中。

5. 碘析（在通风橱中操作）

往洗脱液中加入 6 mol・L^{-1} 的 H_2SO_4 使之酸化，再加入 10% 的 $NaNO_2$ 溶液使碘析出。

6. 用滴定法测定碘的提取量

用 0.1 mol・L^{-1}的 KI 溶液将粗碘溶解，加入 1 mol・L^{-1}的 HAc 溶液酸化。以 0.5% 的淀粉溶液为指示剂，用标定好液体体积的滴管吸取已知浓度的 $Na_2S_2O_3$ 溶液，滴入碘溶液中，至蓝色刚好消失为终点，记下 $Na_2S_2O_3$ 的用量。根据 $Na_2S_2O_3$ 的用量，计算碘的产量并粗估碘的提取率。

思　考　题

（1）洗脱过程为什么要分两步进行？

（2）在酸性介质中将 I^- 氧化成 I_2，为什么选 $NaNO_2$ 作氧化剂，而没有用 $KClO_3$、H_2O_2 等？能否找出更好的氧化剂？

（3）还有其他方法和洗脱剂将碘从树脂上洗脱吗？请设计出一种方法来。

（4）制得的粗碘在用 KI 溶液溶解前为什么一定要用水洗？不洗将造成什么后果？

实验 39　柠檬酸的提取——柠檬酸钙的制备

实验目的

（1）熟悉真菌液体发酵的下游处理过程。

（2）掌握柠檬酸液体发酵液中柠檬酸钙的提取操作要点。

实验原理

在成熟的柠檬酸发酵液中大部分是柠檬酸，但还含有部分发酵原料、菌丝体以及其他的代谢产物和杂质。柠檬酸的提取是柠檬酸发酵生产中极为重要的工序。柠檬酸的提取方法有钙盐沉淀法、离子交换法、电渗析法及萃取法等。

目前国内生产广泛使用的是钙盐沉淀法。其原理是利用柠檬酸与碳酸钙反应形成不溶解的柠檬酸钙而将柠檬酸从发酵液中分离出来，并利用硫酸酸解从而得到柠檬酸粗液，经活性炭、离子交换树脂的脱色及脱盐，再经浓缩、结晶、干燥等精制后得到柠檬酸成品。其中和与酸解反应式如下。

中和：

$$2C_6H_8O_7 \cdot H_2O + 3CaCO_3 \longrightarrow Ca_3(C_6H_5O_7)_2 \cdot 4H_2O + 3CO_2 + H_2O$$

酸解：

$$Ca_3(C_6H_5O_7)_2 \cdot 4H_2O + 3H_2SO_4 + 4H_2O \longrightarrow 2C_6H_8O_7 \cdot H_2O + 3CaSO_4 \cdot 2H_2O$$

基本操作

（1）滴定管的使用，参见第一部分四（四）。

（2）离心分离，参见第一部分八（四）3。

实验用品

液体药品：柠檬酸发酵液、NaOH（0.1429 mol·L^{-1}）、酚酞指示剂（1%）。

固体药品：碳酸钙。

仪器：离心机、滴定管、烘箱。

实验内容

1. 发酵液预处理

将发酵结束的柠檬酸发酵液加热至80℃，保温10～20min，趁热进行离心分离1000～2000r·min^{-1}，10min。取上层清液备用并记录总体积。

2. 发酵液总酸的测定

取上层清液1mL，加5mL蒸馏水于三角瓶内，再加入1滴酚酞指示剂，用0.1429mol·L^{-1}的NaOH滴定至终点，记录NaOH的消耗量。

3. 中和

将发酵液加热至70℃，同时加入发酵液总酸量72%的碳酸钙进行中和至pH5.5～5.8，搅拌并保温10～20min。

4. 离心与洗糖

将中和液趁热离心，1000r·min^{-1}，5min，倾去上层清液后加入发酵液总量1/2的80℃热水搅拌均匀，再次离心所得固体即为柠檬酸钙。

5. 干燥

将所得柠檬酸钙转移于干净的表面皿中，于105℃烘干，冷却后称重。

思考题

（1）计算发酵液总酸浓度及发酵所得的总酸量。

（2）根据所得钙盐重量计算该法的提取收率。

（3）简述发酵液预处理的意义及洗糖的目的。

实验40 环境化学实验——水中溶解氧及大气中二氧化硫含量的测定

实验目的

（1）掌握碘量法测定水中溶解氧的原理与方法。

（2）加深理解水体中溶解氧值在环境保护中的意义。

（3）了解和掌握大气中二氧化硫的测定原理和方法。

一、溶解氧的测定

实验原理

溶解氧是指溶解在水中的氧的含量，记作DO，用每升水里氧气的质量（mg）表示，mg·L^{-1}。它与空气里氧的分压、大气压、水温和水质有密切的关系。

水中溶解氧的测定一般用碘量法，这种方法是基于溶解氧的氧化性能，在水中加入硫酸锰和碱性碘化钾溶液（氢氧化钠-碘化钾溶液）生成$MnO(OH)_2$沉淀。然后加入浓硫酸，$MnO(OH)_2$与碘化钾反应析出游离碘，以淀粉为指示剂，用硫代硫酸钠标准溶液滴定，即可计算出溶解氧含量，化学反应方程式如下：

$$Mn^{2+} + 2OH^- = Mn(OH)_2 \downarrow$$

$$2Mn(OH)_2 + O_2 = 2MnO(OH)_2 \downarrow$$

$$MnO(OH)_2 + 2I^- + 4H^+ = Mn^{2+} + I_2 + 3H_2O$$

$$I_2 + 2S_2O_3^{2-} = 2I^- + S_4O_6^{2-}$$

由此可知，O_2 与 $S_2O_3^{2-}$ 之间的关系为：

$$nO_2 : nS_2O_3^{2-} = 1 : 4$$

根据所用硫代硫酸钠标准溶液的浓度与体积，用下式计算溶解氧的含量：

$$\text{溶解氧}\ (mg \cdot L^{-1}) = \frac{c(Na_2S_2O_3)\ V(Na_2S_2O_3)\ M \times 1000}{4V(H_2O)}$$

式中，$c(Na_2S_2O_3)$ 为硫代硫酸钠的物质的量浓度，$mol \cdot L^{-1}$；$V(Na_2S_2O_3)$ 为硫代硫酸钠的体积，mL；M 为氧的摩尔质量，$g \cdot mol^{-1}$；V（H_2O）为水样的体积，mL。

基本操作

固体的溶解、过滤、蒸发、结晶和固液分离，参见第一部分八（一）、（二）、（三）、（四）。

实验用品

液体药品：$MnSO_4$（3.64mol·L^{-1}）、H_2SO_4（浓）、淀粉溶液（1%）、硫代硫酸钠标准溶液（0.0125mol·L^{-1}）、碱性KI溶液（取500g氢氧化钠溶解于300～400mL蒸馏水中，如有碳酸钠沉淀生成，过滤除去，另取150g碘化钾溶解于200mL蒸馏水中，将上述两种溶液混合，加蒸馏水稀释至1L）。

仪器：量筒、吸量管（1mL）、吸量管（2mL）2支、溶解氧瓶（250mL）、锥形瓶（250mL）、移液管（100mL）、酸式滴定管（25mL）、滴定台。

实验内容

1. 水样采集与固定

将乳胶管的一端插入溶解氧瓶瓶底，放入自来水至水样从瓶口溢出几分钟，慢慢取出乳胶管，迅速塞紧塞子，使瓶内没有气泡。

取下瓶塞，用吸量管紧靠瓶口内壁，插入水样液面下加入1.0mL 3.64mol·L^{-1}的硫酸锰溶液，用同样的方法用2mL吸量管加入2.0mL碱性碘化钾溶液，盖好瓶塞，颠倒混合使之完全均匀，放置5min，待棕色沉淀［$MnO(OH)_2$］落至瓶底部。

2. 酸化

轻轻打开溶解氧瓶塞，用上述方法，立即用吸量管加入2mL浓硫酸，盖好瓶塞，颠倒混合摇匀至沉淀物完全溶解，若仍有部分沉淀没有溶解，可继续加入少量浓硫酸至沉淀完全溶解，但不可溢出溶液，放置暗处5min，使 I_2 完全析出。

3. 标准溶液滴定

用移液管移取100mL上述溶液于250mL锥形瓶中，用硫代硫酸钠标准溶液滴定至溶液为浅黄色，加入1%的淀粉溶液，继续用硫代硫酸钠标准溶液滴定至蓝色正好消失，记录用量，计算溶解氧。

二、大气中二氧化硫含量的测定

实验原理

二氧化硫（SO_2）是污染大气的主要有害物质，主要来源于发电厂、化工厂排放的气体以及汽车排放的尾气。

本实验采用碘量法测定工业废气中二氧化硫的含量。其原理是：用氨基磺酸铵和硫酸混合液吸收大气中的 SO_2，然后用碘标准溶液滴定，计算二氧化硫的含量。本方法的有效测定

范围为 SO_2 的质量浓度在 140～5700mg·m^{-3}之间。

$$SO_2 + I_2 + 2H_2O = H_2SO_4 + 2HI$$

实验用品

液体药品：吸收液、淀粉溶液（1%）、碘溶液（0.05mol·L^{-1}，碘溶液的配制：40g 碘化钾溶于 25mL 蒸馏水，取 12.7g 碘放入该溶液中溶解，稀释于 1L 棕色瓶中，加 3 滴盐酸，存于暗处）。

仪器：吸收瓶、针筒、锥形瓶、容量瓶、碱式滴定管、移液管、棕色瓶、分析天平、滴定台。

实验内容

1. 采样吸收

用 100mL 针筒采样后，通入两个串联的吸收瓶，将第一个吸收瓶内吸收液倒入第二个吸收瓶内，用少量吸收液洗涤空的吸收瓶 1～2 次，洗涤液并入第二个吸收瓶内，加吸收液至 60mL，摇匀。

2. 滴定

上述吸收液转移至 250mL 锥形瓶中，用硫代硫酸钠标准溶液滴定至溶液为浅黄色，加入 5mL 淀粉指示剂，用碘溶液滴定至溶液刚变蓝色，记录消耗的碘溶液体积，计算大气中二氧化硫的含量。

思 考 题

(1) 实验中，碘量法测定溶解氧受哪些因素影响？

(2) 水中如含有氧化性或还原性物质、藻类、悬浮物等会对测定产生什么干扰？

(3) 测定大气中二氧化硫含量有什么方法？

【附注】

(1) 水体与大气平衡或经过化学、生物化学反应后溶于水中的氧的含量为溶解氧。20℃、100 kPa 下，纯水里约溶解氧 9 mg·L^{-1}。通常干净的地面水溶解氧一般接近平衡饱和。某些有机化合物在喜氧菌作用下发生生物降解，要消耗水里的溶解氧。当水中的溶解氧值降到 5 mg·L^{-1}时，一些鱼类的呼吸就发生困难。水里的溶解氧由于空气里氧气的溶入及绿色水生植物的光合作用会不断得到补充。但当水体受有机物及还原性物质污染，耗氧严重，溶解氧得不到及时补充，水体中的厌氧菌就会快速繁殖，水质恶化；而当藻类繁殖时，溶解氧则呈过饱和。因此，溶解氧值的大小可以反映水体的污染程度。

(2) 水中溶解氧的多少是衡量水体自净能力的一个指标。水里的溶解氧被消耗，要恢复到初始状态，所需时间短，说明该水体的自净能力强，或者说水体污染不严重。否则说明水体污染严重，自净能力弱，甚至失去自净能力。

(3) 如果大气压力改变，可按下式计算溶解氧的含量：

$$S_1 = SP/1.013 \times 10^5$$

式中 S_1——大气压力为 P（Pa）时的溶解氧，mg·L^{-1}；

S ——在 1.013×10^5 Pa 时的溶解氧，mg·L^{-1}；

P ——实际测定时的大气压力，Pa。

(4) 室内空气质量国家标准：(SO_2)1h 均值为 0.50 mg·m^{-3}，日平均最高容许浓度值为 0.15 mg·m^{-3}。

(5) 二氧化硫是无色、有强烈刺激性气味的有毒气体，具有窒息性。当空气中二氧化硫的浓度达到 0.5mg·L^{-1}时，便对人体健康有潜在危害；当浓度为 10～15mg·L^{-1}时，呼吸道纤毛运动和黏膜的分泌功能就会受到抑制；当浓度达到 20mg·L^{-1}时，会引起咳嗽并刺激眼睛；当浓度达到 400mg·L^{-1}时，会使人呼吸困难。

(6) 盐酸副玫瑰苯胺分光光度法测定大气中的二氧化硫含量，基本原理是大气中的二氧化硫被四氯汞钾溶液吸收后，生成稳定的二氧化硫盐酸配合物。此配合物再与甲醛及盐酸副玫瑰苯胺发生反应，生成紫红色的配合物，据其颜色深浅，用分光光度法测定。

实验 41　含 Cr（Ⅵ）废水的处理

实验目的

（1）了解含 Cr（Ⅵ）废水的处理方法。

（2）了解比色法测定 Cr（Ⅵ）的原理和方法。

实验原理

工业废水中含有铬，其存在形式多为 Cr（Ⅵ）和 Cr^{3+}，Cr（Ⅵ）的毒性比 Cr^{3+} 大 100 倍，它能诱发皮肤溃疡、贫血、肾炎及神经皮炎等。工业废水排放时，要求 Cr(Ⅵ) 的含量不超过 $0.3mg \cdot L^{-1}$，而生活饮用水和地面水，则要求 Cr(Ⅵ) 的含量不超过 $0.05mg \cdot L^{-1}$。Cr(Ⅵ) 的除去方法，通常在酸性条件下用还原剂将 Cr(Ⅵ) 还原为 Cr(Ⅲ)，然后在碱性条件下，将 Cr(Ⅲ) 沉淀为 $Cr(OH)_3$，经过滤去沉淀使水净化。

比色法测定微量 Cr（Ⅵ），常用二苯碳酰二肼 [$CO(NHNHC_6H_5)_2$]，在微酸性条件下作为显色剂，生成紫红色的化合物，其最大吸收波波长在 540nm。

基本操作

（1）pH 试纸的使用，参见第一部分九（三）。

（2）容量瓶的使用，参见第一部分四（三）。

（3）分光光度计的使用，参见第一部分十二（二）。

实验用品

液体药品：H_2SO_4（$6mol \cdot L^{-1}$）、NaOH（$6mol \cdot L^{-1}$）、二苯胺磺酸钠（0.5%）、Cr（Ⅵ）标准溶液（$1mol \cdot L^{-1}$）、硫磷混酸、二苯碳酰二肼乙醇溶液。

固体药品：$FeSO_4 \cdot 7H_2O$。

仪器：台秤、分析天平、容量瓶、吸量管、量筒。

材料：滤纸、pH 试纸。

实验内容

1. 除去废水中的 Cr（Ⅵ）

首先检查废水的酸碱性，如果为中性或碱性，可用工业硫酸调节废水至弱酸性。取出一定体积的上述溶液，滴入几滴二苯胺磺酸钠指示剂，使溶液呈紫红色，慢慢加入 $FeSO_4 \cdot 7H_2O$ 固体，并充分搅拌，直至溶液变为绿色，再加入少量的 $FeSO_4 \cdot 7H_2O$ 固体，加热充分搅拌 10min。

将 NaOH 溶液加至上述热溶液中，直至出现大量棕黄色沉淀，保证 pH 在 10 左右。待溶液冷却以后，滤液基本是无色。该水样留作下一步分析 Cr（Ⅵ）含量用。

2. 水样测定

（1）工作曲线的绘制　在 6 个 25mL 容量瓶中，用吸量管分别加入 0.05mL、1.00mL、2.00mL、4.00mL、6.00mL、8.00mL 的 Cr(Ⅵ) 标准溶液，加入硫磷混酸 0.5mL，加蒸馏水至 20mL 左右，然后加入 1.5mL 二苯碳酰二肼乙醇溶液，用蒸馏水稀释至刻度，摇匀。放置 10min 后，立即以水为参比溶液，在 540nm 波长下，测出各溶液的吸光度，并绘制出吸光度 A 与 Cr(Ⅵ) 含量的工作曲线。

（2）水样中 Cr(Ⅵ) 的测定　将上述水样首先用 $6\ mol \cdot L^{-1}$ 的 H_2SO_4 调至 pH＝7 左右，准确量取 20mL 水样置于 25mL 容量瓶中，按照上法显色，定容，在同样条件下测出吸光度值，并从工作曲线上求出相应的 m [Cr(Ⅵ)](单位为 μg)，然后计算出水样中 Cr(Ⅵ)

含量（单位为 $mg \cdot L^{-1}$）。

思　考　题

(1) 本实验以吸光度求得的是处理后的废液中的 Cr(Ⅵ) 含量，Cr^{3+} 的存在对测定是否有影响？如何测定处理后的废液中的总铬含量？

(2) 在比色实验中所用的各种玻璃器皿能否用铬酸洗液洗涤？如何洗涤可以保证实验结果的准确性？

【附注】

(1) Cr（Ⅵ）的还原需在酸性条件下进行，故必须检验废液的酸碱性。

(2) 如果废液中 Cr(Ⅵ) 含量在 $1g \cdot L^{-1}$ 以下，可将 $FeSO_4 \cdot 7H_2O$ 配成饱和溶液加入，这样容易控制 Fe^{2+} 加入量。

(3) 二苯碳酰二肼乙醇溶液应该接近无色，如已经变成棕色，不宜使用。

(4) 比色测定时最适宜的显色酸度为 $0.2mol \cdot L^{-1}$ 左右。

实验 42　微波辐射法制备磷酸锌

实验目的

(1) 了解微波辐射合成法的工作原理。

(2) 了解用微波辐射制备磷酸锌的方法。

(3) 掌握微型抽滤的基本操作。

实验原理

1. 微波辐射

微波，又称超高频电磁波，频率范围为 $3 \times 10^{10} \sim 3 \times 10^{12}\ s^{-1}$（波长范围在 0.1～10 cm 之间)，介于无线电波和红外辐射之间。微波辐射主要有几个重要的特点：一是有很强的穿透作用，在反应物内外同时均匀迅速地加热，热效率高；二是在微波场中，反应物的转化能减少，反应速率加快，快速达到反应温度；三是微波辐射使极性分子高速旋转，起着分子水平的搅拌作用。正是由于这些特点，微波作为能源被广泛用于工业、农业、医疗和化工等领域。采用微波加热物质不同于常规电炉加热。常规加热的速度慢，能量利用率低，而微波加热速度迅速且均匀，其能量利用率高。但是微波作用的物质必须具有较高的电偶极矩或磁偶极矩，微波辐射使极性分子高速旋转，使杂乱的热运动分子间不断碰撞和摩擦而产生热，这种生热方式称为“内加热方式”。由于微波辐射这种独特的生热方式，能够使反应介质快速升温，所以可以作为化学合成反应的加热方法。自从 1986 年 Gedye 发现微波可以显著加快有机化合物的反应以来，微波技术在化学中的应用日益受到广泛关注。1988 年，Baghurst 首次利用微波技术合成了 KVO_3 和 $BaWO_4$ 等无机化合物。从而，微波辐射在化学中的应用开辟了微波化学的新领域。

2. 磷酸锌 $[Zn_3(PO_4)_2 \cdot 2H_2O]$ 的制备

磷酸锌 $[Zn_3(PO_4)_2 \cdot 2H_2O]$ 是一种新型防锈材料，利用它可以配制各种防锈涂料。磷酸锌通常是用 $ZnSO_4$、H_3PO_4 和尿素在水浴加热下反应制得的，反应过程中尿素分解放出 NH_3，与氢离子结合形成铵根离子。若采用常规加热，该反应需要 4 h 才能完成。若采用微波辐射方法，只需 10min 就可以完成。该反应的方程式为：

$$3ZnSO_4 + 2H_3PO_4 + 3(NH_2)_2CO + 7H_2O \xlongequal{} Zn_3(PO_4)_2 \cdot 4H_2O + 3(NH_4)_2SO_4 + 3CO_2\uparrow$$

所得的 $Zn_3(PO_4)_2 \cdot 4H_2O$ 晶体在 110 ℃烘箱中脱水，即可得到 $Zn_3(PO_4)_2 \cdot 2H_2O$。

基本操作

(1) 微型吸滤装置的使用参见第一部分八（四）。

（2）微波炉的使用。

实验用品

液体药品：85%H_3PO_4。

固体药品：$ZnSO_4 \cdot 7H_2O$、尿素。

仪器：电子天平、微波炉、微型吸滤装置、烧杯、量筒、表面皿。

实验内容

（1）称取 2.00g $ZnSO_4 \cdot 7H_2O$ 和 1.00g 尿素置于 50mL 烧杯中，依次加入 1.0mLH_3PO_4 和 20mL 蒸馏水搅拌溶解。

（2）把这个烧杯放置在 100mL 烧杯的水浴中，盖上表面皿，放进微波炉里，以大火挡（约 600 W 功率）辐射 10min，当烧杯内隆起白色泡沫状物质时，停止辐射加热。

（3）将烧杯从微波炉中取出，用蒸馏水浸取、洗涤数次，然后抽滤。所得晶体用水洗涤至无 SO_4^{2-}。

（4）所得晶体在 110 ℃烘箱中脱水，即可得到 $Zn_3(PO_4)_2 \cdot 2H_2O$，称重，计算产率。

思　考　题

（1）微波辐射法有哪些优点？

（2）比较微波辐射加热法与常规电炉加热法有什么不同？

（3）制备磷酸锌的过程中为什么要加入尿素？

实验 43　水热法制备 SnO_2 纳米粉

实验目的

（1）掌握水热法制备纳米氧化物的原理和方法。

（2）了解运用 X 射线衍射法确定产物的物相。

（3）了解运用透射电镜检测纳米粒子的方法。

（4）巩固过滤、洗涤和干燥的基本操作。

实验原理

纳米粒子通常是指尺寸大约为 1～100 nm 的颗粒。物质处于纳米尺度状态时，其许多性质既不同于原子、分子，也不同于大块体物质，而形成物质的一种新的状态。纳米材料位于表、界面上的原子数足以与粒子内部的原子数相抗衡，总表面能大大增加。粒子的表、界面化学性质异常活被，可能产生量子尺寸效应、宏观量子效应、小尺寸效应、表面与界面效应和隧道效应等。

纳米材料的合成方法有物理方法和化学方法。物理方法包括蒸发冷凝法、物理粉碎法等；化学方法包括化学气相沉淀法、水热法、化学共沉淀法、溶胶-凝胶法等。制备氧化物纳米粉常用水热法，优点是产物直接为晶态，不用经过焙烧晶化过程，减少了颗粒团聚，同时纳米粉粒度较为均匀，形态较为规则。

SnO_2 是一种功能基材料，在气敏、湿敏、光学技术等方面具有广泛的用途。纳米 SnO_2 具有很大的比表面积，是目前最常见的气敏半导体材料，对许多可燃性气体，如 H_2、CO、CH_4 等都有相当高的灵敏度。本实验采用水热法制备 SnO_2 纳米粉。

以 $SnCl_4$ 为原料，配制一定的浓度，用 KOH 溶液调节 pH 后，水热条件下利用水解产生的 $Sn(OH)_4$ 脱水缩合晶化产生 SnO_2 纳米微晶，然后经过沉降、过滤和干燥即可以得到

SnO_2 纳米粉。

$$SnCl_4 + 4H_2O \longrightarrow Sn(OH)_4\ (s) + 4HCl$$

$$nSn(OH)_4 \longrightarrow nSnO_2 + 2nH_2O$$

基本操作

（1）减压过滤，参见第一部分八（四）2（2）。

（2）pH 计的使用，参见第一部分十二（一）。

实验用品

液体药品：KOH($3\ mol \cdot L^{-1}$)、盐酸（浓）、蒸馏水、乙醇（95%）、乙酸-乙酸铵缓冲溶液。

固体药品：$SnCl_4 \cdot 5H_2O$（A. R.）。

仪器：烧杯（50mL）、量筒（25mL）、吸滤瓶、布氏漏斗、台秤、水泵、反应釜（带有聚四氟乙烯内衬，35mL）、pH 计、恒温箱（带有控温装置）、多晶 X 射线衍射仪、透射电镜。

实验内容

1. SnO_2 纳米粉的制备

称取 3.5g$SnCl_4 \cdot 5H_2O$ 放入 50mL 带刻度烧杯中，加入少量浓盐酸溶解后，再加入适量蒸馏水稀释成 $1mol \cdot L^{-1}$ 的 $SnCl_4$ 水溶液，过滤掉不溶物，得无色澄清溶液，用 $3mol \cdot L^{-1}$ 的 KOH 调节溶液的 pH=1.5 后，取 20mL 装入具有聚四氟乙烯内衬容积为 35mL 的不锈钢反应釜内，反应釜拧紧后放于连接有控温装置（升温速率 $3℃ \cdot min^{-1}$）的恒温箱内，120～220℃下反应 1～2h，然后关闭恒温箱电源，冷却至室温，打开反应釜取出反应产物，静止沉降一天，移去上层清液后减压过滤，粉末状固体用体积比 10∶1 的乙酸-乙酸铵缓冲溶液洗涤 2～3 次，再用 95%的乙醇洗涤 2～3 次，最后将固体放置于恒温箱内，80℃下干燥 2h 即得 SnO_2 纳米粉。

2. SnO_2 纳米粉的产物表征

（1）物相分析　用多晶 X 射线衍射仪测定产物的物相，并与 SnO_2 多晶标准衍射卡片比较、分析，确定制备的产物是否是 SnO_2。

（2）粒子尺寸分析与形貌观察　由多晶 X 射线衍射峰的半峰宽，用 Scherrer 公式计算样品在 hkl 方向上的平均粒子尺寸。

$$D_{hkl} = \frac{K\lambda}{\beta\cos\theta_{hkl}}$$

注：β 是 hkl 衍射峰的半峰宽；K 是常数 0.9；θ_{hkl} 是 hkl 的衍射峰的衍射角；λ 是 X 射线的波长。

用透射电镜直接观察样品粒子的尺寸与形貌。

思考题

（1）水热法制备纳米粒子与其他化学合成方法比较，有哪些优点？

（2）影响水热法制备纳米粒子的主要因素有哪些？

（3）如何在洗涤纳米粒子沉淀物过程中防止沉淀物的胶溶？

附　　录

1　无机化学实验常用仪器介绍

仪器	规格	主要用途	使用方法和注意事项
试管及试管架	试管：以管口直径×管长表示。如 25mm×150mm，15mm×150mm，10mm×75mm 试管架材料：木料、塑料或金属	用于少量试剂的反应容器，便于操作和观察，还可用于收集少量气体	① 试管可直接用火加热，但不能骤冷 ② 加热时要用试管夹夹持，管口不要对人，且要不断移动试管，使其受热均匀，盛放的液体不要超过试管容积的 1/3 ③ 小试管一般用水浴加热
离心试管	分有刻度和无刻度，以容积表示。如 25mL，15mL，10mL 材料：玻璃或塑料	少量沉淀的辨认和分离	不能直接用火加热
比色管	有无塞和有塞之分。以最大容积表示。如 25mL，50mL	用于目视比色	① 不能用试管刷刷洗以免划伤内壁。脏的比色管可用铬酸洗液浸泡 ② 比色时比色管应放在特制的，下面垫有白瓷板或镜子的架子上
烧杯	以容积表示。如 1000mL，600mL，400mL，250mL，100mL，50mL，25mL	用于试剂量较多时作反应容器，还可用于配制溶液，代替水槽	① 反应液体不得超过烧杯容量的 2/3 ② 加热时底部垫石棉网，使其受热均匀
烧瓶	以容积表示。如 500mL，250mL，100mL，50mL	反应容器。反应物较多，且需要长时间加热时使用	① 反应液体不得超过烧瓶容量的 2/3，也不能太少 ② 加热时底部垫石棉网或用加热套，使其受热均匀

续表

仪器	规格	主要用途	使用方法和注意事项
锥形瓶(三角烧瓶)	以容积表示。如500mL,250mL,100mL	反应容器。振荡比较方便,适用于滴定操作	① 可以加热至高温。使用时应注意勿使温度变化过于剧烈 ② 加热时底部垫石棉网,使其受热均匀
量筒	以所能量度的最大容积表示。量筒:如500mL,250mL,100mL,50mL,25mL,10mL	用于液体体积计量	① 不能加热,不能做反应容器 ② 读数时,视线应与液面水平,读取与弯月面底相切的刻度
吸量管和移液管	以所能度量的最大容积表示 吸量管:如10mL,5mL,2mL,1mL 移液管:如50mL,25mL,10mL,5mL,2mL,1mL	用于精确量取一定体积的液体	不能加热
容量瓶	以容积表示。如1000mL,500mL,250mL,100mL,50mL,25mL	配制标准浓度的溶液时使用	①不能受热 ②不能在其中溶解固体 ③不能代替试剂瓶用来存放液体
滴定管	滴定管分碱式和酸式,无色和棕色。以容积表示。如50mL,25mL	滴定管用于滴定操作或精确量取一定体积的溶液	① 碱式滴定管盛碱性溶液,酸式滴定管盛酸性溶液,二者不能混用 ② 碱式滴定管不能盛氧化剂 ③ 见光易分解的滴定液用棕色滴定管 ④ 酸式滴定管旋塞应用橡皮筋固定,防止滑落跌碎

续表

仪器	规格	主要用途	使用方法和注意事项
漏斗	以口径和漏斗颈长短表示。如6cm长颈漏斗，4cm短颈漏斗	用于过滤或倾注液体	不能用火直接加热
分液漏斗	以容积和漏斗的形状(筒形、球形、梨形)表示。如100mL球形分液漏斗，60mL筒形滴液漏斗	① 往反应体系中滴加较多的液体 ② 分液漏斗用于互不相溶的液-液分离	① 旋塞应用橡皮筋系于漏斗颈上，或套以小橡皮圈，防止滑落跌碎 ② 塞上涂一薄层凡士林，防止漏液
布氏漏斗和抽滤瓶	材料：布氏漏斗瓷质；吸滤瓶玻璃 规格：布氏漏斗以直径表示。如10cm，8cm，6cm，4cm；吸滤瓶以容积表示。如500mL，250mL，125mL	用于减压过滤	① 不能用火直接加热 ② 滤纸要略小于漏斗内径，才能贴紧
漏斗架	材料：木制	过滤时承放漏斗用	
表面皿	以直径表示。如15cm，12cm，9cm，7cm	盖在蒸发皿或烧杯上以免液体溅出或灰尘落入	不能用火直接加热
试剂瓶	材料：玻璃或塑料 规格：分广口瓶、细口瓶；无色、棕色；磨口、不磨口，以容积表示。如1000mL，500mL，250mL，125mL	广口瓶盛放固体试剂，若无塞且口上磨砂，可作集气瓶。细口瓶盛放液体试剂	① 不能加热 ② 取用试剂时，瓶盖应倒放在桌上 ③ 盛碱性物质时要用橡皮塞或塑料瓶 ④ 见光易分解的物质用棕色瓶
蒸发皿	材料：瓷、玻璃、石英等 规格：分有柄、无柄。以容积表示。如150mL，100mL，50mL	用于蒸发浓缩	可耐高温，能直接用火加热，高温时不能骤冷

续表

仪器	规格	主要用途	使用方法和注意事项
坩埚	材料：分瓷、石英、铁、银、镍、铂等 规格：以容积表示。如50mL，40mL，30mL	用于灼烧固体	① 灼烧时放在泥三角上，直接用火加热，不需要垫石棉网 ② 取下的灼热坩埚不能直接放在桌上，而要放在石棉网上 ③ 灼热的坩埚不能骤冷
泥三角	材料：铁丝扭成，套有瓷管。有大小之分	用于承放加热的坩埚和小蒸发皿	① 灼热的泥三角不要滴上冷水，以免瓷管破裂 ② 选择泥三角时，要使放在上面的坩埚所露出的上部不超过本身高度的1/3
坩埚钳	材料：铁或铜合金，表面常镀镍、铬	夹持坩埚和坩埚盖，也可用于夹持热的蒸发皿	① 不要和化学药品接触，以免腐蚀 ② 放置时，应使其头部朝上，以免玷污 ③ 夹持高温坩埚时，钳尖需预热
干燥器	以直径表示。如18cm，15cm，10cm	① 定量分析时，将灼烧过的坩埚置于其中冷却 ② 存放样品，以免样品吸收水分	① 灼烧过的物体放入干燥器前温度不能过高 ② 使用前检查干燥器内的干燥剂是否失效
干燥管	有直形、弯形和普通、磨口之分。磨口还按塞子大小分为几种规格。如14#磨口直形，19#磨口弯形	内盛装干燥剂，当它与体系相连，既能使体系与大气相通，又可阻止大气中的水汽进入体系	干燥剂置于球形部分，不宜过多。小管与球形交界处填充少许玻璃棉
滴瓶和滴管	滴管由尖嘴玻璃管与橡皮胶头构成；滴瓶有无色、棕色之分。以容积表示。如125mL，60mL	① 吸取或滴加少量(数滴或1～2mL)液体 ② 吸取沉淀的上层清液以分离沉淀 ③ 盛放每次使用只需少量的液体试剂	① 见光易分解的试剂要用棕色瓶盛放 ② 碱性试剂要用带橡皮塞的滴瓶盛放 ③ 使用时切忌滴管与瓶身张冠李戴 ④ 其他注意事项同滴管 ⑤ 滴加时，保持垂直，避免倾斜，尤忌倒立 ⑥ 管尖不可接触其他物体，以免玷污
点滴板	材料：瓷质 规格：有白色和黑色两种，按凹穴数目分，有十二穴、九穴、六穴等	用于点滴反应，一般不需分离的沉淀反应，尤其是显色反应	① 不能加热 ② 白色沉淀用黑色板，有色沉淀用白色板

续表

仪器	规格	主要用途	使用方法和注意事项
称量瓶	分扁形、高形，以外径×高表示。如高形 25mm × 40mm，扁形 50mm×30mm	要求准确称取一定量的固体样品时使用	① 不能直接用火加热 ② 盖与瓶配套，不能互换
铁架台	由铁架、铁圈和铁夹组成	用于固定反应容器，铁圈还可代替漏斗架使用	应先将铁夹升至合适高度并旋紧螺丝，使之牢固后再进行实验
石棉网	以铁丝网边长表示。如 15cm×15cm，20cm×20cm 材料：石棉和铁丝网	加热玻璃反应容器时垫在容器的底部，能使加热均匀	不要与水接触，以免铁丝锈蚀，石棉脱落
试管刷	以大小和用途表示。如试管刷、烧杯刷 材料：铁丝、尼龙、鬃毛等	洗涤试管及其他仪器时使用	注意毛刷顶部竖毛的完整程度，以免铁丝顶端将试管底戳破
药匙	材料：牛角或塑料	取固体试剂时用	① 取少量固体时用小的一端 ② 药匙大小的选择应以盛取试剂后能伸进容器口内为宜
研钵	材料：铁、瓷、玻璃、玛瑙等 规格：以钵口径表示。如 12cm，9cm	研磨固体物质时用	① 不能做反应容器 ② 只能研磨，不能敲击（铁研钵除外） ③ 放入不宜超过研钵容积的 1/3
洗瓶	材料：塑料 规格：多为 500mL	用蒸馏水或去离子水洗涤沉淀和容器时使用	
三脚架	材料：铁	放置较大或较重的加热容器，一般要加石棉网	

2 国际相对原子质量表

（按原子序数排列）

序号	符号	名称	英文名称	相对原子质量	序号	符号	名称	英文名称	相对原子质量
1	H	氢	Hydrogen	1.00794(7)	41	Nb	铌	Niobium	92.90638(2)
2	He	氦	Helium	4.002602(2)	42	Mo	钼	Molybdenum	95.96(2)
3	Li	锂	Lithium	6.941(2)	43	Tc	锝	Technetium	[97.9072]
4	Be	铍	Beryllium	9.012182(3)	44	Ru	钌	Ruthenium	101.07(2)
5	B	硼	Boron	10.811(7)	45	Rh	铑	Rhodium	102.90550(2)
6	C	碳	Carbon	12.0107(8)	46	Pd	钯	Palladium	106.42(1)
7	N	氮	Nitrogen	14.0067(2)	47	Ag	银	Silver	107.8682(2)
8	O	氧	Oxygen	15.9994(3)	48	Cd	镉	Cadmium	112.411(8)
9	F	氟	Fluorine	18.9984032(5)	49	In	铟	Indium	114.818(3)
10	Ne	氖	Neon	20.1797(6)	50	Sn	锡	Tin	118.710(7)
11	Na	钠	Sodium	22.98976928(2)	51	Sb	锑	Antimony	121.760(1)
12	Mg	镁	Magnesium	24.3050(6)	52	Te	碲	Tellurium	127.60(3)
13	Al	铝	Aluminum	26.9815386(8)	53	I	碘	Iodine	126.90447(3)
14	Si	硅	Silicon	28.0855(3)	54	Xe	氙	Xenon	131.293(6)
15	P	磷	Phosphorus	30.973762(2)	55	Cs	铯	Cesium	132.9054519(2)
16	S	硫	Sulfur	32.065(5)	56	Ba	钡	Barium	137.327(7)
17	Cl	氯	Chlorine	35.453(2)	57	La	镧	Lanthanum	138.90547(7)
18	Ar	氩	Argon	39.948(1)	58	Ce	铈	Cerium	140.116(1)
19	K	钾	Potassium	39.0983(1)	59	Pr	镨	Praseodymium	140.90765(2)
20	Ca	钙	Calcium	40.078(4)	60	Nd	钕	Neodymium	144.242(3)
21	Sc	钪	Scandium	44.955912(6)	61	Pm	钷	Promethium	[144.9127]
22	Ti	钛	Titanium	47.867(1)	62	Sm	钐	Samarium	150.36(2)
23	V	钒	Vanadium	50.9415(1)	63	Eu	铕	Europium	151.964(1)
24	Cr	铬	Chromium	51.9961(6)	64	Gd	钆	Gadolinium	157.25(3)
25	Mn	锰	Manganese	54.938045(5)	65	Tb	铽	Terbium	158.92535(2)
26	Fe	铁	Iron	55.845(2)	66	Dy	镝	Dysprosium	162.500(1)
27	Co	钴	Cobalt	58.933195(5)	67	Ho	钬	Holmium	164.93032(2)
28	Ni	镍	Nickel	58.6934(4)	68	Er	铒	Erbium	167.259(3)
29	Cu	铜	Copper	63.546(3)	69	Tm	铥	Thulium	168.93421(2)
30	Zn	锌	Zinc	65.38(2)	70	Yb	镱	Ytterbium	173.054(5)
31	Ga	镓	Gallium	69.723(1)	71	Lu	镥	Lutetium	174.9668(1)
32	Ge	锗	Germanium	72.64(1)	72	Hf	铪	Hafnium	178.49(2)
33	As	砷	Arsenic	74.92160(2)	73	Ta	钽	Tantalum	180.94788(2)
34	Se	硒	Selenium	78.96(3)	74	W	钨	Tungsten	183.84(1)
35	Br	溴	Bromine	79.904(1)	75	Re	铼	Rhenium	186.207(1)
36	Kr	氪	Krypton	83.798(2)	76	Os	锇	Osmium	190.23(3)
37	Rb	铷	Rubidium	85.4678(3)	77	Ir	铱	Iridium	192.217(3)
38	Sr	锶	Strontium	87.62(1)	78	Pt	铂	Platinum	195.084(9)
39	Y	钇	Yttrium	88.90585(2)	79	Au	金	Gold	196.966569(4)
40	Zr	锆	Zirconium	91.224(2)	80	Hg	汞	Mercury	200.59(2)

续表

序号	符号	名称	英文名称	相对原子质量	序号	符号	名称	英文名称	相对原子质量
81	Tl	铊	Thallium	204.3833(2)	100	Fm	镄	Fermium	[257.0951]
82	Pb	铅	Lead	207.2(1)	101	Md	钔	Mendelevium	[258.0984]
83	Bi	铋	Bismuth	208.98040(1)	102	No	锘	Nobelium	[259.1010]
84	Po	钋	Polonium	[208.9824]	103	Lr	铹	Lawrencium	[262.1097]
85	At	砹	Astatine	[209.9871]	104	Rf	鑪	Rutherfordium	[261.1088]
86	Rn	氡	Radon	[222.0176]	105	Db	𨧀	Dubnium	[262.1141]
87	Fr	钫	Francium	[223.0197]	106	Sg	𨭎	Seaborgium	[266.1219]
88	Ra	镭	Radium	[226.0254]	107	Bh	𨨏	Bohrium	[264.12]
89	Ac	锕	Actinium	[227.0277]	108	Hs	𨭆	Hassium	[277]
90	Th	钍	Thorium	232.03806(2)	109	Mt	䥑	Meitnerium	[268.1388]
91	Pa	镤	Protactinium	231.03588(2)	110	Ds	鐽	Darmstadtium	[271]
92	U	铀	Uranium	238.02891(3)	111	Rg	轮	Roentgenium	[272.1535]
93	Np	镎	Neptunium	[237.0482]	112	Uub		Ununbium	[285]
94	Pu	钚	Plutonium	[244.0642]	113	Unt		Ununtrium	[284]
95	Am	镅	Americium	[243.0614]	114	Uuq		Ununquadium	[289]
96	Cm	锔	Curium	[247.0704]	115	Uup		Ununpentium	[288]
97	Bk	锫	Berkelium	[247.0703]	116	Uuh		Ununhexium	[289]
98	Cf	锎	Californium	[251.0796]	117	Uus		Ununseptium	[291]
99	Es	锿	Einsteinium	[252.0830]	118	Uuo		Ununoctium	[293]

注：摘自 Lide D R. Handbook of Chemistry and Physics. 89th Ed，CRC Press，2008～2009。

3 不同温度下水的饱和蒸汽压 单位：kPa

（由熔点 0℃至临界温度 370℃）

t/℃	0	1	2	3	4	5	6	7	8	9
0	0.61129	0.65716	0.70605	0.75813	0.81359	0.87260	0.93537	1.0021	1.0730	1.1482
10	1.2281	1.3129	1.4027	1.4979	1.5988	1.7056	1.8185	1.9380	2.0644	2.1978
20	2.3388	2.4877	2.6447	2.8104	2.9850	3.1690	3.3629	3.5670	3.7818	4.0078
30	4.2455	4.4953	4.7578	5.0335	5.3229	5.6267	5.9453	6.2795	6.6298	6.9969
40	7.3814	7.7840	8.2054	8.6463	9.1075	9.5898	10.094	10.620	11.171	11.745
50	12.344	12.970	13.623	14.303	15.012	15.752	16.522	17.324	18.159	19.028
60	19.932	20.873	21.851	22.868	23.925	25.022	26.163	27.347	28.576	29.852
70	31.176	32.549	33.972	35.448	36.978	38.563	40.205	41.905	43.665	45.487
80	47.373	49.324	51.342	53.428	55.585	57.815	60.119	62.499	64.958	67.496
90	70.117	72.823	75.614	78.494	81.465	84.529	87.688	90.945	94.301	97.759
100	101.32	104.99	108.77	112.66	116.67	120.79	125.03	129.39	133.88	138.50
110	143.24	148.12	153.13	158.29	163.58	169.02	174.61	180.34	186.23	192.28
120	198.48	204.85	211.38	218.09	224.96	232.01	239.24	246.66	254.25	262.04
130	270.02	278.20	286.57	295.15	303.93	312.93	322.14	331.57	341.22	351.09
140	361.19	371.53	382.11	392.92	403.98	415.29	426.85	438.67	450.75	463.10
150	475.72	488.61	501.78	515.23	528.96	542.99	557.32	571.94	586.87	602.11
160	617.66	633.53	649.73	666.25	683.10	700.29	717.83	735.70	753.94	772.52
170	791.47	810.78	830.47	850.53	870.98	891.80	913.03	934.64	956.66	979.09
180	1001.9	1025.2	1048.9	1073.0	1097.5	1122.5	1147.9	1173.8	1200.1	1226.9
190	1254.2	1281.9	1310.1	1338.8	1368.0	1397.6	1427.8	1458.5	1489.7	1521.4
200	1553.6	1586.4	1619.7	1653.6	1688.0	1722.9	1758.4	1794.5	1831.1	1868.4
210	1906.2	1944.6	1983.6	2023.2	2063.4	2104.2	2145.7	2187.8	2230.5	2273.8

续表

t/℃	0	1	2	3	4	5	6	7	8	9
220	2317.8	2362.5	2407.8	2453.8	2500.5	2547.9	2595.9	2644.6	2694.1	2744.2
230	2795.1	2846.7	2899.0	2952.1	3005.9	3060.4	3115.7	3171.8	3228.6	3286.3
240	3344.7	3403.9	3463.9	3524.7	3586.3	3648.8	3712.1	3776.2	3841.2	3907.0
250	3973.6	4041.2	4109.6	4178.9	4249.1	4320.2	4392.2	4465.1	4539.0	4613.7
260	4689.4	4766.1	4843.7	4922.3	5001.8	5082.3	5163.8	5246.3	5329.8	5414.3
270	5499.9	5586.4	5674.0	5762.7	5852.4	5943.1	6035.0	6127.9	6221.9	6317.0
280	6413.2	6510.5	6608.9	6708.5	6809.2	6911.1	7014.1	7118.3	7223.7	7330.2
290	7438.0	7547.0	7657.2	7768.6	7881.3	7995.2	8110.3	8226.8	8344.5	8463.5
300	8583.8	8705.4	8828.3	8952.6	9078.2	9205.1	9333.4	9463.1	9594.2	9726.7
310	9860.5	9995.8	10133	10271	10410	10551	10694	10838	10984	11131
320	11279	11429	11581	11734	11889	12046	12204	12364	12525	12688
330	12852	13019	13187	13357	13528	13701	13876	14053	14232	14412
340	14594	14778	14964	15152	15342	15533	15727	15922	16120	16320
350	16521	16725	16931	17138	17348	17561	17775	17992	18211	18432
360	18655	18881	19110	19340	19574	19809	20048	20289	20533	20780
370	21030	21283	21539	21799	22055①					

① 373.98℃。

注：摘译自 Lide D R. Handbook of Chemistry and Physics. 89th Ed，CRC Press，2008～2009。

4　一些无机化合物的水中溶解度

化合物	式量	溶解度/g·(100mL)$^{-1}$	t/℃
Ag_2O	231.7358	0.0013	20
BaO	153.3264	3.48	20
$BaO_2 \cdot 8H_2O$	313.448	0.168	
As_2O_3	197.8414	3.7	20
As_2O_5	229.8402	150	16
$LiOH$	23.9483	12.8	20
$NaOH$	39.9971	42	0
KOH	56.1056	107	15
$Ca(OH)_2$	74.0927	0.185	0
$Ba(OH)_2 \cdot 8H_2O$	315.4639	5.6	15
$Ni(OH)_2$	92.7081	0.013	
BaF_2	175.3238	0.12	25
AlF_3	83.9767	0.559	25
AgF	126.8666	182	15.5
NH_4F	37.0369	100	0
$(NH_4)_2SiF_6$	178.1529	18.6	17
$LiCl$	42.3937	63.7	0
$LiCl \cdot H_2O$	60.409	86.2	20
$NaCl$	58.4425	35.7	0
$NaOCl \cdot 5H_2O$	164.5183	29.3	0
KCl	74.551	23.8	20
$KCl \cdot MgCl_2 \cdot 6H_2O$	277.8531	64.5	19
$MgCl_2 \cdot 6H_2O$	203.3021	167	
$CaCl_2$	110.9834	74.5	20
$CaCl_2 \cdot 6H_2O$	219.0751	279	0
$BaCl_2$	208.2324	37.5	26

续表

化合物	式量	溶解度/g·(100mL)$^{-1}$	t/℃
$BaCl_2 \cdot 2H_2O$	244.263	58.7	100
$AlCl_3$	133.3396	69.9	15
$SnCl_2$	189.6154	83.9	0
$CuCl_2 \cdot 2H_2O$	170.482	110.4	0
$ZnCl_2$	136.3144	432	25
$CdCl_2$	183.3164	140	20
$CdCl_2 \cdot 2.5H_2O$	228.3546	168	20
$HgCl_2$	271.4954	6.9	20
$[Cr(H_2O)_4Cl_2] \cdot 2H_2O$	230.9932	58.5	25
$MnCl_2 \cdot 4H_2O$	197.9046	151	8
$FeCl_2 \cdot 4H_2O$	198.8115	160.1	10
$FeCl_3 \cdot 6H_2O$	270.2948	91.9	20
$CoCl_3 \cdot 6H_2O$	273.383	76.7	0
$NiCl_2 \cdot 6H_2O$	237.6905	254	20
NH_4Cl	53.4912	29.7	0
$NaBr \cdot 2H_2O$	138.9243	79.5	0
KBr	119.0023	53.48	0
NH_4Br	97.9425	97	25
HIO_3	175.9106	286	0
NaI	149.8942	184	25
$NaI \cdot 2H_2O$	185.9248	317.9	0
KI	166.0028	127.5	0
KIO_3	214.001	4.74	0
KIO_4	230.0004	0.66	15
NH_4I	144.943	154.2	0
Na_2S	78.0445	15.4	10
$Na_2S \cdot 9H_2O$	240.1821	47.5	10
NH_4HS	51.1114	128.1	0
$Na_2SO_3 \cdot 7H_2O$	252.1497	32.8	0
$Na_2SO_4 \cdot 10H_2O$	322.1949	11	0
		92.7	30
$NaHSO_4$	120.0603	28.6	25
$Li_2SO_4 \cdot H_2O$	127.9599	34.9	25
$KAl(SO_4)_2 \cdot 12H_2O$	474.3884	5.9	20
		11.7	40
		17.0	50
$KCr(SO_4)_2 \cdot 12H_2O$	499.403	24.39	25
$BeSO_4 \cdot 4H_2O$	177.1359	42.5	25
$MgSO_4 \cdot 7H_2O$	246.4746	71	20
$CaSO_4 \cdot 0.5H_2O$	145.1482	0.3	20
$CaSO_4 \cdot 2H_2O$	172.1712	0.241	
$Al_2(SO_4)_3$	342.1509	31.3	0
$Al_2(SO_4)_3 \cdot 18H_2O$	666.4259	86.9	0
$CuSO_4$	159.6086	14.3	0
$CuSO_4 \cdot 5H_2O$	249.685	31.6	0
$[Cu(NH_3)_4]SO_4 \cdot H_2O$	245.7461	18.5	21.5
Ag_2SO_4	311.799	0.57	0
$ZnSO_4 \cdot 7H_2O$	287.5786	96.5	20
$3CdSO_4 \cdot 8H_2O$	769.543	113	0

续表

化合物	式量	溶解度/g·(100mL)$^{-1}$	t/℃
$HgSO_4 \cdot 2H_2O$	332.6832	0.003	18
$Cr_2(SO_4)_3 \cdot 18H_2O$	716.455	120	20
$CrSO_4 \cdot 7H_2O$	274.1657	12.35	0
$MnSO_4 \cdot 6H_2O$	259.0923	147.4	
$MnSO_4 \cdot 7H_2O$	277.1076	172	
$FeSO_4 \cdot H_2O$	169.9229	50.9	70
		43.6	80
		37.3	90
$FeSO_4 \cdot 7H_2O$	278.0146	15.65	0
		26.5	20
		40.2	40
		48.6	50
$Fe_2(SO_4)_3 \cdot 9H_2O$	562.0153	440	
$CoSO_4 \cdot 7H_2O$	281.1028	60.4	3
$NiSO_4 \cdot 6H_2O$	262.8477	62.52	0
$NiSO_4 \cdot 7H_2O$	280.863	75.6	15.5
$(NH_4)_2SO_4$	132.1396	70.6	0
$NH_4Al(SO_4)_2 \cdot 12H_2O$	453.3286	15	20
$NH_4Cr(SO_4)_2 \cdot 12H_2O$	478.3432	21.2	25
$(NH_4)_2SO_4 \cdot FeSO_4 \cdot 6H_2O$	392.1389	26.9	20
$NH_4Fe(SO_4)_2 \cdot 12H_2O$	482.1921	124.0	25
$Na_2S_2O_3 \cdot 5H_2O$	248.1841	79.4	0
$NaNO_2$	68.9953	81.5	15
KNO_2	85.1038	281	0
		413	100
$LiNO_3 \cdot 3H_2O$	122.9918	34.8	0
KNO_3	101.1032	13.3	0
		247	100
$Mg(NO_3)_2 \cdot 6H_2O$	256.4066	125	
$Ca(NO_3)_2 \cdot 4H_2O$	236.149	266	0
$Sr(NO_3)_2 \cdot 4H_2O$	283.691	60.43	0
$Ba(NO_3)_2 \cdot H_2O$	279.3522	63	20
$Al(NO_3)_3 \cdot 9H_2O$	375.1339	63.7	25
$Pb(NO_3)_2$	331.2099	37.65	0
$Cu(NO_3)_2 \cdot 6H_2O$	295.6476	243.7	0
$AgNO_3$	169.8731	122	0
$Zn(NO_3)_2 \cdot 6H_2O$	297.5106	184.3	20
$Cd(NO_3)_2 \cdot 4H_2O$	308.482	215	
$Mn(NO_3)_2 \cdot 4H_2O$	251.009	426.4	0
$Fe(NO_3)_2 \cdot 6H_2O$	287.9466	83.5	20
$Fe(NO_3)_3 \cdot 6H_2O$	349.9515	150	0
$Co(NO_3)_2 \cdot 6H_2O$	291.0348	133.8	0
NH_4NO_3	80.0434	118.3	0
Na_2CO_3	105.9884	7.1	0
$Na_2CO_3 \cdot 10H_2O$	286.1412	21.52	0
K_2CO_3	138.2055	112	20
$K_2CO_3 \cdot 2H_2O$	174.2361	146.9	
$(NH_4)_2CO_3 \cdot H_2O$	114.1012	100	15
$NaHCO_3$	84.0066	6.9	0
NH_4HCO_3	79.0553	11.9	0
$Na_2C_2O_4$	133.9985	3.7	20
$FeC_2O_4 \cdot 2H_2O$	179.8946	0.022	
$(NH_4)_2C_2O_4 \cdot H_2O$	142.1113	2.54	0
$NaC_2H_3O_2$	82.0338	119	0

续表

化合物	式量	溶解度/g·$(100mL)^{-1}$	t/℃
$NaC_2H_3O_2 \cdot 3H_2O$	136.0796	76.2	0
$Pb(C_2H_3O_2)_2$	325.288	44.3	20
$Zn(C_2H_3O_2)_2 \cdot 2H_2O$	219.5276	31.1	20
$NH_4C_2H_3O_2$	77.0825	148	4
KCNS	97.1807	177.2	0
NH_4CNS	76.1209	128	0
KCN	65.1157	50	
$K_4[Fe(CN)_6] \cdot 3H_2O$	422.3887	14.5	0
$K_3[Fe(CN)_6]$	329.2445	33	4
H_3PO_4	97.9952	548	
$Na_3PO_4 \cdot 10H_2O$	344.0935	8.8	
$(NH_4)_3PO_4 \cdot 3H_2O$	203.1327	26.1	25
$NH_4MgPO_4 \cdot 6H_2O$	245.4065	0.0231	0
$Na_4P_2O_7 \cdot 10H_2O$	446.0552	5.41	0
$Na_2HPO_4 \cdot 7H_2O$	268.0658	104	40
H_3BO_3	61.833	6.35	20
$Na_2B_4O_7 \cdot 10H_2O$	381.3721	2.01	0
$(NH_4)_2B_4O_7 \cdot 4H_2O$	263.3779	7.27	18
$NH_4B_5O_8 \cdot 4H_2O$	272.1498	7.03	18
K_2CrO_4	194.1903	62.9	20
Na_2CrO_4	161.9732	87.3	20
$Na_2CrO_4 \cdot 10H_2O$	342.126	50	10
$CaCrO_4 \cdot 2H_2O$	192.1023	16.3	20
$(NH_4)_2CrO_4$	152.0707	40.5	30
$Na_2Cr_2O_7 \cdot 2H_2O$	297.9981	238	0
$K_2Cr_2O_7$	294.1846	4.9	0
$(NH_4)_2Cr_2O_7$	252.065	30.8	15
$H_2MoO_4 \cdot H_2O$	179.9688	0.133	18
$Na_2MoO_4 \cdot 2H_2O$	241.9477	56.2	0
$(NH_4)_6Mo_7O_{24} \cdot 4H_2O$	1235.858	43	
$Na_2WO_4 \cdot 2H_2O$	329.8477	41	0
$KMnO_4$	158.0339	6.38	20
$Na_3AsO_4 \cdot 12H_2O$	424.0719	38.9	15.5
$NH_4H_2AsO_4$	158.9736	33.74	0
NH_4VO_3	116.9782	0.52	15
$NaVO_3$	121.9295	21.1	25

注：摘自 Lide D R. Handbook of Chemistry and Physics. 89th Ed，CRC Press，2008～2009。

5 气体在水中的溶解度

气体	t/℃	溶解度/mL·$(100mL)^{-1}$	气体	t/℃	溶解度/mL·$(100mL)^{-1}$
H_2	0	2.14	NO	0	7.34
	20	0.85		60	2.37
CO	0	3.5	NH_3	0	89.9
	20	2.32		100	7.4
CO_2	0	171.3	O_2	0	4.89
	20	90.1		25	3.16
N_2	0	2.33	H_2S	0	437
	40	1.42		40	186
SO_2	0	22.8	Cl_2	10	310
				30	177

注：摘自北京师范大学化学系无机化学教研室编．简明化学手册．北京：北京出版社，1980。

6 常见酸、碱的浓度

试剂名称	密度/g·cm^{-3}	质量分数/%	物质的量浓度/mol·L^{-1}
浓硫酸	1.84	98	18
稀硫酸	1.1	9	2
浓盐酸	1.19	38	12
稀盐酸	1.0	7	2
浓硝酸	1.4	68	16
稀硝酸	1.2	32	6
稀硝酸	1.1	12	2
浓磷酸	1.7	85	14.7
稀磷酸	1.05	9	1
浓高氯酸	1.67	70	11.6
稀高氯酸	1.12	19	2
浓氢氟酸	1.13	40	23
氢溴酸	1.38	40	7
氢碘酸	1.70	57	7.5
冰醋酸	1.05	99	17.5
稀醋酸	1.04	30	5
稀醋酸	1.0	12	2
浓氢氧化钠	1.44	约41	约14.4
稀氢氧化钠	1.1	8	2
浓氨水	0.91	约28	14.8
稀氨水	1.0	3.5	2
氢氧化钙水溶液		0.15	
氢氧化钡水溶液		2	约0.1

注：摘自北京师范大学化学系无机化学教研室编．简明化学手册．北京：北京出版社，1980。

7 弱电解质的解离常数

酸	t/℃	级	K_a	pK_a
H_3AsO_4	25	1	5.50×10^{-3}	2.26
	25	2	1.74×10^{-7}	6.76
	25	3	5.13×10^{-12}	11.29
H_3AsO_3	25		5.13×10^{-10}	9.29
H_3BO_3	20	1	5.37×10^{-10}	9.27
H_2CO_3	25	1	4.47×10^{-7}	6.35
	25	2	4.68×10^{-11}	10.33
$HClO_2$	25		1.15×10^{-2}	1.94
H_2CrO_4	25	1	1.82×10^{-1}	0.74
	25	2	3.24×10^{-7}	6.49
HCNO	25		3.47×10^{-4}	3.46
H_2GeO_3	25	1	9.77×10^{-10}	9.01
	25	2	5.01×10^{-13}	12.3
HN_3	25		2.51×10^{-5}	4.6
HCN	25		6.17×10^{-10}	9.21
HF	25		6.31×10^{-4}	3.2
H_2O_2	25		2.40×10^{-12}	11.62

续表

酸	t/℃	级	K_a	pK_a
H_2Se	25	1	1.29×10^{-4}	3.89
	25	2	1.00×10^{-11}	11.0
H_2S	25	1	8.91×10^{-8}	7.05
	25	2	1.00×10^{-19}	19
H_2Te	18	1	2.51×10^{-3}	2.6
	25	2	1.00×10^{-11}	11
HBrO	25		2.82×10^{-9}	8.55
HClO	25		3.98×10^{-8}	7.40
HIO	25		3.16×10^{-11}	10.5
HIO_3	25		1.66×10^{-1}	0.78
HNO_2	25		5.62×10^{-4}	3.25
$HClO_4$	20		$3.98\times10^{+1}$	−1.6
HIO_4	25		2.29×10^{-2}	1.64
H_3PO_4	25	1	6.92×10^{-3}	2.16
	25	2	6.17×10^{-8}	7.21
	25	3	4.79×10^{-13}	12.32
H_3PO_3	20	1	5.01×10^{-2}	1.3
	20	2	2.00×10^{-7}	6.7
$H_4P_2O_7$	25	1	1.23×10^{-1}	0.91
	25	2	7.94×10^{-3}	2.10
	25	3	2.00×10^{-7}	6.70
	25	4	4.79×10^{-10}	9.32
H_2SeO_4	25	2	2.00×10^{-2}	1.7
H_2SeO_3	25	1	2.40×10^{-3}	2.62
	25	2	4.79×10^{-9}	8.32
H_4SiO_4	30	1	1.26×10^{-10}	9.9
	30	2	1.58×10^{-12}	11.8
	30	3	1.00×10^{-12}	12
	30	4	1.00×10^{-12}	12
NH_2SO_3H	25		8.91×10^{-2}	1.05
H_2SO_4	25	2	1.02×10^{-2}	1.99
H_2SO_3	25	1	1.41×10^{-2}	1.85
	25	2	6.31×10^{-8}	7.2
H_2TeO_4	18	1	2.09×10^{-8}	7.68
	18	2	1.00×10^{-11}	11.0
H_2TeO_3	25	1	5.37×10^{-7}	6.27
	25	2	3.72×10^{-9}	8.43
HBF_4	25		3.16×10^{-1}	0.5
HSCN	25		1.41×10^{-1}	0.85
H_2O	25		1.01×10^{-14}	13.995
HCOOH	20		1.77×10^{-4}	3.75
CH_3COOH	25		1.76×10^{-5}	4.75
$H_2C_2O_4$	25	1	5.90×10^{-2}	1.23
	25	2	6.40×10^{-5}	4.19

续表

碱	t/℃	级	K_b	pK_b
NH_3	25		1.79×10^{-5}	4.75
N_2H_4	25		1.2×10^{-6}	5.9
NH_2OH	25		8.71×10^{-9}	8.06
$Be(OH)_2$①	25	2	5×10^{-11}	10.30
$Ca(OH)_2$①	25	1	3.74×10^{-3}	2.43
	30	2	4.0×10^{-2}	1.4
$Pb(OH)_2$①	25		9.6×10^{-4}	3.02
$AgOH$①	25		1.1×10^{-4}	3.96
$Zn(OH)_2$①	25		9.6×10^{-4}	3.02

① 摘译自 Weast R C. Handbook of Chemistry and Physics，66th Ed. 1985～1986。

注：摘自 Lide D R. Handbook of Chemistry and Physics. 89th Ed，CRC Press，2008～2009。

8 溶度积常数

化合物	溶度积 $K_{sp}^{\ominus}$	化合物	溶度积 $K_{sp}^{\ominus}$
Ag_3AsO_4	1.03×10^{-22}	BiI_3	7.71×10^{-19}
$AgBr$	5.35×10^{-13}	$CaCO_3$	3.36×10^{-9}
$AgBrO_3$	5.38×10^{-5}	$CaC_2O_4\cdot H_2O$	2.32×10^{-9}
$AgCH_3COO$	1.94×10^{-3}	CaF_2	3.45×10^{-11}
$AgCl$	1.77×10^{-10}	$Ca(IO_3)_2$	6.47×10^{-6}
$AgCN$	5.97×10^{-17}	$Ca(IO_3)_2\cdot 6H_2O$	7.10×10^{-7}
Ag_2CO_3	8.46×10^{-12}	$CaMoO_4$	1.46×10^{-8}
$Ag_2C_2O_4$	5.40×10^{-12}	$Ca(OH)_2$	5.02×10^{-6}
Ag_2CrO_4	1.12×10^{-12}	$Ca_3(PO_4)_2$	2.07×10^{-33}
AgI	8.52×10^{-17}	$CaSO_4$	4.93×10^{-5}
$AgIO_3$	3.17×10^{-8}	$CaSO_3\cdot 0.5H_2O$	3.10×10^{-7}
Ag_3PO_4	8.89×10^{-17}	$CaSO_4\cdot 2H_2O$	3.14×10^{-5}
Ag_2S	6×10^{-30}	$Cd_3(AsO_4)_2$	2.20×10^{-33}
$AgSCN$	1.03×10^{-12}	$CdCO_3$	1.00×10^{-12}
Ag_2SO_3	1.50×10^{-14}	$CdC_2O_4\cdot 3H_2O$	1.42×10^{-8}
Ag_2SO_4	1.20×10^{-5}	CdF_2	6.44×10^{-3}
$AlPO_4$	9.84×10^{-21}	$Cd(IO_3)_2$	2.50×10^{-8}
$Ba(BrO_3)_2$	2.43×10^{-4}	$Cd(OH)_2$	7.20×10^{-15}
$BaCO_3$	2.58×10^{-9}	$Cd_3(PO_4)_2$	2.53×10^{-33}
$BaCrO_4$	1.17×10^{-10}	CdS	8×10^{-7}
BaF_2	1.84×10^{-7}	$Co_3(AsO_4)_2$	6.80×10^{-29}
$Ba(IO_3)_2$	4.01×10^{-9}	$Co(IO_3)_2\cdot 2H_2O$	1.21×10^{-2}
$Ba(IO_3)_2\cdot H_2O$	1.67×10^{-9}	$Co(OH)_2$	5.92×10^{-15}
$BaMoO_4$	3.54×10^{-8}	$Co_3(PO_4)_2$	2.05×10^{-35}
$Ba(NO_3)_2$	4.64×10^{-3}	$CsClO_4$	3.95×10^{-3}
$Ba(OH)_2\cdot 8H_2O$	2.55×10^{-4}	$CsIO_4$	5.16×10^{-6}
$BaSeO_4$	3.40×10^{-8}	$Cu_3(AsO_4)_2$	7.95×10^{-36}
$BaSO_3$	5.00×10^{-10}	$CuBr$	6.27×10^{-9}
$BaSO_4$	1.08×10^{-10}	$CuCl$	1.72×10^{-7}
$Be(OH)_2$	6.92×10^{-22}	$CuCN$	3.47×10^{-20}
$BiAsO_4$	4.43×10^{-10}	CuC_2O_4	4.43×10^{-10}

续表

化合物	溶度积 $K_{sp}^{\ominus}$	化合物	溶度积 $K_{sp}^{\ominus}$
CuI	1.27×10^{-12}	$PbCl_2$	1.70×10^{-5}
$Cu(IO_3)_2\cdot H_2O$	6.94×10^{-8}	$PbCO_3$	7.40×10^{-14}
$Cu_3(PO_4)_2$	1.40×10^{-37}	PbF_2	3.30×10^{-8}
CuS	6×10^{-16}	PbI_2	9.80×10^{-9}
CuSCN	1.77×10^{-13}	$Pb(IO_3)_2$	3.69×10^{-13}
$Eu(OH)_3$	9.38×10^{-27}	$Pb(OH)_2$	1.43×10^{-20}
$FeCO_3$	3.13×10^{-11}	PbS	3×10^{-7}
FeF_2	2.36×10^{-6}	$PbSeO_4$	1.37×10^{-7}
$Fe(OH)_2$	4.87×10^{-17}	$PbSO_4$	2.53×10^{-8}
$Fe(OH)_3$	2.79×10^{-39}	$Pd(SCN)_2$	4.39×10^{-23}
$FePO_4\cdot 2H_2O$	9.91×10^{-16}	$Pr(OH)_3$	3.39×10^{-24}
FeS	6×10^{2}	$Ra(IO_3)_2$	1.16×10^{-9}
$Ga(OH)_3$	7.28×10^{-36}	$RaSO_4$	3.66×10^{-11}
$HgBr_2$	6.20×10^{-20}	$RbClO_4$	3.00×10^{-3}
Hg_2Br_2	6.40×10^{-23}	ScF_3	5.81×10^{-24}
Hg_2Cl_2	1.43×10^{-18}	$Sc(OH)_3$	2.22×10^{-31}
$Hg_2C_2O_4$	1.75×10^{-13}	$Sn(OH)_2$	5.45×10^{-27}
Hg_2CO_3	3.60×10^{-17}	SnS	1×10^{-5}
Hg_2F_2	3.10×10^{-6}	$Sr_3(AsO_4)_2$	4.29×10^{-19}
HgI_2	2.90×10^{-29}	$SrCO_3$	5.60×10^{-10}
Hg_2I_2	5.20×10^{-29}	SrF_2	4.33×10^{-9}
HgS	2×10^{-32}	$Sr(IO_3)_2$	1.14×10^{-7}
HgS	4×10^{-33}	$Sr(IO_3)_2\cdot H_2O$	3.77×10^{-7}
$Hg_2(SCN)_2$	3.20×10^{-20}	$Sr(IO_3)_2\cdot 6H_2O$	4.55×10^{-7}
Hg_2SO_4	6.50×10^{-7}	$SrSO_4$	3.44×10^{-7}
$KClO_4$	1.05×10^{-2}	TlBr	3.71×10^{-6}
KIO_4	3.71×10^{-4}	$TlBrO_3$	1.10×10^{-4}
K_2PtCl_6	7.48×10^{-6}	TlCl	1.86×10^{-4}
$La(IO_3)_3$	7.50×10^{-12}	Tl_2CrO_4	8.67×10^{-13}
Li_2CO_3	8.15×10^{-4}	TlI	5.54×10^{-8}
LiF	1.84×10^{-3}	$TlIO_3$	3.12×10^{-6}
Li_3PO_4	2.37×10^{-11}	$Tl(OH)_3$	1.68×10^{-44}
$MgCO_3$	6.82×10^{-6}	TlSCN	1.57×10^{-4}
$MgCO_3\cdot 3H_2O$	2.38×10^{-6}	$Y_2(CO_3)_3$	1.03×10^{-31}
$MgCO_3\cdot 5H_2O$	3.79×10^{-6}	YF_3	8.62×10^{-21}
$MgC_2O_4\cdot 2H_2O$	4.83×10^{-6}	$Y(IO_3)_3$	1.12×10^{-10}
MgF_2	5.16×10^{-11}	$Y(OH)_3$	1.00×10^{-22}
$Mg(OH)_2$	5.61×10^{-12}	$Zn_3(AsO_4)_2$	2.80×10^{-28}
$Mg_3(PO_4)_2$	1.04×10^{-24}	$ZnCO_3$	1.46×10^{-10}
$MnCO_3$	2.24×10^{-11}	$ZnCO_3\cdot H_2O$	5.42×10^{-11}
$MnC_2O_4\cdot 2H_2O$	1.70×10^{-7}	$ZnC_2O_4\cdot 2H_2O$	1.38×10^{-9}
$Mn(IO_3)_2$	4.37×10^{-7}	ZnF_2	3.04×10^{-2}
MnS	3×10^{7}	$Zn(IO_3)_2\cdot 2H_2O$	4.10×10^{-6}
$Nd_2(CO_3)_3$	1.08×10^{-33}	$Zn(OH)_2$	3.00×10^{-17}
$NiCO_3$	1.42×10^{-7}	ZnS	2×10^{-4}
$Ni(IO_3)_2$	4.71×10^{-5}	ZnS	3×10^{-2}
$Ni(OH)_2$	5.48×10^{-16}	ZnSe	3.60×10^{-26}
$Ni_3(PO_4)_2$	4.74×10^{-32}	$ZnSeO_3\cdot H_2O$	1.59×10^{-7}
$PbBr_2$	6.60×10^{-6}		

注：摘自 Lide D R. Handbook of Chemistry and Physics. 89th Ed，CRC Press，2008～2009。

9 常见沉淀物的 pH

1. 金属氢氧化物沉淀的 pH（包括形成氢氧配离子的大约值）

氢氧化物	开始沉淀时的 pH 初浓度$[M^{n+}]$		沉淀完全时的 pH（残留离子浓度 $<10^{-5}$ mol·L^{-1}）	沉淀开始溶解的 pH	沉淀完全溶解时的 pH
	1mol·L^{-1}	0.01mol·L^{-1}			
$Sn(OH)_4$	0	0.5	1	13	15
$TiO(OH)_2$	0	0.5	2.0	—	—
$Sn(OH)_2$	0.9	2.1	4.7	10	13.5
$ZrO(OH)_2$	1.3	2.3	3.8	—	—
HgO	1.3	2.4	5.0	11.5	—
$Fe(OH)_3$	1.5	2.3	4.1	14	
$Al(OH)_3$	3.3	4.0	5.2	7.8	10.8
$Cr(OH)_3$	4.0	4.9	6.8	12	15
$Be(OH)_2$	5.2	6.2	8.8	—	—
$Zn(OH)_2$	5.4	6.4	8.0	10.5	12～13
Ag_2O	6.2	8.2	11.2	12.7	—
$Fe(OH)_2$	6.5	7.5	9.7	13.5	—
$Co(OH)_2$	6.6	7.6	9.2	14.1	—
$Ni(OH)_2$	6.7	7.7	9.5	—	—
$Cd(OH)_2$	7.2	8.2	9.7	—	—
$Mn(OH)_2$	7.8	8.8	10.4	14	—
$Mg(OH)_2$	9.4	10.4	12.4	—	—
$Pb(OH)_2$		7.2	8.7	10	13
$Ce(OH)_4$		0.8	1.2	—	—
$Th(OH)_4$		0.5			—
$Tl(OH)_3$		约 0.6	约 1.6	—	—
H_2WO_4		约 0	约 0	—	—
H_2MoO_4				约 8	约 9
稀土		6.8～8.5	约 9.5	—	—
H_2UO_4		3.6	5.1	—	—

2. 沉淀金属硫化物的 pH

pH	被 H_2S 所沉淀的金属
1	Cu,Ag,Hg,Pb,Bi,Cd,Rh,Pd,Os,As,Au,Pt,Sb,Ir,Ge,Se,Te,Mo
2～3	Zn,Ti,In,Ga
5～6	Co,Ni
>7	Mn,Fe

3. 溶液中硫化物能沉淀时的盐酸最高浓度

硫化物	Ag_2S	HgS	CuS	Sb_2S_3	Bi_2S_3	SnS_2	CdS
盐酸浓度/mol·L^{-1}	12	7.5	7.0	3.7	2.5	2.3	0.7
硫化物	PbS	SnS	ZnS	CoS	NiS	FeS	MnS
盐酸浓度/mol·L^{-1}	0.35	0.30	0.02	0.001	0.001	0.0001	0.00008

注：摘自北京师范大学化学系无机化学教研室编．简明化学手册．北京：北京出版社，1980。

10　某些离子和化合物的颜色

一、一些常见的无色离子

阳离子	Na^+、K^+、NH_4^+、Mg^{2+}、Ca^{2+}、Sr^{2+}、Ba^{2+}、Al^{3+}、Sn^{2+}、Sn^{4+}、Pb^{2+}、Bi^{3+}、Ag^+、Zn^{2+}、Cd^{2+}、Hg_2^{2+}、Hg^{2+}等
阴离子	$B(OH)_4^-$、$B_4O_7^{2-}$、$C_2O_4^{2-}$、Ac^-、CO_3^{2-}、SiO_3^{2-}、NO_3^-、NO_2^-、PO_4^{3-}、AsO_3^{3-}、AsO_4^{3-}、$[SbCl_6]^{3-}$、$[SbCl_6]^-$、SO_3^{2-}、SO_4^{2-}、S^{2-}、$S_2O_3^{2-}$、F^-、Cl^-、ClO_3^-、Br^-、BrO_3^-、I^-、SCN^-、$[CuCl_2]^-$、TiO^{2+}、VO_3^-、VO_4^{3-}、MoO_4^{2-}、WO_4^{2-} 等

二、一些常见的有色离子

化学式	颜色	化学式	颜色	化学式	颜色
$[Cu(H_2O)_4]^{2+}$	浅蓝色	$[CuCl_4]^{2-}$	黄色	$[Cu(NH_3)_4]^{2+}$	深蓝色
$[Ti(H_2O)_6]^{3+}$	紫色	$[TiCl(H_2O)_5]^{2+}$	绿色	$[TiO(H_2O_2)]^{2+}$	橘黄色
$[V(H_2O)_6]^{2+}$	紫色	$[V(H_2O)_6]^{3+}$	绿色	VO^{2+}	蓝色
VO_2^+	浅黄色	$[VO_2(O_2)_2]^{3-}$	黄色	$[V(O_2)]^{3+}$	深红色
$[Cr(H_2O)_6]^{2+}$	蓝色	$[Cr(H_2O)_6]^{3+}$	紫色	$[Cr(H_2O)_5Cl]^{2+}$	浅绿色
$[Cr(H_2O)_4Cl_2]^+$	暗绿色	$[Cr(NH_3)_2(H_2O)_4]^{3+}$	紫红色	$[Cr(NH_3)_3(H_2O)_3]^{3+}$	浅红色
$[Cr(NH_3)_4(H_2O)_2]^{3+}$	橙红色	$[Cr(NH_3)_5H_2O]^{2+}$	橙黄色	$[Cr(NH_3)_6]^{3+}$	黄色
CrO^{2-}	绿色	CrO_4^{2-}	黄色	$Cr_2O_7^{2-}$	橙色
$[Mn(H_2O)_6]^{2+}$	肉色	MnO_4^{2-}	绿色	MnO_4^-	紫红色
$[Fe(H_2O)_6]^{2+}$	浅绿色	$[Fe(H_2O)_6]^{3+}$	黄棕色	$[Fe(CN)_6]^{4-}$	黄色
$[Fe(CN)_6]^{3-}$	浅橘黄色	$[Fe(NCS)_n]^{3-n}$	血红色	$[Co(H_2O)_6]^{2+}$	粉红色
$[Co(NH_3)_6]^{2+}$	黄色	$[Co(NH_3)_6]^{3+}$	橙黄色	$[CoCl(NH_3)_5]^{2+}$	红紫色
$[Co(NH_3)_5(H_2O)]^{3+}$	粉红色	$[Co(NH_3)_4CO_3]^+$	紫红色	$[Co(CN)_6]^{3-}$	紫色
$[Co(SCN)_4]^{2-}$	蓝色	$[Ni(H_2O)_6]^{2+}$	亮绿色	$[Ni(NH_3)_6]^{2+}$	蓝色
I_3^-	浅棕黄色				

三、常见化合物

氧化物	CuO	黑色	Cu_2O	暗红色
	Ag_2O	暗棕色	ZnO	白色
	CdO	棕红色	Hg_2O	黑褐色
	HgO	红色或黄色	TiO_2	白色
	VO	亮灰色	V_2O_3	黑色
	VO_2	深蓝色	V_2O_5	红棕色
	Cr_2O_3	绿色	CrO_3	红色
	MnO_2	棕褐色	MoO_2	铅灰色
	WO_2	棕红色	FeO	黑色
	Fe_2O_3	砖红色	Fe_3O_4	黑色
	CoO	灰绿色	Co_2O_3	黑色
	NiO	暗绿色	Ni_2O_3	黑色
	PbO	黄色	Pb_3O_4	红色
氢氧化物	$Zn(OH)_2$	白色	$Pb(OH)_2$	白色
	$Mg(OH)_2$	白色	$Sn(OH)_2$	白色
	$Sn(OH)_4$	白色	$Mn(OH)_2$	白色
	$Fe(OH)_2$	白色或苍绿色	$Fe(OH)_3$	红棕色
	$Cd(OH)_2$	白色	$Al(OH)_3$	白色
	$Bi(OH)_3$	白色	$Sb(OH)_3$	白色
	$Cu(OH)_2$	浅蓝色	$Cu(OH)$	黄色

续表

氢氧化物	$Ni(OH)_2$	浅绿色	$Ni(OH)_3$	黑色
	$Co(OH)_2$	粉红色	$Co(OH)_3$	褐棕色
	$Cr(OH)_3$	灰绿色		
氯化物	$AgCl$	白色	Hg_2Cl_2	白色
	$PbCl_2$	白色	$CuCl$	白色
	$CuCl_2$	棕色	$CuCl_2 \cdot 2H_2O$	蓝色
	$Hg(NH_3)Cl$	白色	$CoCl_2$	蓝色
	$CoCl_2 \cdot H_2O$	蓝紫色	$CoCl_2 \cdot 2H_2O$	紫红色
	$CoCl_2 \cdot 6H_2O$	粉红色	$FeCl_3 \cdot 6H_2O$	黄棕色
	$TiCl_3 \cdot 6H_2O$	紫色或绿色	$TiCl_2$	黑色
溴化物	$AgBr$	浅黄色	$AsBr$	浅黄色
	$CuBr_2$	黑紫色		
碘化物	AgI	黄色	Hg_2I_2	黄绿色
	HgI_2	红色	PbI_2	黄色
	CuI	白色	SbI_3	红黄色
	BiI_3	绿黑色	TiI_4	暗棕色
卤酸盐	$Ba(IO_3)_2$	白色	$AgIO_3$	白色
	$KClO_4$	白色	$AgBrO_3$	白色
硫化物	Ag_2S	灰黑色	HgS	红色或黑色
	PbS	黑色	CuS	黑色
	Cu_2S	黑色	FeS	棕黑色
	Fe_2S_3	黑色	CoS	黑色
	NiS	黑色	Bi_2S_3	黑褐色
	SnS	褐色	SnS_2	金黄色
	CdS	黄色	Sb_2S_3	橙色
	Sb_2S_5	橙红色	MnS	肉色
	ZnS	白色	As_2S_3	黄色
硫酸盐	Ag_2SO_4	白色	Hg_2SO_4	白色
	$PbSO_4$	白色	$CaSO_4 \cdot 2H_2O$	白色
	$SrSO_4$	白色	$BaSO_4$	白色
	$[Fe(NO)]SO_4$	深棕色	$Cu_2(OH)_2SO_4$	浅蓝色
	$CuSO_4 \cdot 5H_2O$	蓝色	$CoSO_4 \cdot 7H_2O$	红色
	$Cr_2(SO_4)_3 \cdot 6H_2O$	绿色	$Cr_2(SO_4)_3$	紫色或红色
	$Cr_2(SO_4)_3 \cdot 18H_2O$	蓝紫色	$KCr(SO_4)_2 \cdot 12H_2O$	紫色
碳酸盐	Ag_2CO_3	白色	$CaCO_3$	白色
	$SrCO_3$	白色	$BaCO_3$	白色
	$MnCO_3$	白色	$CdCO_3$	白色
	$Zn_2(OH)_2CO_3$	白色	$Bi(OH)CO_3$	白色
	$Hg_2(OH)_2CO_3$	红褐色	$Co_2(OH)_2CO_3$	红色
	$Cu_2(OH)_2CO_3$	暗绿色	$Ni_2(OH)_2CO_3$	浅绿色
磷酸盐	$Ca_3(PO_4)_2$	白色	$CaHPO_4$	白色
	$Ba_3(PO_4)_2$	白色	$FePO_4$	浅黄色
	Ag_3PO_4	黄色	NH_4MgPO_4	白色
铬酸盐	Ag_2CrO_4	砖红色	$PbCrO_4$	黄色
	$BaCrO_4$	黄色	$FeCrO_4 \cdot 2H_2O$	黄色
硅酸盐	$BaSiO_3$	白色	$CuSiO_3$	蓝色
	$CoSiO_3$	紫色	$Fe_2(SiO_3)_3$	棕红色
	$MnSiO_3$	肉色	$NiSiO_3$	翠绿色
	$ZnSiO_3$	白色		
草酸盐	CaC_2O_4	白色	$Ag_2C_2O_4$	白色
	$FeC_2O_4 \cdot 2H_2O$	黄色		

续表

类卤化合物	AgCN	白色	$Ni(CN)_2$	浅绿色
	$Cu(CN)_2$	浅棕黄色	CuCN	白色
	AgSCN	白色	$Cu(SCN)_2$	黑绿色
其他含氧酸盐	NH_4MgAsO_4	白色	Ag_3As_4	红褐色
	$Ag_2S_2O_3$	白色	$BaSO_3$	白色
	$SrSO_3$	白色		
其他化合物	$Fe_4[Fe(CN)_6]_3 \cdot xH_2O$	蓝色	$Cu_2[Fe(CN)_6]$	红褐色
	$Ag_3[Fe(CN)_3]$	橙色	$Zn_3[Fe(CN)_6]_2$	黄褐色
	$Co_2[Fe(CN)_6]$	绿色	$Ag_4[Fe(CN)_6]$	白色
	$Zn_2[Fe(CN)_6]$	白色	$K_3[Co(NO_2)_6]$	黄色
	$K_2Na[Co(NO_2)_6]$	黄色	$(NH_4)_2Na[Co(NO_2)_6]$	黄色
	$K_2[PtCl_6]$	黄色	$KHC_4H_4O_6$	白色
	$Na[Sb(OH)_6]$	白色	$Na[Fe(CN)_5NO] \cdot 2H_2O$	红色
	$NaAc \cdot Zn(Ac)_2 \cdot 3[UO_2(Ac)_2] \cdot 9H_2O$	黄色	$(NH_4)_2MoS_4$	血红色
	$\left[O{<}^{Hg}_{Hg}{>}NH_2\right]I$	红棕色	$\left[{}^{I-Hg}_{I-Hg}{>}NH_2\right]I$	深褐色或红棕色

11 标准电极电势

电偶氧化态	电极反应	$E^{\ominus}/V$
Ac(Ⅲ)-(0)	$Ac^{3+}+3e = Ac$	−2.20
Ag(Ⅰ)-(0)	$Ag^{+}+e = Ag$	0.7996
(Ⅱ)-(Ⅰ)	$Ag^{2+}+e = Ag^{+}$	1.980
(Ⅰ)-(0)	$Ag(ac)+e = Ag+(ac)^{-}$	0.643
(Ⅰ)-(0)	$AgBr+e = Ag+Br^{-}$	0.07133
(Ⅰ)-(0)	$AgBrO_3+e = Ag+BrO_3^{-}$	0.546
(Ⅰ)-(0)	$Ag_2C_2O_4+2e = 2Ag+C_2O_4^{2-}$	0.4647
(Ⅰ)-(0)	$AgCl+e = Ag+Cl^{-}$	0.22233
(Ⅰ)-(0)	$AgCN+e = Ag+CN^{-}$	−0.017
(Ⅰ)-(0)	$Ag_2CO_3+2e = 2Ag+CO_3^{2-}$	0.47
(Ⅰ)-(0)	$Ag_2CrO_4+2e = 2Ag+CrO_4^{2-}$	0.4470
(Ⅰ)-(0)	$AgF+e = Ag+F^{-}$	0.779
(Ⅰ)-(0)	$Ag_4[Fe(CN)_6]+4e = 4Ag+[Fe(CN)_6]^{4-}$	0.1478
(Ⅰ)-(0)	$AgI+e = Ag+I^{-}$	−0.15224
(Ⅰ)-(0)	$AgIO_3+e = Ag+IO_3^{-}$	0.354
(Ⅰ)-(0)	$Ag_2MoO_4+2e = 2Ag+MoO_4^{2-}$	0.4573
(Ⅰ)-(0)	$AgNO_2+e = Ag+NO_2^{-}$	0.564
(Ⅰ)-(0)	$Ag_2O+H_2O+2e = 2Ag+2OH^{-}$	0.342
(Ⅲ)-(Ⅱ)	$Ag_2O_3+H_2O+2e = 2AgO+2OH^{-}$	0.739
(Ⅲ)-(Ⅰ)	$Ag^{3+}+2e = Ag^{+}$	1.9
(Ⅲ)-(Ⅱ)	$Ag^{3+}+e = Ag^{2+}$	1.8
(Ⅱ)-(Ⅰ)	$2AgO+H_2O+2e = Ag_2O+2OH^{-}$	0.607
(Ⅰ)-(0)	$AgOCN+e = Ag+OCN^{-}$	0.41
(Ⅰ)-(0)	$Ag_2S+2e = 2Ag+S^{2-}$	−0.691
(Ⅰ)-(0)	$Ag_2S+2H^{+}+2e = 2Ag+H_2S$	−0.0366
(Ⅰ)-(0)	$AgSCN+e = Ag+SCN^{-}$	0.08951

续表

电偶氧化态	电极反应	$E^{\ominus}/V$
(Ⅰ)-(0)	$Ag_2SeO_3+2e \rightleftharpoons 2Ag+SeO_3^{2-}$	0.3629
(Ⅰ)-(0)	$Ag_2SO_4+2e \rightleftharpoons 2Ag+SO_4^{2-}$	0.654
(Ⅰ)-(0)	$Ag_2WO_4+2e \rightleftharpoons 2Ag+WO_4^{2-}$	0.4660
Al(Ⅲ)-(0)	$Al^{3+}+3e \rightleftharpoons Al$	−1.662
(Ⅲ)-(0)	$Al(OH)_3+3e \rightleftharpoons Al+3OH^-$	−2.31
(Ⅲ)-(0)	$Al(OH)_4^-+3e \rightleftharpoons Al+4OH^-$	−2.328
(Ⅲ)-(0)	$H_2AlO_3^-+H_2O+3e \rightleftharpoons Al+4OH^-$	−2.33
(Ⅲ)-(0)	$AlF_6^{3-}+3e \rightleftharpoons Al+6F^-$	−2.069
Am(Ⅳ)-(Ⅲ)	$Am^{4+}+e \rightleftharpoons Am^{3+}$	2.60
(Ⅱ)-(0)	$Am^{2+}+2e \rightleftharpoons Am$	−1.9
(Ⅲ)-(0)	$Am^{3+}+3e \rightleftharpoons Am$	−2.048
(Ⅲ)-(Ⅱ)	$Am^{3+}+e \rightleftharpoons Am^{2+}$	−2.3
As(0)-(−Ⅲ)	$As+3H^++3e \rightleftharpoons AsH_3$	−0.608
(Ⅲ)-(0)	$As_2O_3+6H^++6e \rightleftharpoons 2As+3H_2O$	0.234
(Ⅲ)-(0)	$HAsO_2+3H^++3e \rightleftharpoons As+2H_2O$	0.248
(Ⅲ)-(0)	$AsO_2^-+2H_2O+3e \rightleftharpoons As+4OH^-$	−0.68
(Ⅴ)-(Ⅲ)	$H_3AsO_4+2H^++2e \rightleftharpoons HAsO_2+2H_2O$	0.560
(Ⅴ)-(Ⅲ)	$AsO_4^{3-}+2H_2O+2e \rightleftharpoons AsO_2^-+4OH^-$	−0.71
At(0)-(−Ⅰ)	$At_2+2e \rightleftharpoons 2At^-$	0.3
Au(Ⅰ)-(0)	$Au^++e \rightleftharpoons Au$	1.692
(Ⅲ)-(Ⅰ)	$Au^{3+}+2e \rightleftharpoons Au^+$	1.401
(Ⅲ)-(0)	$Au^{3+}+3e \rightleftharpoons Au$	1.498
(Ⅱ)-(Ⅰ)	$Au^{2+}+e \rightleftharpoons Au^+$	1.8
(Ⅲ)-(Ⅰ)	$AuOH^{2+}+H^++2e \rightleftharpoons Au^++H_2O$	1.32
(Ⅰ)-(0)	$AuBr_2^-+e \rightleftharpoons Au+2Br^-$	0.959
(Ⅲ)-(0)	$AuBr_4^-+3e \rightleftharpoons Au+4Br^-$	0.854
(Ⅲ)-(0)	$AuCl_4^-+3e \rightleftharpoons Au+4Cl^-$	1.002
(Ⅲ)-(0)	$Au(OH)_3+3H^++3e \rightleftharpoons Au+3H_2O$	1.45
B(Ⅲ)-(−Ⅴ)	$H_2BO_3^-+5H_2O+8e \rightleftharpoons BH_4^-+8OH^-$	−1.24
(Ⅲ)-(0)	$H_2BO_3^-+H_2O+3e \rightleftharpoons B+4OH^-$	−1.79
(Ⅲ)-(0)	$H_3BO_3+3H^++3e \rightleftharpoons B+3H_2O$	−0.8698
(Ⅲ)-(−Ⅴ)	$B(OH)_3+7H^++8e \rightleftharpoons BH_4^-+3H_2O$	−0.481
Ba(Ⅱ)-(0)	$Ba^{2+}+2e \rightleftharpoons Ba$	−2.912
(Ⅱ)-(0)	$Ba^{2+}+2e \rightleftharpoons Ba(Hg)$	−1.570
(Ⅱ)-(0)	$Ba(OH)_2+2e \rightleftharpoons Ba+2OH^-$	−2.99
Be(Ⅱ)-(0)	$Be^{2+}+2e \rightleftharpoons Be$	−1.847
(Ⅱ)-(0)	$Be_2O_3^{2-}+3H_2O+4e \rightleftharpoons 2Be+6OH^-$	−2.63
Bi(Ⅰ)-(0)	$Bi^++e \rightleftharpoons Bi$	0.5
(Ⅲ)-(0)	$Bi^{3+}+3e \rightleftharpoons Bi$	0.308
(Ⅲ)-(Ⅰ)	$Bi^{3+}+2e \rightleftharpoons Bi^+$	0.2
(0)-(−Ⅲ)	$Bi+3H^++3e \rightleftharpoons BiH_3$	−0.8
(Ⅲ)-(0)	$BiCl_4^-+3e \rightleftharpoons Bi+4Cl^-$	0.16
(Ⅲ)-(0)	$Bi_2O_3+3H_2O+6e \rightleftharpoons 2Bi+6OH^-$	−0.46
(Ⅳ)-(Ⅲ)	$Bi_2O_4+4H^++2e \rightleftharpoons 2BiO^++2H_2O$	1.593
(Ⅲ)-(0)	$BiO^++2H^++3e \rightleftharpoons Bi+H_2O$	0.320
(Ⅲ)-(0)	$BiOCl+2H^++3e \rightleftharpoons Bi+Cl^-+H_2O$	0.1583
Bk(Ⅳ)-(Ⅲ)	$Bk^{4+}+e \rightleftharpoons Bk^{3+}$	1.67
(Ⅱ)-(0)	$Bk^{2+}+2e \rightleftharpoons Bk$	−1.6
(Ⅲ)-(Ⅱ)	$Bk^{3+}+e \rightleftharpoons Bk^{2+}$	−2.8
Br(0)-(−Ⅰ)	$Br_2(aq)+2e \rightleftharpoons 2Br^-$	1.0873

续表

电偶氧化态	电极反应	$E^{\ominus}/V$
(0)-(-Ⅰ)	$Br_2(l)+2e = 2Br^-$	1.066
(Ⅰ)-(-Ⅰ)	$HBrO+H^++2e = Br^-+H_2O$	1.331
(Ⅰ)-(0)	$HBrO+H^++e = 1/2Br_2(aq)+H_2O$	1.574
(Ⅰ)-(0)	$HBrO+H^++e = 1/2Br_2(l)+H_2O$	1.596
(Ⅰ)-(-Ⅰ)	$BrO^-+H_2O+2e = Br^-+2OH^-$	0.761
(Ⅴ)-(0)	$BrO_3^-+6H^++5e = 1/2Br_2+3H_2O$	1.482
(Ⅴ)-(-Ⅰ)	$BrO_3^-+6H^++6e = Br^-+3H_2O$	1.423
(Ⅴ)-(-Ⅰ)	$BrO_3^-+3H_2O+6e = Br^-+6OH^-$	0.61
(0)-(-Ⅰ)	$(CN)_2+2H^++2e = 2HCN$	0.373
(Ⅰ)-(0)	$2HCNO+2H^++2e = (CN)_2+2H_2O$	0.330
(0)-(-Ⅰ)	$(CNS)_2+2e = 2CNS^-$	0.77
C(Ⅳ)-(Ⅱ)	$CO_2+2H^++2e = HCOOH$	-0.199
Ca(Ⅰ)-(0)	$Ca^++e = Ca$	-3.80
(Ⅱ)-(0)	$Ca^{2+}+2e = Ca$	-2.868
(Ⅱ)-(0)	$Ca(OH)_2+2e = Ca+2OH^-$	-3.02
Cd(Ⅱ)-(0)	$Cd^{2+}+2e = Cd$	-0.4030
(Ⅱ)-(0)	$Cd^{2+}+2e = Cd(Hg)$	-0.3521
(Ⅱ)-(0)	$Cd(OH)_2+2e = Cd(Hg)+2OH^-$	-0.809
(Ⅱ)-(0)	$CdSO_4+2e = Cd+SO_4^{2-}$	-0.246
(Ⅱ)-(0)	$Cd(OH)_4^{2-}+2e = Cd+4OH^-$	-0.658
(Ⅱ)-(0)	$CdO+H_2O+2e = Cd+2OH^-$	-0.783
Ce(Ⅲ)-(0)	$Ce^{3+}+3e = Ce$	-2.336
(Ⅲ)-(0)	$Ce^{3+}+3e = Ce(Hg)$	-1.4373
(Ⅳ)-(Ⅲ)	$Ce^{4+}+e = Ce^{3+}$	1.72
(Ⅳ)-(Ⅲ)	$CeOH^{3+}+H^++e = Ce^{3+}+H_2O$	1.715
Cf(Ⅳ)-(Ⅲ)	$Cf^{4+}+e = Cf^{3+}$	3.3
(Ⅲ)-(Ⅱ)	$Cf^{3+}+e = Cf^{2+}$	-1.6
(Ⅲ)-(0)	$Cf^{3+}+3e = Cf$	-1.94
(Ⅱ)-(0)	$Cf^{2+}+2e = Cf$	-2.12
Cl(0)-(-Ⅰ)	$Cl_2(g)+2e = 2Cl^-$	1.35827
(Ⅰ)-(0)	$HClO+H^++e = 1/2Cl_2+H_2O$	1.611
(Ⅰ)-(-Ⅰ)	$HClO+H^++2e = Cl^-+H_2O$	1.482
(Ⅰ)-(-Ⅰ)	$ClO^-+H_2O+2e = Cl^-+2OH^-$	0.81
(Ⅳ)-(Ⅲ)	$ClO_2+H^++e = HClO_2$	1.277
(Ⅲ)-(Ⅰ)	$HClO_2+2H^++2e = HClO+H_2O$	1.645
(Ⅲ)-(0)	$HClO_2+3H^++3e = 1/2Cl_2+2H_2O$	1.628
(Ⅲ)-(-Ⅰ)	$HClO_2+3H^++4e = Cl^-+2H_2O$	1.570
(Ⅲ)-(Ⅰ)	$ClO_2^-+H_2O+2e = ClO^-+2OH^-$	0.66
(Ⅲ)-(-Ⅰ)	$ClO_2^-+2H_2O+4e = Cl^-+4OH^-$	0.76
(Ⅳ)-(Ⅲ)	$ClO_2(aq)+e = ClO_2^-$	0.954
(Ⅴ)-(Ⅳ)	$ClO_3^-+2H^++e = ClO_2+H_2O$	1.152
(Ⅴ)-(Ⅲ)	$ClO_3^-+3H^++2e = HClO_2+H_2O$	1.214
(Ⅴ)-(0)	$ClO_3^-+6H^++5e = 1/2Cl_2+3H_2O$	1.47
(Ⅴ)-(-Ⅰ)	$ClO_3^-+6H^++6e = Cl^-+3H_2O$	1.451
(Ⅴ)-(Ⅲ)	$ClO_3^-+H_2O+2e = ClO_2^-+2OH^-$	0.33
(Ⅴ)-(-Ⅰ)	$ClO_3^-+3H_2O+6e = Cl^-+6OH^-$	0.62
(Ⅶ)-(Ⅴ)	$ClO_4^-+2H^++2e = ClO_3^-+H_2O$	1.189
(Ⅶ)-(0)	$ClO_4^-+8H^++7e = 1/2Cl_2+4H_2O$	1.39
(Ⅶ)-(-Ⅰ)	$ClO_4^-+8H^++8e = Cl^-+4H_2O$	1.389
(Ⅶ)-(Ⅴ)	$ClO_4^-+H_2O+2e = ClO_3^-+2OH^-$	0.36

续表

电偶氧化态	电极反应	$E^{\ominus}$/V
Cm(Ⅳ)-(Ⅲ)	$Cm^{4+}+e \longrightarrow Cm^{3+}$	3.0
(Ⅲ)-(0)	$Cm^{3+}+3e \longrightarrow Cm$	−2.04
Co(Ⅱ)-(0)	$Co^{2+}+2e \longrightarrow Co$	−0.28
(Ⅲ)-(Ⅱ)	$Co^{3+}+e \longrightarrow Co^{2+}$	1.92
(Ⅲ)-(Ⅱ)	$[Co(NH_3)_6]^{3+}+e \longrightarrow [Co(NH_3)_6]^{2+}$	0.108
(Ⅱ)-(0)	$Co(OH)_2+2e \longrightarrow Co+2OH^-$	−0.73
(Ⅲ)-(Ⅱ)	$Co(OH)_3+e \longrightarrow Co(OH)_2+OH^-$	0.17
Cr(Ⅱ)-(0)	$Cr^{2+}+2e \longrightarrow Cr$	−0.913
(Ⅲ)-(Ⅱ)	$Cr^{3+}+e \longrightarrow Cr^{2+}$	−0.407
(Ⅲ)-(0)	$Cr^{3+}+3e \longrightarrow Cr$	−0.744
(Ⅵ)-(Ⅲ)	$Cr_2O_7^{2-}+14H^++6e \longrightarrow 2Cr^{3+}+7H_2O$	1.36
(Ⅲ)-(0)	$CrO_2^-+2H_2O+3e \longrightarrow Cr+4OH^-$	−1.2
(Ⅵ)-(Ⅲ)	$HCrO_4^-+7H^++3e \longrightarrow Cr^{3+}+4H_2O$	1.350
(Ⅳ)-(Ⅲ)	$CrO_2+4H^++e \longrightarrow Cr^{3+}+2H_2O$	1.48
(Ⅴ)-(Ⅳ)	$Cr(Ⅴ)+e \longrightarrow Cr(Ⅳ)$	1.34
(Ⅵ)-(Ⅲ)	$CrO_4^{2-}+4H_2O+3e \longrightarrow Cr(OH)_3+5OH^-$	−0.13
(Ⅲ)-(0)	$Cr(OH)_3+3e \longrightarrow Cr+3OH^-$	−1.48
Cs(Ⅰ)-(0)	$Cs^++e \longrightarrow Cs$	−3.026
Cu(Ⅰ)-(0)	$Cu^++e \longrightarrow Cu$	0.521
(Ⅱ)-(Ⅰ)	$Cu^{2+}+e \longrightarrow Cu^+$	0.153
(Ⅱ)-(0)	$Cu^{2+}+2e \longrightarrow Cu$	0.3419
(Ⅱ)-(0)	$Cu^{2+}+2e \longrightarrow Cu(Hg)$	0.345
(Ⅲ)-(Ⅱ)	$Cu^{3+}+e \longrightarrow Cu^{2+}$	2.4
(Ⅲ)-(Ⅱ)	$Cu_2O_3+6H^++2e \longrightarrow 2Cu^{2+}+3H_2O$	2.0
(Ⅱ)-(Ⅰ)	$Cu^{2+}+2CN^-+e \longrightarrow [Cu(CN)_2]^-$	1.103
(Ⅰ)-(0)	$CuI_2^-+e \longrightarrow Cu+2I^-$	0.00
(Ⅰ)-(0)	$Cu_2O+H_2O+2e \longrightarrow 2Cu+2OH^-$	−0.360
(Ⅱ)-(0)	$Cu(OH)_2+2e \longrightarrow Cu+2OH^-$	−0.222
(Ⅱ)-(Ⅰ)	$2Cu(OH)_2+2e \longrightarrow Cu_2O+2OH^-+H_2O$	−0.080
D(Ⅰ)-(0)	$2D^++2e \longrightarrow D_2$	−0.013
Dy(Ⅱ)-(0)	$Dy^{2+}+2e \longrightarrow Dy$	−2.2
(Ⅲ)-(0)	$Dy^{3+}+3e \longrightarrow Dy$	−2.295
(Ⅲ)-(Ⅱ)	$Dy^{3+}+e \longrightarrow Dy^{2+}$	−2.6
Er(Ⅱ)-(0)	$Er^{2+}+2e \longrightarrow Er$	−2.0
(Ⅲ)-(0)	$Er^{3+}+3e \longrightarrow Er$	−2.331
(Ⅲ)-(Ⅱ)	$Er^{3+}+e \longrightarrow Er^{2+}$	−3.0
Es(Ⅲ)-(Ⅱ)	$Es^{3+}+e \longrightarrow Es^{2+}$	−1.3
(Ⅲ)-(0)	$Es^{3+}+3e \longrightarrow Es$	−1.91
(Ⅱ)-(0)	$Es^{2+}+2e \longrightarrow Es$	−2.23
Eu(Ⅱ)-(0)	$Eu^{2+}+2e \longrightarrow Eu$	−2.812
(Ⅲ)-(0)	$Eu^{3+}+3e \longrightarrow Eu$	−1.991
(Ⅲ)-(Ⅱ)	$Eu^{3+}+e \longrightarrow Eu^{2+}$	−0.36
F(0)-(−Ⅰ)	$F_2+2H^++2e \longrightarrow 2HF$	3.053
(0)-(−Ⅰ)	$F_2+2e \longrightarrow 2F^-$	2.866
Fe(Ⅱ)-(0)	$Fe^{2+}+2e \longrightarrow Fe$	−0.447
(Ⅲ)-(0)	$Fe^{3+}+3e \longrightarrow Fe$	−0.037
(Ⅲ)-(Ⅱ)	$Fe^{3+}+e \longrightarrow Fe^{2+}$	0.771
(Ⅵ)-(Ⅲ)	$2HFeO_4^-+8H^++6e \longrightarrow Fe_2O_3+5H_2O$	2.09
(Ⅵ)-(Ⅲ)	$HFeO_4^-+4H^++3e \longrightarrow FeOOH+2H_2O$	2.08
(Ⅵ)-(Ⅲ)	$HFeO_4^-+7H^++3e \longrightarrow Fe^{3+}+4H_2O$	2.07

续表

电偶氧化态	电极反应	$E^{\ominus}/V$
(Ⅲ)-(Ⅱ)	$Fe_2O_3+4H^++2e=2FeOH^++H_2O$	0.16
(Ⅲ)-(Ⅱ)	$[Fe(CN)_6]^{3-}+e=[Fe(CN)_6]^{4-}$	0.358
(Ⅵ)-(Ⅲ)	$FeO_4^{2-}+8H^++3e=Fe^{3+}+4H_2O$	2.20
(Ⅲ)-(Ⅱ)	$[Fe(bipy)_2]^{3+}+e=[Fe(bipy)_2]^{2+}$	0.78
(Ⅲ)-(Ⅱ)	$[Fe(bipy)_3]^{3+}+e=[Fe(bipy)_3]^{2+}$	1.03
(Ⅲ)-(Ⅱ)	$Fe(OH)_3+e=Fe(OH)_2+OH^-$	−0.56
(Ⅲ)-(Ⅱ)	$[Fe(phen)_3]^{3+}+e=[Fe(phen)_3]^{2+}$	1.147
(Ⅲ)-(Ⅱ)	$[Fe(phen)_3]^{3+}+e=[Fe(phen)_3]^{2+}$ ($1mol\cdot L^{-1}$ H_2SO_4)	1.06
Fm(Ⅲ)-(Ⅱ)	$Fm^{3+}+e=Fm^{2+}$	−1.1
(Ⅲ)-(0)	$Fm^{3+}+3e=Fm$	−1.89
(Ⅱ)-(0)	$Fm^{2+}+2e=Fm$	−2.30
Fr(Ⅰ)-(0)	$Fr^++e=Fr$	−2.9
Ga(Ⅲ)-(0)	$Ga^{3+}+3e=Ga$	−0.549
(Ⅰ)-(0)	$Ga^++e=Ga$	−0.2
(Ⅲ)-(0)	$GaOH^{2+}+H^++3e=Ga+H_2O$	−0.498
(Ⅲ)-(0)	$H_2GaO_3^-+H_2O+3e=Ga+4OH^-$	−1.219
Gd(Ⅲ)-(0)	$Gd^{3+}+3e=Gd$	−2.279
Ge(Ⅱ)-(0)	$Ge^{2+}+2e=Ge$	0.24
(Ⅳ)-(0)	$Ge^{4+}+4e=Ge$	0.124
(Ⅳ)-(Ⅱ)	$Ge^{4+}+2e=Ge^{2+}$	0.00
(Ⅳ)-(Ⅱ)	$GeO_2+2H^++2e=GeO+H_2O$	−0.118
(Ⅳ)-(0)	$H_2GeO_3+4H^++4e=Ge+3H_2O$	−0.182
H(Ⅰ)-(0)	$2H^++2e=H_2$	0.00000
(0)-(−Ⅰ)	$H_2+2e=2H^-$	−2.23
(Ⅰ)-(0)	$2H_2O+2e=H_2+2OH^-$	−0.8277
Hf(Ⅳ)-(0)	$Hf^{4+}+4e=Hf$	−1.55
(Ⅳ)-(0)	$HfO^{2+}+2H^++4e=Hf+H_2O$	−1.724
(Ⅳ)-(0)	$HfO_2+4H^++4e=Hf+2H_2O$	−1.505
(Ⅳ)-(0)	$HfO(OH)_2+H_2O+4e=Hf+4OH^-$	−2.50
Hg(Ⅱ)-(0)	$Hg^{2+}+2e=Hg$	0.851
(Ⅱ)-(Ⅰ)	$2Hg^{2+}+2e=Hg_2^{2+}$	0.920
(Ⅰ)-(0)	$Hg_2^{2+}+2e=2Hg$	0.7973
(Ⅰ)-(0)	$Hg_2(ac)_2+2e=2Hg+2(ac)^-$	0.51163
(Ⅰ)-(0)	$Hg_2Br_2+2e=2Hg+2Br^-$	0.13923
(Ⅰ)-(0)	$Hg_2Cl_2+2e=2Hg+2Cl^-$	0.26808
(Ⅰ)-(0)	$Hg_2Cl_2(s)+2e=2Hg(l)+2Cl^-$ (KCl $1mol\cdot L^{-1}$)	0.2800
(Ⅰ)-(0)	$Hg_2HPO_4+2e=2Hg+HPO_4^{2-}$	0.6359
(Ⅰ)-(0)	$Hg_2I_2+2e=2Hg+2I^-$	−0.0405
(Ⅰ)-(0)	$Hg_2O+H_2O+2e=2Hg+2OH^-$	0.123
(Ⅱ)-(0)	$HgO+H_2O+2e=Hg+2OH^-$	0.0977
(Ⅱ)-(0)	$Hg(OH)_2+2H^++2e=Hg+2H_2O$	1.034
(Ⅰ)-(0)	$Hg_2SO_4+2e=2Hg+SO_4^{2-}$	0.6125
Ho(Ⅱ)-(0)	$Ho^{2+}+2e=Ho$	−2.1
(Ⅲ)-(0)	$Ho^{3+}+3e=Ho$	−2.33
(Ⅲ)-(Ⅱ)	$Ho^{3+}+e=Ho^{2+}$	−2.8
I(0)-(−Ⅰ)	$I_2+2e=2I^-$	0.5355
(0)-(−Ⅰ)	$I_3^-+2e=3I^-$	0.536
(Ⅶ)-(Ⅴ)	$H_3IO_6^{2-}+2e=IO_3^-+3OH^-$	0.7
(Ⅶ)-(Ⅴ)	$H_5IO_6+H^++2e=IO_3^-+3H_2O$	1.601

续表

电偶氧化态	电极反应	$E^{\ominus}$/V
(Ⅰ)-(0)	$2HIO+2H^{+}+2e \longrightarrow I_2+2H_2O$	1.439
(Ⅰ)-(－Ⅰ)	$HIO+H^{+}+2e \longrightarrow I^{-}+H_2O$	0.987
(Ⅰ)-(－Ⅰ)	$IO^{-}+H_2O+2e \longrightarrow I^{-}+2OH^{-}$	0.485
(Ⅴ)-(0)	$2IO_3^{-}+12H^{+}+10e \longrightarrow I_2+6H_2O$	1.195
(Ⅴ)-(－Ⅰ)	$IO_3^{-}+6H^{+}+6e \longrightarrow I^{-}+3H_2O$	1.085
(Ⅴ)-(Ⅰ)	$IO_3^{-}+2H_2O+4e \longrightarrow IO^{-}+4OH^{-}$	0.15
(Ⅴ)-(－Ⅰ)	$IO_3^{-}+3H_2O+6e \longrightarrow I^{-}+6OH^{-}$	0.26
In(Ⅰ)-(0)	$In^{+}+e \longrightarrow In$	－0.14
(Ⅱ)-(Ⅰ)	$In^{2+}+e \longrightarrow In^{+}$	－0.40
(Ⅲ)-(Ⅱ)	$In^{3+}+e \longrightarrow In^{2+}$	－0.49
(Ⅲ)-(Ⅰ)	$In^{3+}+2e \longrightarrow In^{+}$	－0.443
(Ⅲ)-(0)	$In^{3+}+3e \longrightarrow In$	－0.3382
(Ⅲ)-(0)	$In(OH)_3+3e \longrightarrow In+3OH^{-}$	－0.99
(Ⅲ)-(0)	$In(OH)_4^{-}+3e \longrightarrow In+4OH^{-}$	－1.007
(Ⅲ)-(0)	$In_2O_3+3H_2O+6e \longrightarrow 2In+6OH^{-}$	－1.034
Ir(Ⅲ)-(0)	$Ir^{3+}+3e \longrightarrow Ir$	1.156
(Ⅳ)-(Ⅲ)	$[IrCl_6]^{2-}+e \longrightarrow [IrCl_6]^{3-}$	0.8665
(Ⅲ)-(0)	$[IrCl_6]^{3-}+3e \longrightarrow Ir+6Cl^{-}$	0.77
(Ⅲ)-(0)	$Ir_2O_3+3H_2O+6e \longrightarrow 2Ir+6OH^{-}$	0.098
K(Ⅰ)-(0)	$K^{+}+e \longrightarrow K$	－2.931
La(Ⅲ)-(0)	$La^{3+}+3e \longrightarrow La$	－2.379
(Ⅲ)-(0)	$La(OH)_3+3e \longrightarrow La+3OH^{-}$	－2.90
Li(Ⅰ)-(0)	$Li^{+}+e \longrightarrow Li$	－3.0401
Lr(Ⅲ)-(0)	$Lr^{3+}+3e \longrightarrow Lr$	－1.96
Lu(Ⅲ)-(0)	$Lu^{3+}+3e \longrightarrow Lu$	－2.28
Md(Ⅲ)-(Ⅱ)	$Md^{3+}+e \longrightarrow Md^{2+}$	－0.1
(Ⅲ)-(0)	$Md^{3+}+3e \longrightarrow Md$	－1.65
(Ⅱ)-(0)	$Md^{2+}+2e \longrightarrow Md$	－2.40
Mg(Ⅰ)-(0)	$Mg^{+}+e \longrightarrow Mg$	－2.70
(Ⅱ)-(0)	$Mg^{2+}+2e \longrightarrow Mg$	－2.372
(Ⅱ)-(0)	$Mg(OH)_2+2e \longrightarrow Mg+2OH^{-}$	－2.690
Mn(Ⅱ)-(0)	$Mn^{2+}+2e \longrightarrow Mn$	－1.185
(Ⅲ)-(Ⅱ)	$Mn^{3+}+e \longrightarrow Mn^{2+}$	1.5415
(Ⅳ)-(Ⅱ)	$MnO_2+4H^{+}+2e \longrightarrow Mn^{2+}+2H_2O$	1.224
(Ⅶ)-(Ⅵ)	$MnO_4^{-}+e \longrightarrow MnO_4^{2-}$	0.558
(Ⅶ)-(Ⅳ)	$MnO_4^{-}+4H^{+}+3e \longrightarrow MnO_2+2H_2O$	1.679
(Ⅶ)-(Ⅱ)	$MnO_4^{-}+8H^{+}+5e \longrightarrow Mn^{2+}+4H_2O$	1.507
(Ⅶ)-(Ⅳ)	$MnO_4^{-}+2H_2O+3e \longrightarrow MnO_2+4OH^{-}$	0.595
(Ⅵ)-(Ⅳ)	$MnO_4^{2-}+2H_2O+2e \longrightarrow MnO_2+4OH^{-}$	0.60
(Ⅱ)-(0)	$Mn(OH)_2+2e \longrightarrow Mn+2OH^{-}$	－1.56
(Ⅲ)-(Ⅱ)	$Mn(OH)_3+e \longrightarrow Mn(OH)_2+OH^{-}$	0.15
(Ⅲ)-(Ⅱ)	$Mn_2O_3+6H^{+}+e \longrightarrow 2Mn^{2+}+3H_2O$	1.485
Mo(Ⅲ)-(0)	$Mo^{3+}+3e \longrightarrow Mo$	－0.200
(Ⅳ)-(0)	$MoO_2+4H^{+}+4e \longrightarrow Mo+2H_2O$	－0.152
(Ⅵ)-(0)	$H_3Mo_7O_{24}^{3-}+45H^{+}+42e \longrightarrow 7Mo+24H_2O$	0.082
(Ⅵ)-(0)	$MoO_3+6H^{+}+6e \longrightarrow Mo+3H_2O$	0.075
N(0)-(－Ⅲ)	$N_2+2H_2O+6H^{+}+6e \longrightarrow 2NH_4OH$	0.092
(0)-(－1/3)	$3N_2+2H^{+}+2e \longrightarrow 2HN_3$	－3.09
(－Ⅱ)-(－Ⅲ)	$N_2H_5^{+}+3H^{+}+2e \longrightarrow 2NH_4^{+}$	1.275
(Ⅰ)-(0)	$N_2O+2H^{+}+2e \longrightarrow N_2+H_2O$	1.766

续表

电偶氧化态	电极反应	$E^{\ominus}$/V
(Ⅰ)-(0)	$H_2N_2O_2+2H^++2e$ ══ N_2+2H_2O	2.65
(Ⅳ)-(Ⅲ)	N_2O_4+2e ══ $2NO_2^-$	0.867
(Ⅳ)-(Ⅲ)	$N_2O_4+2H^++2e$ ══ $2HNO_2$	1.065
(Ⅳ)-(Ⅱ)	$N_2O_4+4H^++4e$ ══ $2NO+2H_2O$	1.035
(－Ⅱ)-(－Ⅱ)	$2NH_3OH+H^++2e$ ══ $N_2H_5^++2H_2O$	1.42
(Ⅱ)-(Ⅰ)	$2NO+2H^++2e$ ══ N_2O+H_2O	1.591
(Ⅱ)-(Ⅰ)	$2NO+H_2O+2e$ ══ N_2O+2OH^-	0.76
(Ⅲ)-(Ⅱ)	HNO_2+H^++e ══ $NO+H_2O$	0.983
(Ⅲ)-(Ⅰ)	$2HNO_2+4H^++4e$ ══ $H_2N_2O_2+2H_2O$	0.86
(Ⅲ)-(Ⅰ)	$2HNO_2+4H^++4e$ ══ N_2O+3H_2O	1.297
(Ⅲ)-(Ⅱ)	$NO_2^-+H_2O+e$ ══ $NO+2OH^-$	−0.46
(Ⅲ)-(Ⅰ)	$2NO_2^-+2H_2O+4e$ ══ $N_2O_2^{2-}+4OH^-$	−0.18
(Ⅲ)-(Ⅰ)	$2NO_2^-+3H_2O+4e$ ══ N_2O+6OH^-	0.15
(Ⅴ)-(Ⅲ)	$NO_3^-+3H^++2e$ ══ HNO_2+H_2O	0.934
(Ⅴ)-(Ⅱ)	$NO_3^-+4H^++3e$ ══ $NO+2H_2O$	0.957
(Ⅴ)-(Ⅳ)	$2NO_3^-+4H^++2e$ ══ $N_2O_4+2H_2O$	0.803
(Ⅴ)-(Ⅲ)	$NO_3^-+H_2O+2e$ ══ $NO_2^-+2OH^-$	0.01
(Ⅴ)-(Ⅳ)	$2NO_3^-+2H_2O+2e$ ══ $N_2O_4+4OH^-$	−0.85
Na(Ⅰ)-(0)	Na^++e ══ Na	−2.71
Nb(Ⅲ)-(0)	$Nb^{3+}+3e$ ══ Nb	−1.099
(Ⅳ)-(Ⅱ)	NbO_2+2H^++2e ══ $NbO+H_2O$	−0.646
(Ⅳ)-(0)	NbO_2+4H^++4e ══ $Nb+2H_2O$	−0.690
(Ⅱ)-(0)	$NbO+2H^++2e$ ══ $Nb+H_2O$	−0.733
(Ⅴ)-(0)	$Nb_2O_5+10H^++10e$ ══ $2Nb+5H_2O$	−0.644
Nd(Ⅲ)-(0)	$Nd^{3+}+3e$ ══ Nd	−2.323
(Ⅱ)-(0)	$Nd^{2+}+2e$ ══ Nd	−2.1
(Ⅲ)-(Ⅱ)	$Nd^{3+}+e$ ══ Nd^{2+}	−2.7
Ni(Ⅱ)-(0)	$Ni^{2+}+2e$ ══ Ni	−0.257
(Ⅱ)-(0)	$Ni(OH)_2+2e$ ══ $Ni+2OH^-$	−0.72
(Ⅳ)-(Ⅱ)	NiO_2+4H^++2e ══ $Ni^{2+}+2H_2O$	1.678
(Ⅳ)-(Ⅱ)	NiO_2+2H_2O+2e ══ $Ni(OH)_2+2OH^-$	−0.490
No(Ⅲ)-(Ⅱ)	$No^{3+}+e$ ══ No^{2+}	1.4
(Ⅲ)-(0)	$No^{3+}+3e$ ══ No	−1.20
(Ⅱ)-(0)	$No^{2+}+2e$ ══ No	−2.50
Np(Ⅲ)-(0)	$Np^{3+}+3e$ ══ Np	−1.856
(Ⅳ)-(Ⅲ)	$Np^{4+}+e$ ══ Np^{3+}	0.147
(Ⅳ)-(Ⅲ)	$NpO_2+H_2O+H^++e$ ══ $Np(OH)_3$	−0.962
O(0)-(－Ⅰ)	O_2+2H^++2e ══ H_2O_2	0.695
(0)-(－Ⅱ)	O_2+4H^++4e ══ $2H_2O$	1.229
(0)-(－Ⅰ)	O_2+H_2O+2e ══ $HO_2^-+OH^-$	−0.076
(0)-(－Ⅰ)	O_2+2H_2O+2e ══ $H_2O_2+2OH^-$	−0.146
(0)-(－Ⅱ)	O_2+2H_2O+4e ══ $4OH^-$	0.401
(0)-(－Ⅱ)	O_3+2H^++2e ══ O_2+H_2O	2.076
(0)-(－Ⅱ)	O_3+H_2O+2e ══ O_2+2OH^-	1.24
(0)-(－Ⅱ)	$O(g)+2H^++2e$ ══ H_2O	2.421
(－Ⅰ)-(－Ⅱ)	$OH+e$ ══ OH^-	2.02
(－Ⅰ)-(－Ⅱ)	$HO_2^-+H_2O+2e$ ══ $3OH^-$	0.878
(－Ⅰ)-(－Ⅱ)	$H_2O_2+2H^++2e$ ══ $2H_2O$	1.776
Os(Ⅷ)-(0)	OsO_4+8H^++8e ══ $Os+4H_2O$	0.838
(Ⅷ)-(Ⅳ)	OsO_4+4H^++4e ══ OsO_2+2H_2O	1.02

续表

电偶氧化态	电极反应	$E^{\ominus}/V$
(Ⅲ)-(Ⅱ)	$[Os(bipy)_2]^{3+}+e = [Os(bipy)_2]^{2+}$	0.81
(Ⅲ)-(Ⅱ)	$[Os(bipy)_3]^{3+}+e = [Os(bipy)_3]^{2+}$	0.80
P(0)-(-Ⅲ)	$P(Red)+3H^++3e = PH_3(g)$	-0.111
(0)-(-Ⅲ)	$P(White)+3H^++3e = PH_3(g)$	-0.063
(0)-(-Ⅲ)	$P+3H_2O+3e = PH_3(g)+3OH^-$	-0.87
(Ⅰ)-(0)	$H_3PO_2+H^++e = P+2H_2O$	-0.508
(Ⅲ)-(Ⅰ)	$H_3PO_3+2H^++2e = H_3PO_2+H_2O$	-0.499
(Ⅲ)-(0)	$H_3PO_3+3H^++3e = P+3H_2O$	-0.454
(Ⅲ)-(Ⅰ)	$HPO_3^{2-}+2H_2O+2e = H_2PO_2^-+3OH^-$	-1.65
(Ⅲ)-(0)	$HPO_3^{2-}+2H_2O+3e = P+5OH^-$	-1.71
(Ⅴ)-(Ⅲ)	$H_3PO_4+2H^++2e = H_3PO_3+H_2O$	-0.276
(Ⅴ)-(Ⅲ)	$PO_4^{3-}+2H_2O+2e = HPO_3^{2-}+3OH^-$	-1.05
Pa(Ⅲ)-(0)	$Pa^{3+}+3e = Pa$	-1.34
(Ⅳ)-(0)	$Pa^{4+}+4e = Pa$	-1.49
(Ⅳ)-(Ⅲ)	$Pa^{4+}+e = Pa^{3+}$	-1.9
Pb(Ⅱ)-(0)	$Pb^{2+}+2e = Pb$	-0.1262
(Ⅱ)-(0)	$Pb^{2+}+2e = Pb(Hg)$	-0.1205
(Ⅱ)-(0)	$PbBr_2+2e = Pb+2Br^-$	-0.284
(Ⅱ)-(0)	$PbCl_2+2e = Pb+2Cl^-$	-0.2675
(Ⅱ)-(0)	$PbF_2+2e = Pb+2F^-$	-0.3444
(Ⅱ)-(0)	$PbHPO_4+2e = Pb+HPO_4^{2-}$	-0.465
(Ⅱ)-(0)	$PbI_2+2e = Pb+2I^-$	-0.365
(Ⅱ)-(0)	$PbO+H_2O+2e = Pb+2OH^-$	-0.580
(Ⅳ)-(Ⅱ)	$PbO_2+4H^++2e = Pb^{2+}+2H_2O$	1.455
(Ⅱ)-(0)	$HPbO_2^-+H_2O+2e = Pb+3OH^-$	-0.537
(Ⅳ)-(Ⅱ)	$PbO_2+H_2O+2e = PbO+2OH^-$	0.247
(Ⅳ)-(Ⅱ)	$PbO_2+SO_4^{2-}+4H^++2e = PbSO_4+2H_2O$	1.6913
(Ⅱ)-(0)	$PbSO_4+2e = Pb+SO_4^{2-}$	-0.3588
(Ⅱ)-(0)	$PbSO_4+2e = Pb(Hg)+SO_4^{2-}$	-0.3505
Pd(Ⅱ)-(0)	$Pd^{2+}+2e = Pd$	0.951
(Ⅱ)-(0)	$[PdCl_4]^{2-}+2e = Pd+4Cl^-$	0.591
(Ⅳ)-(Ⅱ)	$[PdCl_6]^{2-}+2e = [PdCl_4]^{2-}+2Cl^-$	1.288
(Ⅱ)-(0)	$Pd(OH)_2+2e = Pd+2OH^-$	0.07
Pm(Ⅱ)-(0)	$Pm^{2+}+2e = Pm$	-2.2
(Ⅲ)-(0)	$Pm^{3+}+3e = Pm$	-2.30
(Ⅲ)-(Ⅱ)	$Pm^{3+}+e = Pm^{2+}$	-2.6
Po(Ⅳ)-(Ⅱ)	$Po^{4+}+2e = Po^{2+}$	0.9
(Ⅳ)-(0)	$Po^{4+}+4e = Po$	0.76
Pr(Ⅳ)-(Ⅲ)	$Pr^{4+}+e = Pr^{3+}$	3.2
(Ⅱ)-(0)	$Pr^{2+}+2e = Pr$	-2.0
(Ⅲ)-(0)	$Pr^{3+}+3e = Pr$	-2.353
(Ⅲ)-(Ⅱ)	$Pr^{3+}+e = Pr^{2+}$	-3.1
Pt(Ⅱ)-(0)	$Pt^{2+}+2e = Pt$	1.18
(Ⅱ)-(0)	$[PtCl_4]^{2-}+2e = Pt+4Cl^-$	0.755
(Ⅳ)-(Ⅱ)	$[PtCl_6]^{2-}+2e = [PtCl_4]^{2-}+2Cl^-$	0.68
(Ⅱ)-(0)	$Pt(OH)_2+2e = Pt+2OH^-$	0.14
(Ⅵ)-(Ⅳ)	$PtO_3+2H^++2e = PtO_2+H_2O$	1.7
(Ⅵ)-(Ⅳ)	$PtO_3+4H^++2e = Pt(OH)_2^{2+}+H_2O$	1.5
(Ⅱ)-(0)	$PtOH^++H^++2e = Pt+H_2O$	1.2
(Ⅳ)-(Ⅱ)	$PtO_2+2H^++2e = PtO+H_2O$	1.01

续表

电偶氧化态	电极反应	$E^{\ominus}$/V
(Ⅳ)-(0)	$PtO_2+4H^++4e═Pt+2H_2O$	1.00
Pu(Ⅲ)-(0)	$Pu^{3+}+3e═Pu$	−2.031
(Ⅳ)-(Ⅲ)	$Pu^{4+}+e═Pu^{3+}$	1.006
(Ⅴ)-(Ⅳ)	$Pu^{5+}+e═Pu^{4+}$	1.099
(Ⅵ)-(Ⅳ)	$PuO_2(OH)_2+2H^++2e═Pu(OH)_4$	1.325
(Ⅵ)-(Ⅴ)	$PuO_2(OH)_2+H^++e═PuO_2OH+H_2O$	1.062
Ra(Ⅱ)-(0)	$Ra^{2+}+2e═Ra$	−2.8
Rb(Ⅰ)-(0)	$Rb^++e═Rb$	−2.98
Re(Ⅲ)-(0)	$Re^{3+}+3e═Re$	0.300
(Ⅶ)-(Ⅳ)	$ReO_4^-+4H^++3e═ReO_2+2H_2O$	0.510
(Ⅳ)-(0)	$ReO_2+4H^++4e═Re+2H_2O$	0.2513
(Ⅶ)-(Ⅵ)	$ReO_4^-+2H^++e═ReO_3+H_2O$	0.768
(Ⅶ)-(0)	$ReO_4^-+4H_2O+7e═Re+8OH^-$	−0.584
(Ⅶ)-(0)	$ReO_4^-+8H^++7e═Re+4H_2O$	0.368
Rh(Ⅰ)-(0)	$Rh^++e═Rh$	0.600
(Ⅲ)-(0)	$Rh^{3+}+3e═Rh$	0.758
(Ⅲ)-(0)	$[RhCl_6]^{3-}+3e═Rh+6Cl^-$	0.431
(Ⅲ)-(0)	$RhOH^{2+}+H^++3e═Rh+H_2O$	0.83
Ru(Ⅱ)-(0)	$Ru^{2+}+2e═Ru$	0.455
(Ⅲ)-(Ⅱ)	$Ru^{3+}+e═Ru^{2+}$	0.2487
(Ⅳ)-(Ⅱ)	$RuO_2+4H^++2e═Ru^{2+}+2H_2O$	1.120
(Ⅶ)-(Ⅵ)	$RuO_4^-+e═RuO_4^{2-}$	0.59
(Ⅷ)-(Ⅶ)	$RuO_4+e═RuO_4^-$	1.00
(Ⅷ)-(Ⅳ)	$RuO_4+6H^++4e═Ru(OH)_2^{2+}+2H_2O$	1.40
(Ⅷ)-(0)	$RuO_4+8H^++8e═Ru+4H_2O$	1.038
(Ⅲ)-(Ⅱ)	$[Ru(bipy)_3]^{3+}+e═[Ru(bipy)_3]^{2+}$	1.24
(Ⅲ)-(Ⅱ)	$[Ru(H_2O)_6]^{3+}+e═[Ru(H_2O)_6]^{2+}$	0.23
(Ⅲ)-(Ⅱ)	$[Ru(NH_3)_6]^{3+}+e═[Ru(NH_3)_6]^{2+}$	0.10
(Ⅲ)-(Ⅱ)	$[Ru(en)_3]^{3+}+e═[Ru(en)_3]^{2+}$	0.210
(Ⅲ)-(Ⅱ)	$[Ru(CN)_6]^{3-}+e═[Ru(CN)_6]^{4-}$	0.86
S(0)-(−Ⅱ)	$S+2e═S^{2-}$	−0.47627
(0)-(−Ⅱ)	$S+2H^++2e═H_2S(aq)$	0.142
(0)-(−Ⅱ)	$S+H_2O+2e═SH^-+OH^-$	−0.478
(0)-(−Ⅰ)	$2S+2e═S_2^{2-}$	−0.42836
(Ⅴ)-(Ⅳ)	$S_2O_6^{2-}+4H^++2e═2H_2SO_3$	0.564
(Ⅶ)-(Ⅵ)	$S_2O_8^{2-}+2e═2SO_4^{2-}$	2.010
(Ⅶ)-(Ⅵ)	$S_2O_8^{2-}+2H^++2e═2HSO_4^-$	2.123
	$S_4O_6^{2-}+2e═2S_2O_3^{2-}$	0.08
(Ⅳ)-(Ⅲ)	$2H_2SO_3+H^++2e═HS_2O_4^-+2H_2O$	−0.056
(Ⅳ)-(0)	$H_2SO_3+4H^++4e═S+3H_2O$	0.449
(Ⅳ)-(Ⅲ)	$2SO_3^{2-}+2H_2O+2e═S_2O_4^{2-}+4OH^-$	−1.12
(Ⅳ)-(Ⅱ)	$2SO_3^{2-}+3H_2O+4e═S_2O_3^{2-}+6OH^-$	−0.571
(Ⅵ)-(Ⅳ)	$SO_4^{2-}+4H^++2e═H_2SO_3+H_2O$	0.172
(Ⅵ)-(Ⅴ)	$2SO_4^{2-}+4H^++2e═S_2O_6^{2-}+2H_2O$	−0.22
(Ⅵ)-(Ⅳ)	$SO_4^{2-}+H_2O+2e═SO_3^{2-}+2OH^-$	−0.93
Sb(0)-(−Ⅲ)	$Sb+3H^++3e═SbH_3$	−0.510
(Ⅲ)-(0)	$Sb_2O_3+6H^++6e═2Sb+3H_2O$	0.152
(Ⅴ)-(Ⅲ)	Sb_2O_5(Senarmontite)$+4H^++4e═Sb_2O_3+2H_2O$	0.671
(Ⅴ)-(Ⅲ)	Sb_2O_5(Valentinite)$+4H^++4e═Sb_2O_3+2H_2O$	0.649
(Ⅴ)-(Ⅲ)	$Sb_2O_5+6H^++4e═2SbO^++3H_2O$	0.581

续表

电偶氧化态	电极反应	$E^{\ominus}$/V
(Ⅲ)-(0)	$SbO^{+}+2H^{+}+3e = Sb+2H_2O$	0.212
(Ⅲ)-(0)	$SbO_2^{-}+2H_2O+3e = Sb+4OH^{-}$	−0.66
(Ⅴ)-(Ⅲ)	$SbO_3^{-}+H_2O+2e = SbO_2^{-}+2OH^{-}$	−0.59
Sc(Ⅲ)-(0)	$Sc^{3+}+3e = Sc$	−2.077
Se(0)-(−Ⅱ)	$Se+2e = Se^{2-}$	−0.924
(0)-(−Ⅱ)	$Se+2H^{+}+2e = H_2Se(aq)$	−0.399
(Ⅳ)-(0)	$H_2SeO_3+4H^{+}+4e = Se+3H_2O$	0.74
(0)-(−Ⅱ)	$Se+2H^{+}+2e = H_2Se$	−0.082
(Ⅳ)-(0)	$SeO_3^{2-}+3H_2O+4e = Se+6OH^{-}$	−0.366
(Ⅵ)-(Ⅳ)	$SeO_4^{2-}+4H^{+}+2e = H_2SeO_3+H_2O$	1.151
(Ⅵ)-(Ⅳ)	$SeO_4^{2-}+H_2O+2e = SeO_3^{2-}+2OH^{-}$	0.05
Si(Ⅳ)-(0)	$SiF_6^{2-}+4e = Si+6F^{-}$	−1.24
(Ⅱ)-(0)	$SiO+2H^{+}+2e = Si+H_2O$	−0.8
(Ⅳ)-(0)	$SiO_2(Quartz)+4H^{+}+4e = Si+2H_2O$	0.857
(Ⅳ)-(0)	$SiO_3^{2-}+3H_2O+4e = Si+6OH^{-}$	−1.697
Sm(Ⅲ)-(Ⅱ)	$Sm^{3+}+e = Sm^{2+}$	−1.55
(Ⅲ)-(0)	$Sm^{3+}+3e = Sm$	−2.304
(Ⅱ)-(0)	$Sm^{2+}+2e = Sm$	−2.68
Sn(Ⅱ)-(0)	$Sn^{2+}+2e = Sn$	−0.1375
(Ⅳ)-(Ⅱ)	$Sn^{4+}+2e = Sn^{2+}$	0.151
(Ⅳ)-(Ⅱ)	$Sn(OH)^{3+}+3H^{+}+2e = Sn^{2+}+3H_2O$	0.142
(Ⅳ)-(Ⅱ)	$SnO_2+4H^{+}+2e = Sn^{2+}+2H_2O$	−0.094
(Ⅳ)-(0)	$SnO_2+4H^{+}+4e = Sn+2H_2O$	−0.117
(Ⅳ)-(Ⅱ)	$SnO_2+3H^{+}+2e = SnOH^{+}+H_2O$	−0.194
(Ⅳ)-(0)	$SnO_2+2H_2O+4e = Sn+4OH^{-}$	−0.945
(Ⅱ)-(0)	$HSnO_2^{-}+H_2O+2e = Sn+3OH^{-}$	−0.909
(Ⅳ)-(Ⅱ)	$Sn(OH)_6^{2-}+2e = HSnO_2^{-}+3OH^{-}+H_2O$	−0.93
Sr(Ⅰ)-(0)	$Sr^{+}+e = Sr$	−4.10
(Ⅱ)-(0)	$Sr^{2+}+2e = Sr$	−2.899
(Ⅱ)-(0)	$Sr^{2+}+2e = Sr(Hg)$	−1.793
(Ⅱ)-(0)	$Sr(OH)_2+2e = Sr+2OH^{-}$	−2.88
Ta(Ⅴ)-(0)	$Ta_2O_5+10H^{+}+10e = 2Ta+5H_2O$	−0.750
(Ⅲ)-(0)	$Ta^{3+}+3e = Ta$	−0.6
Tc(Ⅱ)-(0)	$Tc^{2+}+2e = Tc$	0.400
(Ⅶ)-(Ⅳ)	$TcO_4^{-}+4H^{+}+3e = TcO_2+2H_2O$	0.782
(Ⅲ)-(Ⅱ)	$Tc^{3+}+e = Tc^{2+}$	0.3
(Ⅶ)-(0)	$TcO_4^{-}+8H^{+}+7e = Tc+4H_2O$	0.472
Tb(Ⅳ)-(Ⅲ)	$Tb^{4+}+e = Tb^{3+}$	3.1
(Ⅲ)-(0)	$Tb^{3+}+3e = Tb$	−2.28
Te(0)-(−Ⅱ)	$Te+2e = Te^{2-}$	−1.143
(0)-(−Ⅱ)	$Te+2H^{+}+2e = H_2Te$	−0.793
(Ⅳ)-(0)	$Te^{4+}+4e = Te$	0.568
(Ⅳ)-(0)	$TeO_2+4H^{+}+4e = Te+2H_2O$	0.593
(Ⅳ)-(0)	$TeO_3^{2-}+3H_2O+4e = Te+6OH^{-}$	−0.57
(Ⅶ)-(0)	$TeO_4^{-}+8H^{+}+7e = Te+4H_2O$	0.472
(Ⅵ)-(Ⅳ)	$H_6TeO_6+2H^{+}+2e = TeO_2+4H_2O$	1.02
Th(Ⅳ)-(0)	$Th^{4+}+4e = Th$	−1.899
(Ⅳ)-(0)	$ThO_2+4H^{+}+4e = Th+2H_2O$	−1.789
(Ⅳ)-(0)	$Th(OH)_4+4e = Th+4OH^{-}$	−2.48
Ti(Ⅱ)-(0)	$Ti^{2+}+2e = Ti$	−1.630

续表

电偶氧化态	电极反应	$E^{\ominus}$/V
(Ⅲ)-(Ⅱ)	$Ti^{3+}+e = Ti^{2+}$	−0.9
(Ⅳ)-(Ⅱ)	$TiO_2+4H^++2e = Ti^{2+}+2H_2O$	−0.502
(Ⅲ)-(0)	$Ti^{3+}+3e = Ti$	−1.37
(Ⅳ)-(Ⅲ)	$TiOH^{3+}+H^++e = Ti^{3+}+H_2O$	−0.055
Tl(Ⅰ)-(0)	$Tl^++e = Tl$	−0.336
(Ⅰ)-(0)	$Tl^++e = Tl(Hg)$	−0.3338
(Ⅲ)-(Ⅰ)	$Tl^{3+}+2e = Tl^+$	1.252
(Ⅲ)-(0)	$Tl^{3+}+3e = Tl$	0.741
(Ⅰ)-(0)	$TlBr+e = Tl+Br^-$	−0.658
(Ⅰ)-(0)	$TlCl+e = Tl+Cl^-$	−0.5568
(Ⅰ)-(0)	$TlI+e = Tl+I^-$	−0.752
(Ⅲ)-(Ⅰ)	$Tl_2O_3+3H_2O+4e = 2Tl^++6OH^-$	0.02
(Ⅰ)-(0)	$TlOH+e = Tl+OH^-$	−0.34
(Ⅲ)-(Ⅰ)	$Tl(OH)_3+2e = TlOH+2OH^-$	−0.05
(Ⅰ)-(0)	$Tl_2SO_4+2e = Tl+SO_4^{2-}$	−0.4360
Tm(Ⅲ)-(Ⅱ)	$Tm^{3+}+e = Tm^{2+}$	−2.2
(Ⅲ)-(0)	$Tm^{3+}+3e = Tm$	−2.319
(Ⅱ)-(0)	$Tm^{2+}+2e = Tm$	−2.4
U(Ⅲ)-(0)	$U^{3+}+3e = U$	−1.798
(Ⅳ)-(Ⅲ)	$U^{4+}+e = U^{3+}$	−0.607
(Ⅴ)-(Ⅳ)	$UO_2^++4H^++e = U^{4+}+2H_2O$	0.612
(Ⅵ)-(Ⅴ)	$UO_2^{2+}+e = UO_2^+$	0.062
(Ⅵ)-(Ⅳ)	$UO_2^{2+}+4H^++2e = U^{4+}+2H_2O$	0.327
(Ⅵ)-(0)	$UO_2^{2+}+4H^++6e = U+2H_2O$	−1.444
V(Ⅱ)-(0)	$V^{2+}+2e = V$	−1.175
(Ⅲ)-(Ⅱ)	$V^{3+}+e = V^{2+}$	−0.255
(Ⅳ)-(Ⅲ)	$VO^{2+}+2H^++e = V^{3+}+H_2O$	0.337
(Ⅴ)-(Ⅳ)	$VO_2^++2H^++e = VO^{2+}+H_2O$	0.991
(Ⅴ)-(Ⅳ)	$V_2O_5+6H^++2e = 2VO^{2+}+3H_2O$	0.957
(Ⅴ)-(0)	$V_2O_5+10H^++10e = 2V+5H_2O$	−0.242
(Ⅴ)-(Ⅳ)	$V(OH)_4^++2H^++e = VO^{2+}+3H_2O$	1.00
(Ⅴ)-(0)	$V(OH)_4^++4H^++5e = V+4H_2O$	−0.254
(Ⅲ)-(Ⅱ)	$[V(phen)_3]^{3+}+e = [V(phen)_3]^{2+}$	0.14
W(Ⅲ)-(0)	$W^{3+}+3e = W$	0.1
(Ⅴ)-(Ⅳ)	$W_2O_5+2H^++2e = 2WO_2+H_2O$	−0.031
(Ⅳ)-(0)	$WO_2+4H^++4e = W+2H_2O$	−0.119
(Ⅵ)-(0)	$WO_3+6H^++6e = W+3H_2O$	−0.090
(Ⅵ)-(Ⅳ)	$WO_3+2H^++2e = WO_2+H_2O$	0.036
(Ⅵ)-(Ⅴ)	$2WO_3+2H^++2e = W_2O_5+H_2O$	−0.029
Xe(Ⅷ)-(Ⅵ)	$H_4XeO_6+2H^++2e = XeO_3+3H_2O$	2.42
(Ⅵ)-(0)	$XeO_3+6H^++6e = Xe+3H_2O$	2.10
(Ⅰ)-(0)	$XeF+e = Xe+F^-$	3.4
Y(Ⅲ)-(0)	$Y^{3+}+3e = Y$	−2.372
Yb(Ⅲ)-(Ⅱ)	$Yb^{3+}+e = Yb^{2+}$	−1.05
(Ⅲ)-(0)	$Yb^{3+}+3e = Yb$	−2.19
(Ⅱ)-(0)	$Yb^{2+}+2e = Yb$	−2.76
Zn(Ⅱ)-(0)	$Zn^{2+}+2e = Zn$	−0.7618
(Ⅱ)-(0)	$Zn^{2+}+2e = Zn(Hg)$	−0.7628
(Ⅱ)-(0)	$ZnO_2^{2-}+2H_2O+2e = Zn+4OH^-$	−1.215

续表

电偶氧化态	电极反应	$E^{\ominus}$/V
(Ⅱ)-(0)	$ZnSO_4 \cdot 7H_2O+2e = Zn(Hg)+SO_4^{2-}+7H_2O$(Saturated $ZnSO_4$)	−0.7993
(Ⅱ)-(0)	$ZnOH^{+}+H^{+}+2e = Zn+H_2O$	−0.497
(Ⅱ)-(0)	$Zn(OH)_4^{2-}+2e = Zn+4OH^{-}$	−1.199
(Ⅱ)-(0)	$Zn(OH)_2+2e = Zn+2OH^{-}$	−1.249
(Ⅱ)-(0)	$ZnO+H_2O+2e = Zn+2OH^{-}$	−1.260
Zr(Ⅳ)-(0)	$ZrO_2+4H^{+}+4e = Zr+2H_2O$	−1.553
(Ⅳ)-(0)	$ZrO(OH)_2+H_2O+4e = Zr+4OH^{-}$	−2.36
(Ⅳ)-(0)	$Zr^{4+}+4e = Zr$	−1.45

12　常见配离子的稳定常数

配离子	$K_{稳}$	lg $K_{稳}$	配离子	$K_{稳}$	lg $K_{稳}$
1∶1			1∶3		
$[NaY]^{3-}$	5.00×10	1.70	$[Fe(NCS)_3]$	2.00×10^{3}	3.30
$[AgY]^{3-}$	2.00×10^{7}	7.30	$[CdI_3]^{-}$	1.20×10^{1}	1.07
$[CuY]^{2-}$	5.01×10^{18}	18.70	$[Cd(CN)_3]^{-}$	1.10×10^{4}	4.04
$[MgY]^{2-}$	4.37×10^{8}	8.64	$[Ag(CN)_3]^{2-}$	5.00×10^{0}	0.69
$[CaY]^{2-}$	1.00×10^{11}	11.00	$[Ni(en)_3]^{2+}$	2.14×10^{18}	18.33
$[SrY]^{2-}$	4.20×10^{8}	8.62	$[Al(C_2O_4)_3]^{3-}$	2.00×10^{16}	16.30
$[BaY]^{2-}$	6.03×10^{7}	7.78	$[Fe(C_2O_4)_3]^{3-}$	1.58×10^{20}	20.20
$[ZnY]^{2-}$	3.10×10^{16}	16.49	1∶4		
$[CdY]^{2-}$	3.80×10^{16}	16.58	$[Cu(NH_3)_4]^{2+}$	2.09×10^{13}	13.32
$[HgY]^{2-}$	6.31×10^{21}	21.80	$[Zn(NH_3)_4]^{2+}$	2.88×10^{9}	9.46
$[PbY]^{2-}$	2.00×10^{18}	18.30	$[Cd(NH_3)_4]^{2+}$	1.32×10^{7}	7.12
$[MnY]^{2-}$	6.31×10^{13}	13.80	$[Zn(NCS)_4]^{2-}$	4.17×10^{1}	1.62
$[FeY]^{2-}$	2.14×10^{14}	14.33	$[Zn(CN)_4]^{2-}$	5.01×10^{16}	16.70
$[CoY]^{2-}$	1.60×10^{16}	16.20	$[Cd(NCS)_4]^{2-}$	1.00×10^{3}	3.00
$[NiY]^{2-}$	3.63×10^{18}	18.56	$[CdCl_4]^{2-}$	6.31×10^{2}	2.80
$[FeY]^{-}$	1.20×10^{25}	25.07	$[CdI_4]^{2-}$	2.57×10^{5}	5.41
$[CoY]^{-}$	1.00×10^{36}	36.00	$[Cd(CN)_4]^{2-}$	6.03×10^{18}	18.78
$[GaY]^{-}$	1.80×10^{20}	20.25	$[Hg(CN)_4]^{2-}$	2.51×10^{41}	41.40
$[InY]^{-}$	8.90×10^{24}	24.94	$[Hg(SCN)_4]^{2-}$	1.70×10^{21}	21.23
$[TlY]^{-}$	3.20×10^{22}	22.51	$[HgCl_4]^{2-}$	1.17×10^{15}	15.07
$[TlHY]$	1.50×10^{23}	23.17	$[HgI_4]^{2-}$	6.76×10^{29}	29.83
$[CuOH]^{+}$	1.00×10^{5}	5.00	$[Co(NCS)_4]^{2}$	1.00×10^{3}	3.00
$[AgNH_3]^{+}$	2.00×10^{3}	3.30	$[Ni(CN)_4]^{2-}$	2.00×10^{31}	31.30
1∶2			1∶6		
$[Cu(NH_3)_2]^{+}$	7.40×10^{10}	10.87	$[Cd(NH_3)_6]^{2+}$	1.40×10^{6}	6.15
$[Cu(CN)_2]^{-}$	2.00×10^{38}	38.30	$[Co(NH_3)_6]^{2+}$	1.29×10^{5}	5.11
$[Ag(NH_3)_2]^{+}$	1.11×10^{7}	7.05	$[Ni(NH_3)_6]^{2+}$	5.50×10^{8}	8.74
$[Ag(en)_2]^{+}$	7.00×10^{7}	7.84	$[Co(NH_3)_6]^{3+}$	1.59×10^{35}	35.20
$[Ag(NCS)_2]^{-}$	3.72×10^{7}	7.57	$[AlF_6]^{3-}$	6.92×10^{19}	19.84
$[Ag(CN)_2]^{-}$	1.26×10^{21}	21.10	$[Fe(CN)_6]^{3-}$	1.00×10^{42}	42.00
$[Au(CN)_2]^{-}$	2.00×10^{38}	38.30	$[Fe(CN)_6]^{4-}$	1.00×10^{35}	35.00
$[Cu(en)_2]^{2+}$	4.00×10^{19}	19.60	$[Co(CN)_6]^{3-}$	1.00×10^{64}	64.00
$[Ag(S_2O_3)_2]^{3-}$	1.60×10^{13}	13.20	$[FeF_6]^{3-}$	1.00×10^{16}	16.00

注：Y^{4-}表示 EDTA 的酸根；en 表示乙二胺。

13 常见无机阳离子的定性鉴定方法

离子	鉴定方法	鉴定条件及干扰因素
Ag^+	取 2 滴试液，加 2 滴 2 mol·L^{-1}HCl，搅动，水浴加热，离心分离，在沉淀上加 4 滴 6 mol·L^{-1}氨水，微热，沉淀溶解，再加 6 mol·$L^{-1}$$HNO_3$ 酸化，白色沉淀重新出现，示有 Ag^+	
Al^{3+}	取 1 滴试液，加 2～3 滴水、2 滴 3 mol·L^{-1}NH4Ac、2 滴铝试剂，搅拌，微热片刻，加 6 mol·L^{-1}氨水至碱性，红色沉淀不消失，示有 Al^{3+}	在 HAc-NH_4Ac 的缓冲溶液中进行 Cr^{3+}、Fe^{3+}、Bi^{3+}、Cu^{2+}、Ca^{2+} 等离子在 HAc 缓冲溶液中，也能与铝试剂生成红色化合物而干扰，但加氨水碱化后，Cr^{3+}、Cu^{2+} 的化合物即分解，加入$(NH_4)_2CO_3$，可使 Ca^{2+} 的化合物转化成 $CaCO_3$ 而分解，Fe^{3+}、Bi^{3+}（包括 Cu^{2+}）可预先加 NaOH 生成沉淀而分离
	取 1 滴试液，加 1 mol·L^{-1}NaOH 溶液，使 Al^{3+} 以 AlO_2^- 的形式存在，加 1 滴茜素磺酸钠溶液（茜素 S），滴加 HAc，直至紫色刚刚消失，过量 1 滴则有红色沉淀生成，示有 Al^{3+} 或取 1 滴试液于滤纸上，加 1 滴茜素磺酸钠溶液，用浓氨熏至出现桃红色斑，此时立即离开氨瓶。如氨熏时间长，则显茜素 S 的紫色，可在石棉网上，用手拿滤纸烤一下，则紫色褪去，现出红色，示有 Al^{3+}	茜素磺酸钠在氨性或碱性溶液中为紫色，在乙酸溶液中为黄色，在 pH＝5～5.5 介质中与 Al^{3+} 生成红色沉淀 Fe^{3+}、Cr^{3+}、Mn^{2+} 及大量 Cu^{2+} 有干扰，用 $K_4[Fe(CN)_6]$在滤纸上分离，由于干扰离子沉淀为亚铁氰酸盐留在斑点的中心，Al^{3+} 不被沉淀，扩散到水渍区，分离干扰离子后，于水渍区用茜素磺酸钠鉴定 Al^{3+}
Ba^{2+}	取 2 滴试液，加 1 滴 0.1 mol·$L^{-1}$$K_2CrO_4$ 溶液，有黄色 $BaCrO_4$ 沉淀生成，示有 Ba^{2+}	在 HAc-NH_4Ac 缓冲溶液中进行反应
Ca^{2+}	取 2 滴试液，滴加饱和 $(NH_4)_2C_2O_4$ 溶液，有白色的 CaC_2O_4 沉淀，示有 Ca^{2+}	反应在醋酸酸性、中性、碱性溶液中进行。Mg^{2+}、Sr^{2+}、Ba^{2+} 有干扰，但 MgC_2O_4 溶于 HAc，CaC_2O_4 不溶，Sr^{2+}、Ba^{2+} 在鉴定前都应除去
	取 1～2 滴试液于一滤纸片上，加 1 滴 6mol·L^{-1}NaOH、1 滴乙二醛双缩[2-羟基苯胺]（简称 GBHA），若有 Ca^{2+} 存在时，有红色斑点产生，加 2 滴 Na_2CO_3 溶液不褪，示有 Ca^{2+}	Ba^{2+}、Sr^{2+} 在相同条件下生成橙色、红色沉淀，但加入 Na_2CO_3 后，形成碳酸盐沉淀，螯合物颜色变浅，而钙的螯合物颜色基本不变 Cu^{2+}、Cd^{2+}、Co^{2+}、Ni^{2+}、Mn^{2+}、$UO_2{}^{2+}$ 等也与试剂生成有色螯合物而干扰，当用氯仿萃取时，只有 Cd^{2+} 的产物和 Ca^{2+} 的产物一起被萃取
Co^{2+}	取 1～2 滴试液，加饱和 NH_4SCN 溶液，加 5～6 滴戊醇溶液，振荡，静置，有机层呈蓝绿色，示有 Co^{2+}	配合物在水溶液中解离度大，故用浓的 NH_4SCN 溶液，并用有机溶剂萃取，增加它的稳定性 Fe^{3+} 有干扰，如 NaF 掩蔽。大量 Cu^{2+} 也干扰。大量 Ni^{2+} 存在时溶液呈浅蓝色，干扰反应
	取 1 滴试液滴在白点滴板上，加 1 滴钴试剂，有红褐色沉淀生成，示有 Co^{2+}	中性或弱酸性溶液中进行，沉淀不溶于强酸。且试剂须新鲜配制 Fe^{3+} 与试剂生成棕黑色沉淀，溶于强酸，它的干扰也可以加 NaH_2PO_4 掩蔽，Cu^{2+}、Hg^{2+} 及其他金属干扰

续表

离子	鉴定方法	鉴定条件及干扰因素
Cr^{3+}	取3滴试液，加6 mol·L^{-1} NaOH溶液直到生成的沉淀溶解，搅动后加4滴3% H_2O_2，水浴加热，溶液颜色由绿变黄，继续加热直至剩余的H_2O_2分解完，冷却，加6mol·L^{-1} HAc酸化，再加2滴0.1mol·$L^{-1}$$Pb(NO_3)_2$溶液，生成黄色$PbCrO_4$沉淀，示有$Cr^{3+}$	在强碱性介质中，H_2O_2将Cr^{3+}氧化为CrO_4^{2-} 形成$PbCrO_4$的反应必须在弱酸性(HAc)溶液中进行
	在强碱性介质中，H_2O_2将Cr^{3+}氧化成CrO_4^{2-}，用2 mol·L^{-1} H_2SO_4酸化溶液至pH=2～3，加入0.5mL戊醇、0.5mL 3% H_2O_2，振荡，有机层显蓝色，示有Cr^{3+}	pH<1，蓝色的H_2CrO_6分解 H_2CrO_6在水中不稳定，故用戊醇萃取，并在冷溶液中进行，其他离子无干扰
Cu^{2+}	取1滴试液，加1滴6 mol·L^{-1} HAc酸化，加1滴$K_4[Fe(CN)_6]$溶液，红棕色沉淀出现，示有Cu^{2+}	在中性或弱酸性溶液中进行，如试液为强酸性，则用3mol·L^{-1} NaAc调至弱酸性后进行，沉淀不溶于稀酸，溶于氨水，生成$[Cu(NH_3)_4]^{2+}$，与强碱生成$Cu(OH)_2$ Fe^{3+}以及大量的Co^{2+}、Ni^{2+}会干扰
	取2滴试液，加吡啶(C_6H_5N)使溶液显碱性，首先生成$Cu(OH)_2$沉淀，后溶解得$[Cu(C_6H_5N)_2]^{2+}$深蓝色溶液，加几滴0.1mol·L^{-1} NH_4SCN溶液，生成绿色沉淀，加0.5mL氯仿，振荡，得绿色溶液，示有Cu^{2+}	
Fe^{3+}	取1滴试液放在白色点滴板上，加1滴$K_4[Fe(CN)_6]$溶液，生成蓝色沉淀，示有Fe^{3+}	$K_4[Fe(CN)_6]$不溶于强酸，但被强碱分解生成氢氧化物，故反应在酸性溶液中进行 其他阳离子与试剂生成的有色化合物的颜色不及Fe^{3+}的鲜明，故可在其他离子存在时鉴定Fe^{3+}，如大量存在Cu^{2+}、Co^{2+}、Ni^{2+}等离子，也有干扰，分离后再做鉴定
	取1滴试液，加1滴0.5mol·L^{-1} NH_4SCN溶液，形成红色溶液，示有Fe^{3+}	在酸性溶液中进行，但不能用HNO_3 F^-、H_3PO_4、$H_2C_2O_4$、酒石酸、柠檬酸以及含有α-羟基或β-羟基的有机酸都能与Fe^{3+}形成稳定的配合物而干扰Fe^{3+}的鉴定。溶液中若有大量的汞盐，由于形成$[Hg(SCN)_2]^{2-}$而干扰，钴、镍、铬和铜盐因离子有色，或因与SCN^-的反应产物的颜色而降低检出Fe^{3+}的灵敏度
Fe^{2+}	取1滴试液放在白色点滴板上，加1滴$K_3[Fe(CN)_6]$溶液，生成蓝色沉淀，示有Fe^{2+}	本法灵敏度、选择性都很高，仅在大量金属存在而Fe^{2+}浓度很低时，现象不明显 反应在酸性溶液中进行
	取1滴试液，加几滴0.25%的邻菲罗啉溶液，生成橘红色的溶液，示有Fe^{2+}	中性或微酸性溶液中进行 Fe^{3+}生成微橙色，不干扰，但在Fe^{3+}、Co^{2+}同时存在时不适用。10倍量的Cu^{2+}、40倍量的Co^{2+}、140倍量的$C_2O_4^{2-}$、6倍量的CN^-干扰反应 此法比中性或微酸性溶液选择性高 如用1滴Na_2SO_3先将Fe^{3+}还原，即可用此法检出Fe^{3+}
Hg^{2+}	取2滴试液，加0.5mol·L^{-1} $SnCl_2$溶液，出现白色沉淀，继续加过量$SnCl_2$溶液，不断搅拌，放置2～3min，出现灰色沉淀，示有Hg^{2+}	凡与Cl^-能形成沉淀的阳离子应先除去 能与$SnCl_2$起反应的氧化剂应先除去 这一反应同样适用于Sn^{2+}的鉴定

续表

离子	鉴定方法	鉴定条件及干扰因素
Hg^{2+}	取 1 滴试液，加 $1mol \cdot L^{-1}$ KI 溶液，使生成沉淀后又溶解，加 2 滴 KI-Na_2SO_3 溶液、2～3 滴 Cu^{2+} 溶液，生成橘黄色沉淀，示有 Hg^{2+}，反应生成的 I_2 由 Na_2SO_3 除去	Pd^{2+} 因有下面的反应而干扰： $2CuI+Pd^{2+}=\!=\!=PdI_2+2Cu^+$ 产生的 PdI_2 使 CuI 变黑 CuI 是还原剂，必须考虑到氧化剂的干扰（Ag^+、Hg_2^{2+}、Au^{3+}、Pt^{4+}、Fe^{3+}、Ce^{4+} 等）。钼酸盐和钨酸盐与 CuI 反应生成低氧化物（钼蓝、钨蓝）而干扰
K^+	取 2 滴试液，加 3 滴六硝基合钴酸钠（$Na_3[Co(NO_2)_6]$）溶液，放置片刻，黄色的 $K_2Na[Co(NO_2)_6]$ 沉淀析出，示有 K^+	中性或微酸性溶液中进行。因酸、碱都能分解试剂中的 $[Co(NO_2)_6]^{3-}$ NH_4^+ 能够与试剂生成橙色的沉淀而干扰（$(NH_4)_2Na[Co(NO_2)_6]$），但在沸水浴中加热 1～2min 后 $(NH_4)_2Na[Co(NO_2)_6]$ 完全分解，$K_2Na[Co(NO_2)_6]$ 无变化，故可在 $[NH_4{}^+]$ 大于 $[K^+]$100 倍时，鉴定 K^+
	取 2 滴试液，加 2～3 滴 $0.1mol \cdot L^{-1}$ 四苯硼酸钠（$Na[B(C_6H_5)]$）溶液，出现白色沉淀，示有 K^+	在碱性、中性或稀酸性溶液中进行 NH_4^+ 有类似的反应而干扰，Ag^+、Hg^{2+} 的影响可加 KCN 消除，当 pH=5，若有 EDTA 存在时，其他阳离子不干扰
Mg^{2+}	取 2 滴试液，加 2 滴 $2mol \cdot L^{-1}$ NaOH 溶液、1 滴镁试剂（Ⅰ）（对硝基苯偶氮间苯二酚），沉淀呈天蓝色，示有 Mg^{2+}	反应必须在碱性溶液中进行，如 $[NH_4^+]$ 过大，由于它降低了 $[OH^-]$，因而妨碍 Mg^{2+} 的检出，故在鉴定前需要加碱煮沸，以除去大量 NH_4^+ Ag^+、Hg_2^{2+}、Hg^{2+}、Cu^{2+}、Co^{2+}、Ni^{2+}、Mn^{2+}、Cr^{3+}、Fe^{3+} 及大量的 Ca^{2+} 干扰反应，应预先除去
	取 4 滴试液，加 2 滴 $6mol \cdot L^{-1}$ 氨水、2 滴 $2mol \cdot L^{-1}$ $(NH_4)_2HPO_4$ 溶液，摩擦试管内壁，生成白色晶型 $MgNH_4PO_4 \cdot 6H_2O$ 沉淀，示有 Mg^{2+}	反应需要在氨缓冲溶液中进行，要有高浓度的 PO_4^{3-} 和足够量的 NH_4^+ 反应的选择性较差，除本组外，其他组许多离子都可能产生干扰
Mn^{2+}	取 1 滴试液，加入 10 滴水、5 滴 $2mol \cdot L^{-1}$ HNO_3 溶液，然后加固体 $NaBiO_3$，搅拌，水浴加热，形成紫色溶液，示有 Mn^{2+}	在 HNO_3 或 H_2SO_4 酸性溶液中进行 本组其他离子无干扰 还原剂（Cl^-、Br^-、I^-、H_2O_2 等）有干扰
Na^+	取 2 滴试液，加 8 滴乙酸铀酰锌试剂：$UO_2(Ac)_2+Zn(Ac)_2+HAc$，放置数分钟，用玻璃棒摩擦器壁，淡黄色的晶状沉淀出现，示有 Na^+	在中性或 HAc 酸性溶液中进行，强酸、强碱均能使试剂分解。需加入大量试剂，用玻璃棒摩擦器壁 大量 K^+ 存在时，生成 $KAc \cdot UO_2(Ac)_2$ 的针状晶体。如试液中有大量 K^+ 时，用水冲稀 3 倍后试验 Ag^+、Hg^{2+}、Sb^{3+} 有干扰，PO_4^{3-}、AsO_4^{3-} 能使试剂分解，应预先除去
	Na^+ 试液与等体积的 $0.1mol \cdot L^{-1}$ 六羟基锑酸钾 $[KSb(OH)_6]$ 溶液混合，用玻璃棒摩擦器壁，放置后产生白色晶状沉淀，示有 Na^+（Na^+ 浓度大时立即有沉淀生成，浓度小时因生成过饱和溶液，往往需几小时甚至隔夜才会有结晶附在器壁）	在中性或弱碱性溶液中进行，因酸能使试剂分解 低温进行，因沉淀的溶解度随温度的升高而增大 除碱金属以外的金属离子也能与试剂形成沉淀，需预先除去

续表

离子	鉴定方法	鉴定条件及干扰因素
NH_4^+	取1滴试液，放在白色点滴板的凹穴中，加2滴奈氏试剂（K_2HgI_4 的 NaOH 溶液），生成红棕色沉淀，示有 NH_4^+（NH_4^+ 浓度低时，没有沉淀产生，但溶液呈黄色或棕色）	Fe^{3+}、Co^{2+}、Ni^{2+}、Ag^+、Cr^{3+} 等存在时，与试剂中的 NaOH 生成有色沉淀而干扰，必须预先除去 大量 S^{2-} 的存在，使$[HgI_4]^{2-}$分解析出 HgS 沉淀。大量 I^- 使反应向左进行，沉淀溶解
	气室法：用干燥、洁净的表面皿两块（一大、一小），在大的一块表面皿中心放3滴 NH_4^+ 试液，再加3滴 $6mol\cdot L^{-1}$ NaOH 溶液，混合均匀。在小的一块表面皿中心黏附一小条潮湿的酚酞试纸，盖在大的表面皿上做成气室，将此气室放在水浴上微热2min，酚酞试纸变红，示有 NH_4^+	这是 NH_4^+ 的特征反应
Ni^{2+}	取1滴试液，放在白色点滴板的凹穴中，加1滴 $6mol\cdot L^{-1}$ 氨水，加1滴丁二酮肟，稍等片刻，在凹穴四周形成红色沉淀，示有 Ni^{2+}	在氨性溶液中进行，但氨不宜太多。沉淀溶于酸、强碱。故适合的酸度 pH＝5～10 Fe^{2+}、Pd^{2+}、Cu^{2+}、Co^{2+}、Fe^{3+}、Cr^{3+}、Mn^{2+} 等干扰，可事先把 Fe^{2+} 氧化成 Fe^{3+}，加柠檬酸或酒石酸掩蔽 Fe^{3+} 和其他离子
Pb^{2+}	取1滴试液，加2滴 $0.1mol\cdot L^{-1}$ K_2CrO_4 溶液，生成黄色沉淀，示有 Pb^{2+}	在 HAc 溶液中进行，沉淀溶于强酸，溶于碱生成 PbO_2^{2-} Ba^{2+}、Bi^{3+}、Hg^{2+}、Ag^+ 等干扰
Sn^{4+}、Sn^{2+}	取2～3滴 Sn^{4+} 试液，加镁片2～3片，待反应完全后加2滴 $6mol\cdot L^{-1}$ HCl，微热，此时 Sn^{4+} 还原为 Sn^{2+} 2滴 Sn^{2+} 试液，加1滴 $0.1mol\cdot L^{-1}$ $HgCl_2$ 溶液，生成白色沉淀，示有 Sn^{2+}	此反应的特效性较好
Zn^{2+}	取2滴 Zn^{2+} 试液，用 $2mol\cdot L^{-1}$ HAc 酸化，加等体积的 $(NH_4)_2Hg(SCN)_4$，摩擦器壁，生成白色沉淀，示有 Zn^{2+}： $Zn^{2+}+Hg(SCN)_4^{2-}$ ══ $ZnHg(SCN)_4\downarrow$ 或在极稀 $CuSO_4$ 溶液（＜0.02%）中，加 $(NH_4)_2Hg(SCN)_4$ 溶液，加 Zn^{2+} 溶液，摩擦器壁，若迅速得到紫色混晶，示有 Zn^{2+} 也可以用极稀的 $CoCl_2$（＜0.02%）溶液代替 Cu^{2+} 溶液，则得到蓝色混晶	在中性或微酸性溶液中进行 Cu^{2+} 形成 $CuHg(SCN)_4$ 黄绿色沉淀，少量 Cu^{2+} 存在时，形成铜锌紫色混晶更有利于观察 少量 Co^{2+} 存在时，形成钴锌蓝色混晶，有利于观察 Cu^{2+}、Co^{2+} 含量大时干扰，Fe^{3+} 有干扰
	取2滴 Zn^{2+} 试液，调节溶液的 pH＝10，加4滴 TAA，加热，生成白色沉淀，沉淀不溶于 HAc，溶于 HCl 示有 Zn^{2+}	铜锡组、银组离子应预先分离，本组其他离子也需分离

14 常见无机阴离子的定性鉴定方法

离子	鉴定方法	鉴定条件及干扰因素
Cl^-	取2滴试液，加 $6mol\cdot L^{-1}$ HNO_3 溶液酸化，加 $0.1mol\cdot L^{-1}$ $AgNO_3$ 至沉淀完全，离心分离。在沉淀上加5～8滴银氨溶液，搅动，加热，沉淀溶解，加 $6mol\cdot L^{-1}$ HNO_3 溶液酸化，白色沉淀重又出现，示有 Cl^-	
Br^-	取2滴试液，加入数滴 CCl_4，滴加氯水，振荡，有机层显红棕色或金黄色，示有 Br^-	如氯水过量，生成 BrCl，使有机层显浅黄色

续表

离子	鉴定方法	鉴定条件及干扰因素
I^-	取 2 滴试液，加入数滴 CCl_4，滴加氯水，振荡，有机层显紫色，示有 I^-	在弱碱性、中性或酸性溶液中，氯水将 I^- 氧化为 I_2 过量氯水将 I_2 氧化为 IO_3^-，有机层紫色褪去
	取 I^- 试液，加入 HAc 酸化，加 0.1mol·L^{-1} $NaNO_2$ 溶液的 CCl_4，振荡，有机层显紫色，示有 I^-	Cl^-、Br^- 对反应不干扰
S^{2-}	取 3 滴试液，加稀 H_2SO_4 酸化，用 $Pb(Ac)_2$ 试纸检验放出的气体，试纸变黑，示有 S^{2-}	
	取 1 滴试液，放在白色点滴板上，加 1 滴 $Na_2[Fe(CN)_5NO]$ 试剂，溶液变紫色 $Na_4[Fe(CN)_5NOS]$，示有 S^{2-}	在酸性溶液中，$S^{2-} \rightarrow HS^-$ 而不产生颜色，加碱则颜色出现
$S_2O_3^{2-}$	取 2 滴试液，加 2 滴 2mol·L^{-1} HCl 溶液，加热，白色浑浊出现，示有 $S_2O_3^{2-}$	S^{2-} 干扰
	3 滴试液，加 3 滴 0.1mol·L^{-1} $AgNO_3$ 溶液，摇动，白色沉淀迅速变黄、变棕、变黑，示有 $S_2O_3^{2-}$	$Ag_2S_2O_3$ 溶于过量的硫代硫酸盐中
SO_3^{2-}	取 1 滴饱和 $ZnSO_4$ 溶液，加 1 滴 $K_4[Fe(CN)_6]$ 于白色点滴板中，即有白色 $Zn_2[Fe(CN)_6]$ 沉淀产生，继续加入 1 滴 $Na_2[Fe(CN)_5NO]$、1 滴 SO_3^{2-} 试液（中性），则白色沉淀转化为红色 $Zn_2[Fe(CN)_5NOSO_3]$ 沉淀，示有 SO_3^{2-}	酸能使沉淀消失，故酸性溶液必须以氨水中和 S^{2-} 有干扰，必须除去
	在验气装置中进行。取 2～3 滴 SO_3^{2-} 试液，加 3 滴 3mol·L^{-1} H_2SO_4 溶液，将放出的气体通入 $KMnO_4$ 的酸性溶液中，$KMnO_4$ 溶液褪色，示有 SO_3^{2-}	$S_2O_3^{2-}$、S^{2-} 有干扰
SO_4^{2-}	试液用 6mol·L^{-1} HCl 酸化，加 2 滴 0.5mol·L^{-1} $BaCl_2$ 溶液，白色沉淀析出，示有 SO_4^{2-}	
NO_2^-	取 1 滴试液，加 6mol·L^{-1} HAc 酸化，加 1 滴对氨基苯磺酸，1 滴 α-萘胺，溶液显红紫色，示有 NO_2^-	反应灵敏度高，选择性好 NO_2^- 浓度大时，红紫色很快褪去，生成褐色沉淀或黄色溶液
	试液用 HAc 酸化，加 0.1mol·L^{-1} KI 和 CCl_4 振荡，有机层显红紫色，示有 NO_2^-	
NO_3^-	当 NO_2^- 不存在时，取 3 滴 NO_3^- 试液，用 6mol·L^{-1} HAc 酸化，再加 2 滴，加少许镁片搅动，NO_3^- 被还原为 NO_2^-，取 2 滴上层清液，照 NO_2^- 的鉴定方法进行鉴定	
	当 NO_2^- 存在时，在 12mol·L^{-1} H_2SO_4 溶液中加 α-萘胺，生成淡红紫色化合物，示有 NO_3^-	
	棕色环的形成：在小试管内滴加 10 滴饱和 $FeSO_4$ 溶液、5 滴 NO_3^- 溶液，然后斜持试管，沿着管壁慢慢加浓 H_2SO_4，由于浓 H_2SO_4 的密度比水大，沉到试管下面形成两层，在两层液体接触处（界面）有一个棕色环[配合物 $Fe(NO)SO_4$ 的颜色]，示有 NO_3^-	NO_2^-、Br^-、I^-、CrO_4^{2-} 存在有干扰，Br^-、I^- 可用 AgAc 除去；CrO_4^{2-} 用 $Ba(Ac)_2$ 除去，NO_2^- 用尿素除去： $2NO_2^- + CO(NH_2)_2 + 2H^+ = CO_2\uparrow + 2N_2\uparrow + 3H_2O$
PO_4^{3-}	取 3 滴试液，加氨水至呈碱性，加入过量镁铵试剂，如果没有立即生成沉淀，用玻璃棒摩擦器壁，放置片刻，析出白色晶状 $MgNH_4PO_4$ 沉淀，示有 PO_4^{3-}	在 NH_3-NH_4Cl 缓冲溶液中进行，沉淀能溶于酸，但碱性太强可能生成 $Mg(OH)_2$ 沉淀 AsO_4^{3-} 生成相似的沉淀（$MgNH_4AsO_4$），浓度不太大时不生成

续表

离子	鉴定方法	鉴定条件及干扰因素
PO_4^{3-}	取2滴试液，加入8～10滴钼酸铵试剂，用玻璃棒摩擦器壁，黄色磷钼酸铵生成，示有PO_4^{3-}	沉淀溶于过量磷酸盐生成配阴离子，需加入过量试剂，沉淀溶于碱及氨水。还原剂的存在使Mo^{6+}还原成"钼蓝"而使溶液呈深蓝色。大量Cl^-存在会降低灵敏度，可先将试液与浓HNO_3一起蒸发，除去过量Cl^-和还原剂 AsO_4^{3-}有类似反应。SiO_3^{2-}也与试剂形成黄色的硅钼酸，加酒石酸可消除干扰 与$P_2O_7^{4-}$、PO_3^-的冷溶液无反应，煮沸时由于PO_4^{3-}的生成而生成黄色沉淀
CO_3^{2-}	在验气装置中进行：取5滴CO_3^{2-}试液、10滴水于试管中，加入1滴3% H_2O_2溶液、1滴3mol·L^{-1} H_2SO_4。将放出的气体通入$Ba(OH)_2$饱和溶液中，若出现浑浊，示有CO_3^{2-}	当过量的CO_2存在时，$BaCO_3$沉淀可能转化为可溶性的酸式碳酸盐 $Ba(OH)_2$极易吸收空气中的CO_2而变浑浊，故需用澄清溶液，迅速操作，得到较浓厚的沉淀方可判断CO_3^{2-}的存在，初学者可做空白实验对照 SO_3^{2-}、$S_2O_3^{2-}$妨碍鉴定，可预先加入H_2O_2或$KMnO_4$等氧化剂，使SO_3^{2-}、$S_2O_3^{2-}$氧化成SO_4^{2-}，再做鉴定

15 某些试剂溶液的配制

试剂	浓度 c/mol·L^{-1}	配制方法
三氯化铋($BiCl_3$)	0.1	溶解31.6 g $BiCl_3$于330mL 6mol·L^{-1} HCl中，加水稀释至1L
三氯化锑($SbCl_3$)	0.1	溶解22.8 g $SbCl_3$于330mL 6mol·L^{-1} HCl中，加水稀释至1L
氯化亚锡($SnCl_2$)	0.1	溶解22.6 g $SnCl_2\cdot2H_2O$于330mL 6mol·L^{-1} HCl中，加水稀释至1L，加入数粒纯锡，以防氧化
氯化氧钒(VO_2Cl)	0.1	将1 g偏钒酸铵固体加入20mL 6mol·L^{-1}盐酸和10mL水中
硝酸汞[$Hg(NO_3)_2$]	0.1	溶解33.4 g $Hg(NO_3)_2\cdot0.5H_2O$于1 L 0.6mol·L^{-1} HNO_3中，加水稀释至1L
硝酸亚汞[$Hg_2(NO_3)_2$]	0.1	溶解56.1 g $Hg_2(NO_3)_2\cdot2H_2O$于1 L 0.6mol·L^{-1} HNO_3中，加水稀释至1L，并加入少许金属汞
硝酸铋[$Bi(NO_3)_3$]	0.2	溶解97 g $Bi(NO_3)_3$于330mL 6mol·L^{-1} HNO_3中，加水稀释至1L
碳酸铵[$(NH_4)_2CO_3$]	1	96g研细的$(NH_4)_2CO_3$溶于1 L 2mol·L^{-1}氨水中
硫酸铵[$(NH_4)_2SO_4$]	饱和	50g $(NH_4)_2SO_4$溶于100mL热水中，冷却后过滤
硫酸亚铁($FeSO_4$)	0.5	溶解69.5g $FeSO_4\cdot7H_2O$于适量水中，加入5mL 18mol·L^{-1} H_2SO_4，再用水稀释至1L，放入小铁钉数枚
硫酸氧钛($TiOSO_4$)	0.1	溶解19g液态$TiCl_4$于220mL 1∶1硫酸中，再用水稀释至1L 注意：液态$TiCl_4$在空气中强烈发烟，因此必须在通风橱中配制
六羟基锑酸钠(Na[Sb(OH)$_6$])	0.1	溶解12.2g锑粉于50mL浓HNO_3中微热，使锑粉全部作用生成白色粉末，用倾析法洗涤数次，然后加入50mL 6mol·L^{-1} NaOH中，使之溶解，加水稀释至1L

续表

试剂	浓度 c/mol·L^{-1}	配制方法
六硝基钴酸钠($Na_3[Co(NO_3)_6]$)		溶解230g$NaNO_2$于500mL水中，加入165mL6mol·L^{-1} HAc和30g$Co(NO_3)_2$·$6H_2O$放置24h，取其清液，稀释至1L，并保存在棕色瓶中，此溶液应呈橙色，若变成红色，表示已分解，应重新配制
硫化钠(Na_2S)	2	溶解240gNa_2S·$9H_2O$和40gNaOH于水中，稀释至1L
硫化铵[$(NH_4)_2S$]	3	取一定量氨水，将其均分为两份，往其中一份通H_2S至饱和，而后与另一份氨水混合
仲钼酸铵[$(NH_4)_6Mo_7O_{24}$·$4H_2O$]	0.1	溶解124g$(NH_4)_6Mo_7O_{24}$·$4H_2O$于1L水中，将所得溶液倒入1L6mol·L^{-1} HNO_3中，放置24h，取其澄清液
铁氰化钾($K_3[Fe(CN)_6]$)		取$K_3[Fe(CN)_6]$约0.7～1g溶解于水，稀释至100mL(使用前临时配制)
铬黑T		将铬黑T和烘干的NaCl按1∶100的比例研细，均匀混合，贮于棕色瓶中
二苯胺		将1g二苯胺在搅拌下溶于100mL密度1.84g·cm^{-3}硫酸或100mL密度1.70g·cm^{-3}磷酸中(该溶液可保存较长时间)
镍试剂		溶解10g镍试剂(二乙酰二肟)于1L95%的酒精中
镁试剂		溶解0.01g镁试剂于1L1mol·L^{-1}NaOH溶液中
铝试剂		1g铝试剂溶于1L水中
镁铵试剂		将100g$MgCl_2$·$6H_2O$和100gNH_4Cl溶于水中，加50mL浓氨水，稀释至1L
萘氏试剂		溶解115gHgI_2和80gKI于水中，稀释至500mL，加入500mL 6mol·L^{-1}NaOH溶液，静置后，取其清液，保存在棕色瓶中
五氰氧氮合铁(III)酸钠($Na_2[Fe(CN)_5NO]$)		10g亚硝酰铁氰酸钠溶于100mL水中。保存于棕色瓶内，如果溶液变绿，则不可再用
格里斯试剂		(1)在加热下溶解0.5g对氨基苯磺酸于50mL30%HAc中，贮于暗处保存 (2)将0.4gα-萘胺与100mL水混合煮沸，向从蓝色渣滓中倾出的无色溶液中加入6mL80%HAc 使用前将(1)、(2)两种溶液等体积混合
打萨宗(二苯缩氨硫脲)		溶解0.1g打萨宗于1L CCl_4或$CHCl_3$中
甲基红		每升60%的乙醇中溶解2g
甲基橙	0.1%	每升水中溶解1g
酚酞		每升90%的乙醇中溶解1g
溴钾酚蓝(溴钾酚绿)		0.1g该指示剂与2.9mL0.05mol·L^{-1}NaOH一起搅匀，用水稀释至250mL；或每升20%的乙醇中溶解1g该指示剂
石蕊		2g石蕊溶于50mL水中，静置一昼夜后过滤。在滤液中加30mL95%乙醇，稀释至100mL
氯水		在水中通入氯气直至饱和，该溶液使用时临时配制
溴水		在水中滴入液溴至饱和
碘液	0.01	溶解1.3g碘和5gKI于尽可能少量的水中，稀释至1L
品红溶液		0.1%的水溶液
淀粉溶液	0.2%	将0.2g淀粉和少量冷水调成糊状，倒入100mL沸水中，煮沸后冷却即可
NH_3-NH_4Cl缓冲溶液		20gNH_4Cl溶于适量水中，加入100mL氨水(密度0.9g·cm^{-3})，混合后稀释至1L，即为pH=10的缓冲溶液

参 考 文 献

[1] 北京师范大学无机化学教研室等编．无机化学实验．第3版．北京：高等教育出版社，2001.
[2] 徐家宁，门瑞芝，张寒琦编．基础化学实验——无机化学和化学分析实验：上册．北京：高等教育出版社，2006.
[3] 王恩波，胡长文，许林编．多酸化学导论．北京：化学工业出版社，1998.
[4] 牛景杨，王敬平编．杂多化合物概论．开封：河南大学出版社，2000.
[5] 郎建平，卞国庆编．无机化学实验．南京：南京大学出版社，2009.
[6] 南京大学《无机及分析化学实验》编写组．无机及分析化学实验．北京：高等教育出版社，2008.
[7] 杨春，梁萍等编．无机化学实验．天津：南开大学出版社，2007.
[8] 李生英，白林，徐飞编．无机化学实验．北京：化学工业出版社，2007.
[9] 北京师范大学化学系无机化学教研室编．简明化学手册．北京：北京出版社，1980.
[10] Lide D R. Handbook of Chemistry and Physics. 89th. New York：CRC Press，2008-2009.
[11] 湖南大学化学化工学院编．基础化学实验．第2版．北京：科学出版社，2007.
[12] 曹忠良，王珍云编．无机化学反应方程式手册．长沙：湖南科学技术出版社，1985.
[13] 吴惠霞主编．无机化学实验．北京：科学出版社，2008.
[14] 王传胜主编．无机化学实验．北京：化学工业出版社，2009.
[15] 严拯宇主编．分析化学实验与指导．北京：中国医药科技出版社，2005.
[16] 曹作刚主编．无机及分析化学实验．东营：中国石油大学出版社，2005.
[17] 秦中立，黄方一主编．无机及分析化学实验．武汉：华中师范大学出版社，2006.
[18] 赵金安，张慧勤主编．无机及分析化学实验与指导．郑州：郑州大学出版社，2007.
[19] 王华林，翟林峰编．无机化学实验．合肥：合肥工业大学出版社，2004.
[20] 钟山主编．中级无机化学实验．北京：高等教育出版社，2003.
[21] 大连理工大学无机化学教研室．无机化学实验．第2版．北京：高等教育出版社，2004.
[22] 朱玲，徐春祥主编．无机化学实验．北京：高等教育出版社，2005.
[23] 袁天佑，吴文伟，王清编．无机化学实验．上海：华东理工大学出版社，2005.
[24] 常毓巍主编．无机化学实验．兰州：甘肃人民出版社，2006.
[25] 毛海荣主编．无机化学实验．南京：东南大学出版社，2006.
[26] 曹凤岐主编．无机化学实验与指导．第2版．北京：中国医药科技出版社，2006.
[27] 夏道宏，姜翠玉主编．有机化学实验．东营：中国石油大学出版社，2007.
[28] 曾昭琼主编．有机化学实验．第3版．北京：高等教育出版社，2000.
[29] 吴江主编．大学基础化学实验．北京：化学工业出版社，2005.
[30] 刘约权，李贵深主编．实验化学．北京：高等教育出版社，1999.